Lebendige Kräfte.

Sieben Vorträge
aus dem Gebiete der Technik

von

Max Eyth.

Vierte Auflage.

Mit in den Text gedruckten Abbildungen.

Springer-Verlag
Berlin Heidelberg GmbH
1924.

ISBN 978-3-642-89663-7 ISBN 978-3-642-91520-8 (eBook)
DOI 10.1007/ 978-3-642-91520-8
Softcover reprint of the hardcover 4th edition 1924

Vorwort.

Die in dem vorliegenden kleinen Buche vereinigten Vorträge, welche im Laufe der letzten zehn Jahre bei verschiedenen Veranlassungen gehalten wurden, sind keine Lesefrüchte; auch keine akademischen Abhandlungen. Sie entstanden auf dem Boden der Arbeit und erzählen von Werken, bei denen der Verfasser das Glück und die Ehre hatte, in der einen oder anderen Weise beteiligt gewesen zu sein. Darin glaubte er eine gewisse Berechtigung zu finden, sie noch einmal in etwas anderer Gestalt der Öffentlichkeit übergeben zu dürfen.

Ihr Inhalt bezieht sich, wenn auch in bescheidenem Maße, auf einen Teil der lebendigen Kräfte, die unsere Zeit bewegen und die in tausendfacher Erscheinung und an allen Enden der Erde das Leben der Menschheit bestimmen, bald scheinbar nur dem materiellen Fortschritte dienend und gleichzeitig ihre geistige Entwicklung aufs tiefste beeinflussend, bald auf geistigem Gebiet sich bewegend und dabei mit der Welt des Stoffes ein gewaltiges Spiel treibend. So stellt sich „Poesie und Technik" neben „Landwirtschaft und Binnenschiffahrt", die „Mathematik der Cheopspyramide" neben den „Pharao im Zeitalter des Dampfes", die „Philosophie des Erfindens" neben die „Entwicklung des Gerätewesens"; so strömt „das Wasser des alten Ägyptens neben dem des neuen".

Manches mag in unserer im Sturm dahineilenden Zeit schon heute, nach wenigen Jahren, den Reiz des Neuen, „Aktuellen" eingebüßt haben. Lebendige Kräfte sind und bleiben es dennoch, denen diese Vorträge ihr Dasein verdanken und an die in einer Mußestunde erinnert zu werden auch dem mitten im Leben der Gegenwart Stehenden nicht unangenehm, und anderen, die demselben ferner stehen, nicht ganz ohne Nutzen sein dürfte.

Möge mich hierin die Liebe zur Sache und zu meinem Beruf nicht getäuscht haben. Auch sie ist eine der lebendigen Kräfte, die in irgendwelcher Form fortzuleben streben.

Ulm, im Oktober 1904.

M. Eyth.

Inhalt.

I. Poesie und Technik.

Vortrag, gehalten in der Hauptversammlung des Vereins Deutscher Ingenieure zu Frankfurt a. M. am 6. Juni 1904.

Technik und Poesie! — ein ungewöhnliches Thema für einen Vortrag im Kreise von Technikern, so ungewohnt, daß ich mit Entschuldigungen beginnen müßte, wenn ich nicht hoffen dürfte, unsere Zeit nützlicher verwerten zu können. Und warum ungewohnt? Weil in der gebildeten Welt, vornehmlich aber in der deutschen gebildeten Welt, der Gedanke feststeht, daß Technik und Poesie zwei sich widersprechende Begriffe sind, zwischen denen eine Berührung nicht denkbar, zwischen denen eine Brücke zu schlagen eitles Bemühen sei.

Ist dies berechtigt?

Zuerst haben wir uns klar darüber zu werden, was unter Technik, was unter Poesie zu verstehen ist.

Technik! — Das weiß in diesem Saale heute jedermann, wird man mir entgegenhalten. Wir, die wir mitten in der großen Bewegung unserer Zeit stehen, welche ihren Impuls der Technik verdankt, müssen über diesen Begriff völlig im klaren sein. Und doch, wenn wir aus der sicheren Mitte heraus seine Grenzen festzulegen suchen, die immer mehr zurückweichen, je weiter wir sie verfolgen, wenn uns die Ausdehnung des Gebiets zum Bewußtsein kommt, das sie umfassen, erst dann merken wir, wie schwer es ist, für das Unübersehbare den richtigen Ausdruck zu finden. Wagen wir es ohne weitere Umschweife: Technik ist alles, was dem menschlichen Wollen eine körperliche Form gibt. Und da das menschliche Wollen mit dem menschlichen Geist fast zusammenfällt, und dieser eine Unendlichkeit von Lebensäußerungen und Lebensmöglichkeiten einschließt, so hat auch die Technik, trotz ihres Gebundenseins an die stoffliche Welt, etwas von der Grenzlosigkeit des reinen Geisteslebens überkommen.

Und was ist Poesie? — Wenn wir zwölf Dichter fragen, so werden wir zwölf Antworten erhalten, von denen kaum eine der anderen gleicht. Auch hier ist kein Zweifel möglich, solange wir inmitten einer poetischen Situation stehen. Was uns erhebt über das Alltagsleben, was uns wie eine Kraft aus einer anderen, im Geistesleben wurzelnden Welt erfaßt und unser ganzes Wesen fühlbar aus sich herausreißt, das ist Poesie. Wenn wir nun aber auch hier versuchen, die Grenzen des Begriffes festzulegen, so stehen wir vor derselben Schwierigkeit wie soeben bei der Begriffsbestimmung der Technik. Ich glaube der Wahrheit nahe zu kommen, wenn ich sage: Poetisch ist, was unser Gemütsleben in Übereinstimmung bringt mit den Erscheinungen der Außenwelt; Poesie ist, was uns den geistigen Gehalt der uns umgebenden Körperwelt offenbart.

Sagen Sie nicht, daß diese Erklärung allzu nebelhaft klinge. Wir suchen ein Etwas festzuhalten, das sich für alle Zeiten dem menschlichen Verständnis in einem Schleier zeigen wird, welcher mit Worten nicht zu heben ist. Eins aber ist klar: daß wir es auch hier mit einer Unendlichkeit von Erscheinungen zu tun haben, mit denen die unbegrenzte Tätigkeit des menschlichen Geistes schafft und spielt.

Gestatten Sie mir, ein Gleichnis zu gebrauchen: Wir sehen in Technik und Poesie zwei Punkte, von denen wie Linien im Raum zahllose Strahlen, ins Unendliche sich fortsetzend, nach allen Seiten ausgehen. Zweifellos liegen diese Punkte weit auseinander. Müssen sich — ich frage die Herren Mathematiker unter uns — die Strahlen der zwei Systeme nicht tausendfältig schneiden und damit berühren, mögen auch ihre Ausgangspunkte noch so fern voneinander liegen? Als mathematisches

Problem beantwortet sich die Frage von selbst. Doch verlassen wir das Spiel mit Gleichnissen und Theorien; wenden wir uns der greifbaren Wirklichkeit zu.

Worin liegt Poesie? Wo finden wir Poesie?

Zunächst in unerschöpflicher Menge in allen Erscheinungen selbst der leblosen Natur: in den himmelanstrebenden Formen eines Gebirgsstocks, in der Unendlichkeit einer Wüste, im einförmigen Brausen der Brandung, im vielstimmigen Heulen des Sturmes, in allen Knospen des Frühlings, im Rascheln des herbstlichen Laubes. Sodann in jeder Äußerung des tierischen Lebens: im blutdürstigen Brüllen des Löwen, im stolzen Schreiten des Pferdes, im Wachtelschlag und im Girren der Turteltauben; selbst in der Geduld des Esels. Weiter im Tun und Treiben des Menschen: im siegenden oder sterbenden Krieger, im Bauern hinter dem Pfluge, im Schaffen und Ruhen, im Genießen und Entbehren, in Tod und Leben; und endlich in überwältigendem Reichtum im Gedanken- und Gefühlsleben des Menschen, wo immer es die Außenwelt berührt: in Kummer und Freude, in Liebe und Haß, in allen Leidenschaften und in allen Äußerungen des Willens. Es ist wertlos, Beispiele zu häufen. Wo findet sich Poesie? — Überall, buchstäblich überall für den, der sie findet.

Das allerdings ist das Wesentliche der Sache. Man sollte sie nicht einmal suchen; man muß sie finden, ungesucht. Dazu aber gehört ein angeborenes Organ, das wenigen ganz versagt ist, das aber viele in verschiedenem Grade der Vollkommenheit besitzen, ähnlich wie es bei den Organen unserer Sinne der Fall ist. Und wie das Licht ohne ein Auge, welches uns die Lichtempfindung zum Bewußtsein bringt, kein Licht in der gewöhnlichen Bedeutung des Wortes ist, sondern nur ein Zittern des Äthers, das niemand je gesehen hat, so ist auch ein poetisches Stimmungsbild aus Natur oder Menschenleben nichts der Art, wenn nicht ein entsprechend veranlagtes geistiges Auge es zu erfassen vermag. Solche Augen aber sind, wie die natürlichen, bei dem einen stärker, bei dem anderen schwächer, sind bildungsfähig und verbildungsfähig, können gesund oder krank sein und sind häufig mit eigentümlichen Leiden, wie Farbenblindheit, grauem Star und dergleichen, behaftet.

An einer solchen Krankheit, wenn wir das Gleichnis beibehalten wollen, an der Blindheit für die Poesie der Technik, hat bis vor kurzem die ganze gebildete und namentlich die literarische Welt gelitten. Sie ist heute noch außerordentlich verbreitet, und selbst Leute, die den Sinn für Poesie in hohem Grade besitzen, ja solche, die ihn ihr ganzes Leben lang genießen und schaffend gepflegt haben, sind in dieser Richtung blind geblieben und können oder wollen nicht sehen. — —

Als Urquell von allem Höheren im Menschenleben galt seit alten Zeiten und gilt sicherlich heute noch die Dreiheit des Wahren, Guten und Schönen. Zweifellos ist sie auch für die Poesie ein untrüglicher Prüfstein der Echtheit. Wo wir das Fehlen von einem dieser Dreien in störender Weise empfinden, kann von einem reinen poetischen Eindruck nicht die Rede sein. Wo wir alle drei, wenn auch in verschiedener Betonung, durchfühlen, treten uns jene Ideale entgegen, die gleichbedeutend mit Poesie sind, mögen die äußeren sie begleitenden Umstände sein, welche sie wollen. Das Kleinste und Größte, das Ärmlichste und Reichste, das Schmerzlichste und Freudigste hindert uns dann nicht, den poetischen Kern in der Schale zu erkennen. Liegt es vielleicht an der fehlenden Übereinstimmung mit dem Wahren, Guten und Schönen, daß unser Beruf, unser Schaffen, alles, was wir der Welt gegeben haben, im Widerspruch mit dem hergebrachten poetischen Empfinden der Menschen steht?

Fürs erste also: ist die Technik wahr? Niemand wird dies leugnen können, der sich die Frage vorlegt. Kein Beruf ist in ähnlichem Grade gezwungen, in Übereinstimmung mit den Gesetzen der Natur, mit der Wirklichkeit zu bleiben wie der unsere. In keinem Berufe ist die Unwahrheit, die Lüge so sicher, bestraft zu werden wie bei uns. Ein Arzt kann Tausende zu Tode kurieren und in Ehren begraben werden, ein Gelehrter mag die größten Irrtümer durch ein Menschenalter siegreich vertreten, ehe sie als solche erkannt werden, ein Jurist kann sich einen glänzenden Namen erwerben in der Verteidigung des Unrechts. Einen Ingenieur, der sich gegen die Wahrheiten der Festigkeitslehre versündigt, zermalmt sein eigener Frevel, ehe er halb begangen ist. Selbst ein technisches Wagnis, das ein moralisch Schuldloser auf falscher Grundlage aufbaut, bricht so sicher in sich selbst zusammen, daß es keine poetische Gerechtigkeit schöner und glatter fertig brächte. Wir sind unerbittlich an die großen, ewigen Gesetze der Natur gebunden und müssen wahr sein, ob wir wollen oder nicht. Daran also kann der Fehler nicht liegen.

Und gut? — Ist nicht all unser Denken und Arbeiten darauf gerichtet, dem Menschen nützlich zu sein, seine Lasten zu erleichtern, ihn auf den Wegen zu fördern, die ihn freier und glücklicher machen sollten, die ihm gestatten, immer tiefer in die Geheimnisse der Umwelt einzudringen, die ihm immer höhere Ziele für sein Schaffen und Genießen erreichbar machen? Es ist nicht unser Fehler, daß diese Fortschritte hundertfach mißbraucht wurden, auch nicht, daß ihre Folgen mit den Gewohnheiten eines scheidenden Geschlechts nicht immer und nicht sofort harmonieren. Wo solche Dissonanzen vorübergehend auftreten, sind wir nicht mit allen verfügbaren Mitteln sofort an der Arbeit, eine neue Harmonie herzustellen? Und ist dies gelungen, ist dann nicht jedesmal die Menschheit um einen Schritt vorwärts gekommen? Deshalb dürfen wir mit Stolz sagen, ohne ernstlichem Widerspruch zu begegnen, wenn nicht Befangenheit und Vorurteil mitsprechen: Auch die Technik gehört zu dem im besten Sinne Guten der Erde.

Aber schön? — Hier kommen wir auf den wunden Punkt, den sogar viele aus unserer eigenen Mitte preiszugeben bereit sind: schön ist die Technik nicht.

Wir müssen auch hier zuerst mit einer Grundfrage antworten: Was ist Schönheit? Darüber hat jeder Philosoph, jeder Ästhetiker seine eigenen Ansichten. Fast immer kommen sie darauf hinaus, daß „schön“ genannt werden muß, was einem gebildeten Geschmack gefällt. Was Geschmack ist, das weiß nun freilich niemand, wenn wir versuchen, in den Begriff etwas Feststehendes zu legen; die Unmöglichkeit, über Geschmack zu streiten, ist ja zum förmlichen Sprichwort geworden. Was „gebildet“ heißt, sollten wir hingegen wissen, denn wir können jederzeit beobachten, wie sich Ansichten, Gewohnheiten, Sitten und gerade auch der Geschmack bildet. Dies wenigstens, wie wir sehen werden, kommt uns in diesem Falle sehr zustatten.

Kürzlich schrieb mir ein Schriftsteller und Dichter, der mit vollem Recht auf ästhetische Bildung Anspruch hat: „Wie kann eine Maschine schön sein!!“ Maschine mit zwei Ausrufungszeichen. Darauf fragte ich: Geben Sie zu, daß ein Gerät, z. B. eine griechische Amphore, eine römische Urne, schön sein kann? — Das gestand mein Freund zu. Das eine ist ein Gefäß, um Wein, das andere ein solches, um Asche aufzubewahren, beides Geräte, die den einfachsten praktischen Zwecken des Lebens dienen. Ihre Schönheit aber besteht im wesentlichen darin, daß sie diesen Zweck möglichst vollkommen und ich möchte sagen unbewußt erfüllen, wie auch die Natur die schönsten Formen findet, wenn sie in unmittelbarster Weise auf einen Zweck hinarbeitet. So sind die schönsten Urnen und Amphoren die, bei denen die Eiform oder die Form von Blumenkelchen durchgefühlt wird, da diese Formen in merkwürdiger Weise den Gesetzen der Festigkeit entsprechen und die Aufgabe lösen, mit einem Minimum des zur Schale erforderlichen Stoffs ein Maximum des Inhalts zu schützen. Es ist widersinnig, anzunehmen, daß ein Gerät die Möglichkeit des Schönseins in höherem Grade besitzen sollte, als eine Maschine, die ein Gerät zweiter, höherer Ordnung ist, das Bewegung und ein ich möchte sagen in sich selbst abgeschlossenes Leben hat. Liegt im Gegenteil hierin nicht die Möglichkeit einer Schönheit höherer Ordnung?

Teilweise sind wir selbst schuld daran, daß wir den Ruf der Schönheit, den sich unser Schaffen hätte bewahren können, für einige Zeit verscherzt haben. In den Anfangszeiten des Aufschwungs der Technik waren ihre Erzeugnisse vielfach unschön. Wer von uns Älteren erinnert sich nicht der Zeit, in der den Ständern von Regulatoren die Form gotischer Fenster gegeben, in der Schwungräder mit Rokokoverzierungen geschmückt werden mußten. Die Ständer von Werkzeugmaschinen hatten Renaissanceleisten, wo man Verstärkungen brauchte, und romanische Rundbogenfensterchen, wo Material gespart werden sollte. Ich selbst denke reumütig daran, wie ich als junger Zeichner die den Balancier tragende Mittelsäule einer Woolfschen Maschine zu konstruieren hatte und nach verschiedenen mißlungenen Versuchen zu einem Architekten ging, um von ihm die Skizze eines richtigen dorischen Kapitäls zu erhalten, weil meine Säule, wie ich selbst fühlte, nicht dorisch genug war. Es führt immer zu kläglichen Geschmacksverirrungen, den Schmuck für unser Schaffen auf anderen Gebieten zu suchen. Die Schönheit muß aus der Sache selbst herauswachsen. Das kam auch in unserem Falle merkwürdigerweise nicht aus dem kunstsinnigen Frankreich, sondern aus England, dem man so wenig Geschmack zutraut. Die einfachen, richtigen Festigkeitsgrundsätzen angepaßten Formen der Withworthschen Werkzeugmaschinen leiteten die Umwälzung ein und haben sie über die ganze Welt verbreitet. Auch die Dampfmaschine hat eine Schönheit angenommen, die sie mit all den lächerlichen Zieraten des vorangegangenen Zeitabschnittes nicht erreicht hätte. Man lernte natürlich sein und wurde schön.

Nicht weniger wichtig für die ganze Frage war die Bildung des Geschmacks. Mit dem wachsenden Gefühl für das Richtige lernte man sehen. Es ist falsch, zu glauben, daß dies damit zusammenhing, daß man sich an das Häßliche gewöhnte. In den trotzigen Withworthschen Formen lag Schönheit, weil in Trotz und Kraft der Sinn, die Seele einer Stoßmaschine liegt. War der gewappnete Ritter des 14. Jahrhunderts häßlich? Gewiß, wenn man ihn mit dem nackten Apoll von Belvedere vergleicht. Und doch fand ihn seine Zeit mit Recht schön, und die abstrakte Häßlichkeit hindert uns noch heute nicht, die ganze Poesie der Romantik über die ungefüge Gestalt auszugießen. Die Berechtigung hierzu liegt darin, daß die Ritterrüstung für Zeit und Zweck die richtige Bekleidung des Mannes war. Sie war gut und wahr und schon deshalb schön.

Wir beobachten diese Bildung des Geschmacks an einem merkwürdigen Beispiel des heutigen Tages. Als vor dreißig Jahren die Panzerschiffe mehr und mehr die stolzen Fregatten, die bewimpelten hölzernen Kriegspaläste der See zu verdrängen begannen, da war lautes Jammern in der Künstlerwelt über die entsetzlichen Ungetüme, vor denen die anmutigen Segler früherer Tage die Flucht ergreifen mußten. Heute schon schaffen Salzmann und andere prächtige Bilder stolzer Kraft aus diesen Ungetümen, und wir alle beginnen die Schönheit eines alles zermalmenden Schlachtschiffes, eines die Wogen durchschneidenden Torpedozerstörers zu sehen.

So hat niemand seit Jahrhunderten geleugnet, daß es schöne und häßliche Brücken gibt, weil sich das richtige Gefühl für eine Brücke mit der Zeit im menschlichen Geist festgesetzt hat; jeder unter uns weiß heute, daß wir schönen und häßlichen Lokomotiven begegnen: solche, auf die wir nicht einen zweiten Blick werfen, andere, bei denen uns das Herz im Leibe lacht. Worin diese Art einer Schönheit liegt, die keineswegs nur Maschinen eigen ist, ist nicht schwer zu sagen. Die schönste Maschine, genau wie die schönste Rennstute, ist stets die, bei der die äußere Form in möglichst einfacher Weise und mit möglichstem Hervortreten der physikalischen und mechanischen Gesetze dem Zweck entspricht, dem Pferd oder Maschine dienen sollen. Um das herauszufühlen, dazu gehört allerdings die erforderliche Kenntnis oder vielmehr das aus der Kenntnis erwachsene, unbewußte Empfinden, das, wo es sich um längst bekannte Dinge handelt, angeboren sein kann, das aber bei Dingen unseres modernen Lebens erlernt, gebildet werden muß.

Daran aber fehlt es, außerhalb unserer Fachkreise, in der sogenannten gebildeten Welt, vornehmlich in Deutschland, fast noch völlig, und deshalb ist es eitel, zu erwarten, daß diese armen Blinden die Schönheit einer Lokomotive, einer Stoßmaschine, eines Webstuhls sehen. Wir müssen und können Geduld haben, denn wir wissen: die Zeit ist nicht mehr fern, wo auch sie sehen werden. Die Zukunft gehört uns. — —

Haben wir hiernach erkannt, daß es den Werken der Technik weder am Wahren, Guten noch Schönen fehlt, so ist es doppelt schwierig, die Frage zu beantworten, weshalb ihr das Gebiet der Poesie verschlossen sein sollte; völlig unerklärlich wird dies jedoch, wenn wir uns Einzelheiten ins Gedächtnis rufen, die dem einen oder anderen von uns zu täglich sich darbietenden Erscheinungen gehörten oder noch gehören.

Ist es nicht Poesie, wenn der Bergmann vom Licht des Tages Abschied nimmt, um in der ewigen Nacht der Urgebirge nach Gold zu suchen, wenn er in den verkohlten Wäldern der Vorzeit wühlt, um die schlummernden Kräfte vergangener Jahrhunderte für uns ins Leben zurückzurufen, wenn er im Kampfe mit unterirdischen Gewässern oder mit dem tückischen Feuerdampf sein Leben wagt und die rohe Gewalt der feindlichen Elemente mit der stillen Arbeit des sinnenden Gehirns besiegt? Allerdings und eigentümlicherweise wird die Technik des Bergbaus von den Poeten verhältnismäßig freundlich angesehen und ihr ein bescheidenes Plätzchen im Hintergrund ihrer Gewohnheitsdichtungen angewiesen. Sie mag dies dem scheinbar Geheimnisvollen ihres unterirdischen Treibens verdanken und der Tatsache, daß ihr in alten Zeiten Gnomen und Berggeister ins Handwerk pfuschten.

Aber steckt nicht auch Poesie in dem Bild der flammenden Hochöfen, aus denen, wie auf dem Riesenaltar einer unbekannten Gottheit, das heilige Feuer der Arbeit Tag und Nacht gen Himmel schlägt, in dem sprühenden Strom flüssigen Metalls, der, aus scheinbar unzerstörbarem Gestein quellend, rotglühende Feuerbeete füllt, in dem emsigen Hantieren der schweißtriefenden Zwerge zwischen den Kesseln und Pfannen einer wahren Hexenküche, in der sie ihr grausiges Handwerk treiben?

Steckt keine Poesie in der Lokomotive, die brausend durch die Nacht zieht und über die zitternde Erde hintobt, als wollte sie Raum und Zeit zermalmen, in dem hastigen, aber wohl geregelten Zucken und Zerren ihrer gewaltigen Glieder, in dem stieren, nur auf ein Ziel losstürmenden Blick ihrer roten Augen, in dem emsigen, willenlosen Gefolge der Wagen, die kreischend und klappernd, aber mit unfehlbarer Sicherheit dem verkörperten Willen aus Eisen und Stahl Folge leisten?

Liegt keine Poesie in dem Dampfer, der in stolzer Ruhe die schwarzblaue Flut des Weltmeers durchschneidet, vorwärts getrieben durch Tag und Nacht, ohne einen Augenblick der Erschöpfung zu kennen, von den blanken Riesenkolben, von dem blitzenden Gestänge, die sich unten im Halbdunkel des Schiffsinnern fast lautlos bewegen?

Und kommen wir erst zu den Wundern des heutigen Tages, in denen wir Stoffe und Kräfte in Bewegung setzen, die unsere fünf Sinne kaum zu ahnen vermochten: das Sonnenlicht, das uns im Bruchteil einer Sekunde Bilder der Wirklichkeit festhält, vollständiger und richtiger, als es der emsigste Künstler zu tun vermöchte, der Draht, der unsere Gedanken in wenigen Minuten dem ganzen Erdkreis mitteilt, das Schallrohr, aus dem uns die Stimme längst Verstorbener mit der Deutlichkeit des Lebens entgegenspricht, die Wasserkräfte, die wir in Licht verwandeln, das Licht der Sterne, das uns erzählt, aus welchen Stoffen die fernsten Welten des Alls bestehen: — klingt nicht alles dies bald fast überwältigend in seiner Größe und Mannigfaltigkeit, bald fast komisch in phantastischer Unwahrscheinlichkeit, wie germanische Sagen von Nixen und Kobolden, wie Märchen aus Indien und Arabien? Und seitdem diese Sagen und Märchen Wirklichkeit geworden sind, sollte ihnen die Poesie verloren gegangen sein?

Ich will nicht von den Katastrophen sprechen, die sich an unseren Beruf knüpfen, von den schlagenden Wettern in den Kohlenbergwerken, die Hunderte von braven, arbeitsamen Menschen in die Ewigkeit schleudern, vom Bruch einer Brücke, von einem gewaltigen Eisenbahnunglück, von dem Dammbruch eines Stauwerks, von den Wagnissen und Gefahren, die jeden Schritt unserer Pioniere auf dem Wege des Fortschritts umgeben, von der oft erschütternden Tragik ihres Ringens. Erfreulicher ist es, darauf hinzuweisen, was wir mit unserem Schaffen der Welt geschenkt haben.

Es gibt kein Gebiet des materiellen und geistigen Lebens, das nicht durch die moderne Technik in neue, weitere, lichtere Bahnen gelenkt worden wäre. Betrachten wir, um auch das Fernliegende heranzuziehen, die Entdeckungen unserer Gelehrten auf dem Gebiet der ältesten Geschichte von Babylonien und Ägypten. Wie hätte an diese Forschungen, die unseren Gesichtskreis nach rückwärts um Jahrhunderte ausgedehnt haben, herangetreten werden können ohne die Verkehrsmittel des heutigen Tages? Nehmen wir als Gegensatz hiervon eine Erscheinung der neuesten Zeit: wie könnte das Leben einer modernen Großstadt auch nur stundenlang weitergeführt werden ohne Telephon?

Zwischen der entzifferten Keilschrift der Assyrer aber und dem Telephongespräch der Börsenleute liegen tausend und abertausend Dinge, die man der Technik unserer Zeit verdankt und ohne die unser Leben mit seinem ganzen Reichtum nicht denkbar ist. Dabei sind wir nicht zu Ende. Die Phantasie und der Wille, die Kraft und die Männlichkeit, die all diese Dinge geschaffen haben, sind noch heute in voller Tätigkeit und arbeiten weiter an der Erschließung unbegrenzter Möglichkeiten. Aber heute noch mitten in dieser Welt, die wir — wenn wir alte gesetzte Leute fragen — aus den Angeln zu heben im Begriff stehen, gibt es Dichter, die keine Poesie in dem sehen, was wir schaffen, gibt es Tausende, die über die prosaische Gegenwart klagen, in der unser unschönes, geräuschvolles Treiben die schönsten Veilchen zertritt und unser Materialismus die erhabensten Gefühle einer idealen Lebensauffassung unmöglich zu machen droht! — —

Ich sprach bisher von dem, was wir schaffen. Lassen Sie uns nunmehr einen Blick auf das Wie unseres Schaffens werfen. Dabei denke ich nicht an unsere gewöhnliche Tagesarbeit, obgleich auch sie neben aller Einförmigkeit und Prosa eine poetische Auffassung zuläßt. Sie teilt hierin das Los jedes anderen Berufs. Der Bauer, in der Abenddämmerung müde hinter dem Pflug schreitend, kann eine poetische Gestalt sein wie „in stiller Mitternacht" der auf Wachtposten stehende Soldat, und beide sind gleichzeitig die Opfer einförmigster, prosaischster Arbeit. Das gleiche gilt vom Lokomotivführer am Hebel seiner Maschine wie vom Schlosser am Schraubstock. Gut Ding braucht lang Weil. „Langweil" habe ich stets als ein Wort verstanden. Es ist nicht jedem vergönnt und niemand zuzumuten, das poetische Körnchen aus dieser langen Weile herauszuschälen. Es liegt drin, nicht unfindbar. Aber ich denke jetzt an unser Schaffen in einem anderen, höheren Sinn und muß um Ihre Geduld bitten, wenn ich etwas weiter aushole.

Was den Menschen in seinem Wesen, soweit es äußerlich in die Erscheinung tritt, vom Tier unterscheidet, sind zwei Dinge: Das Wort und das Werkzeug. Die Fähigkeit, Worte und Werkzeuge zu schaffen, haben in jener Urzeit des Tertiärs, deren Dunkel wir wohl nie völlig lichten werden, aus dem Tier den Menschen gemacht. Wie diese Fähigkeiten in die Welt gekommen sind, wird sicher ein ewiges Rätsel bleiben, das keine Deszendenztheorie zu lösen imstande ist, denn sie sind geistigen Ursprungs und stammen aus einer Quelle, aus der bis auf den heutigen

Tag kein Tier oder, wenn Ihnen dies besser gefällt, kein anderes Tier getrunken hat. Beide Fähigkeiten waren unerläßlich für das Fortbestehen des Menschen als Gattung, einer feindlichen Welt gegenüber, in der er, körperlich hilfloser, schwächer, weniger widerstandsfähig als die meisten Tiere, zweifellos in kurzer Zeit hätte untergehen müssen. Was ihn rettete und was ihm später jene merkwürdige Eigenschaft unaufhaltsamen Fortschritts unter den schwierigsten Lebensbedingungen gab, war im Bereich des Wissens die Sprache, im Bereich des Könnens das Werkzeug, wobei wir natürlich unter Werkzeug alles zu verstehen haben: Geräte, Maschinen, auch technische Verfahren, durch die wir imstande sind, der uns umgebenden Körperwelt diejenige Form zu geben, die einem gewollten Zweck entspricht. Auf Wissen und Können, auf Wort und Werkzeug beruht die Macht, die den nackten, wehrlosen Menschen zum Herrscher über alles Lebende auf Erden gemacht hat, die den Zwerg zum Sieger im Riesenkampf mit den Gewalten der Natur bestimmte. Wenn derselbe auch heute noch mannigfach unterliegt, immer wieder ist er bereit, den Kampf zu erneuern, und selbst jede Niederlage gibt ihm neue Kräfte für den nächsten Gang.

In Urzeiten bis weit hinein in die Anfänge der Kultur spielte zweifellos das Werkzeug die erste Rolle in der Gestaltung des menschlichen Daseins, wenn auch schon damals die Sprache das stetige Ansammeln von Wissen und Erfahrung ermöglichte und dem Geselligkeitstrieb des Menschen eine so großartige Bedeutung gab. Später, namentlich aber seitdem man gelernt hatte, das Wort, den flüchtigen Schall durch die Schrift festzulegen, trat eine eigentümliche Änderung in dem Verhältnis zwischen Wort und Werkzeug ein. Die Sprache, eben weil sie sprechen konnte, wußte sich eine überragende, man wird wohl sagen dürfen, eine ungebührliche Bedeutung zu verschaffen. Das stumme Werkzeug wurde im Empfinden der Menschheit immer mehr in den Hintergrund gedrängt. Das Wissen herrschte, das Können diente; und dieses Verhältnis steigerte sich bei verschiedenen Völkern in verschiedenem Grade mehr und mehr und ist bis in die Gegenwart allgemein anerkannt geblieben. Heute stehen wir inmitten eines heftigen Kampfes, der bestrebt ist, das Verhältnis der beiden, wenn nicht umzugestalten, so doch auf seine richtigen Grundlagen zurückzuführen.

Die Sprache hat nämlich in den Tagen ihres wachsenden Triumphs den ungebührlichen Anspruch erhoben, das einzige Werkzeug des Geistes zu sein, und weil sie immer wieder dasselbe sagte, begann ihr die Menschheit zu glauben. Sie glaubt es im allgemeinen heute noch. Sie vergißt über dem Werkzeug des Geistes den Geist des Werkzeugs. Aber beide, Wort und Werkzeug, sind ein Erzeugnis derselben geistigen Urkraft, die das Tier „homo" zum Menschen „homo sapiens" gemacht hat, wie ihn die Gelehrten nennen, die natürlich auch hier wieder allein auf sein Wissen anspielen und sein Können, das all dieses Wissen ermöglichte, vergessen.

Auf was aber beruht unser Können, wie es sich heute in so erstaunlichem Grade in der Dienstbarmachung von Kraft und Stoff der ganzen Natur zum Frommen unseres Gesamtlebens äußert? Von dem Tertiärmenschen, der das Feuerbohren erfand, bis zu den Geisteshelden der Funkentelegraphie, die den neuesten großen Sieg über Raum und Zeit zu erringen im Begriff stehen, ist es eine Reihe von Erfindungen, auf denen aller dauernder Fortschritt der Menschheit beruht. Wer aber je dem geheimnisvollen Entstehen einer Erfindung nachgespürt hat, wem jemals der Gedankenblitz zum Bewußtsein gekommen ist, dem wir jede wahrhaft große Erfindung verdanken, der weiß, daß es keine Regung in der menschlichen Seele gibt, die mit größerem Recht geistig genannt werden muß, als das Erfinden. Viele von uns sind vertraut mit jenem intensiven Denken, mit dem ruhelosen Spiel der Phantasie, mit den kapriziösen Stimmungen des Augenblicks, die uns heute wie hellsehend machen, morgen in unbehagliche Nebel hüllen, in denen nichts gelingen will. Das ist der Ursprung, der Nährboden, der geistige Kern jeder Erfindung.

In unseren Tagen, in denen die einfachen Aufgaben gelöst sind, die einen Archimedes berühmt gemacht haben, in denen bei den wunderbar komplizierten Erzeugnissen der Gegenwart alle Kräfte der Natur zusammenwirken müssen, um das gewollte Ziel zu erreichen — denken wir nur daran, was alles dazu gehört, ein Glühlämpchen leuchten zu machen —, ist diese Geistesarbeit von einer Größe und Feinheit, die von keiner anderen Form geistigen Schaffens übertroffen wird. Aber das alles nehmen die Herren des bloßen Wissens hin, als ob es sich von selbst verstünde. Sie haben unrecht. Die Welt, selbst die sogenannte gebildete Welt, fängt an zu erkennen, daß in einer schönen Lokomotive, in einem elektrisch bewegten Webstuhl, in einer Maschine, die Kraft in Licht verwandelt, mehr Geist steckt als in der zierlichsten Phrase, die Cicero gedrechselt, in dem rollendsten Hexameter, den Virgil jemals gefeilt hat.

In einem hochinteressanten Abschnitt seiner herrlichen Briefe schildert Helmholtz die Geistesarbeit, die zur Entdeckung einer neuen physikalischen Wahrheit führt: den dunklen Drang, zu schaffen, das halb unbewußte Spielen der Phantasie, das Herbeiziehen unzusammenhängender Erinnerungen und abgerissener Gedanken; dann plötzlich das Erblicken eines Auswegs, eines Lichtes im Halbdunkel, das von keinem Willen abhängig zu sein scheint, das aus einer Richtung kommt, an die der Entdecker den Augenblick zuvor nicht gedacht hatte; und schließlich die jubelnde Freude, wenn das Licht mit jedem Augenblick heller und klarer wird, und die das ganze Wesen des Mannes durchzitternde Gewißheit: Hier ist wieder einmal eine neue Wahrheit gefunden!

So schaffen große Entdecker. So und nicht anders blitzt in großen Erfindern der schaffende Gedanke auf. So entstehen die Werke gottbegnadeter Dichter. Es ist in all diesen Fällen das Schaffen des Geistes von etwas Neuem, zuvor nicht Dagewesenem, das Zeugen aus einem dunklen, unerklärlichen Urgrund, das wir wie ein Entstehen aus dem Nichts empfinden, jenes Schaffen, das den Menschen von Anfang an zum „Ebenbild“ des Schöpfers gemacht hat. Und dem und was daran hängt und daraus folgt, will die blinde Welt der Wissenden das Recht absprechen, Poesie zu sein! — —

Es wäre müßig, des weiteren in Worten nachzuweisen, daß man im Schaffen und in den Werken der Technik Poesie finden muß. Kommen wir zurück zu tatsächlichen Verhältnissen. Fragen wir, ob sie irgend jemand gefunden hat: wer und wo?

Seinen überzeugendsten Ausdruck findet das poetische Empfinden vornehmlich in der Kunst und ihren mannigfachen Äußerungen. — Da haben uns zunächst die Maler entdeckt. Es ist dies um so bemerkenswerter, als man der Technik in erster Linie die Schönheit, das wesentlichste Element der Malerei, abspricht. Menzels berühmtes Bild eines Walzwerks in voller Arbeit zeigt in klassischer Weise, was ein großer Künstler aus einem großen, wenn auch scheinbar spröden Vorwurf zu machen vermag. Reine Schönheit der Form ist eben nicht das Einzige, was selbst die idealste Kunst uns zeigen soll. Bewegung, Kraft, Kampf — alles, was des Menschen Herz ergreift, kann auch ein wahrer Künstler ergreifen. Daß aber ein Walzwerk des Menschen Herz ergreift, ist mir zweifellos, wenn ich mich daran erinnere, wie es mich erschütterte, als ich als zwölfjähriger Junge das erste zu sehen bekam. Es war das kein bloß äußerlicher Eindruck, den das Glühen und Sprühen, das Krachen und Knallen hervorrief, es war die stolze und wahre Empfindung der menschlichen Kraft im Kampf mit den dämonischen Elementen der rohen Natur: Es war die Poesie des Bildes.

Seit Menzel und schon vor ihm suchten Maler mit Erfolg auf unserem Gebiet Motive, die es zu Hunderten dem Auge bietet, das Sinn für Kraft und Größe hat: eine Lokomotive, die ihren Weg durch einen Schneesturm pflügt, eine andere, die in stiller Mondnacht mit ihrem schwarzen Zug an einer Friedhofmauer hinstürmt, all die prächtigen Seebilder neuesten Datums, Schlachtschiffe, die in stolzer Ruhe durch die

Morgendämmerung hinziehen, Torpedoboote, die sich in Stürmen jagen wie eine Herde spielender Delphine. Dann auch die Tragik unseres Berufs, die zuzeiten vielleicht allzu sehr betont wird: das Elend, das sich an die Fabriken klammert, die erschütternden Unglücksfälle, die der Kampf des Lebens uns so wenig erspart wie dem Soldaten vor dem Feinde. All das hat in der Malerei Wurzel gefaßt. Sie gibt uns kaum Veranlassung mehr, über Vernachlässigung zu klagen.

Auch die Skulptur hat die moderne Technik entdeckt und faßt da und dort das Charakteristische ihres Wesens richtig und kraftvoll auf. Statuen der Arbeit — unserer Arbeit — sind nicht mehr selten. Namentlich sehen wir in zahlreichen Statuetten des Kunstgewerbes Sachen voll ernster und zugleich lebensfroher Poesie, welche sie uns verdanken. Es sind fast immer zugleich Darstellungen des Muts, der Ausdauer, des Willens, der Männlichkeit gegenüber so vielem anderen, das den Genuß, die Erschlaffung, die ermattete oder aufgestachelte Leidenschaft verbildlicht. Wenn ein Künstler die noch gesunde Seite des modernen Lebens darstellen will, kommt er zu uns.

Dagegen hat uns die Musik kaum noch aufgefunden. Ein großes Genie wie Richard Wagner hörte wohl im Klang der Schmiedehämmer ein Leitmotiv, das in seine Heldensagen paßte. Kleinere Geister hören noch nichts. Wir können es ihnen nicht verargen. Musikalisch sind unsere Dampfpfeifen nicht, und auch das rhythmische Rasseln der Räder eines Schnellzugs nur in sehr primitiver Weise, wir selbst vielleicht in unseren Feierstunden, in denen wir sind wie andere Menschen auch. Nebenbei bemerkt: es steckt viel Menschliches in einem Ingenieur, was die Welt außer unseren Kreisen erst noch zu lernen hat.

Daran liegt es wohl, daß die schöne Literatur in ihren besten und größten Werken das fruchtbare Gebiet der modernen Technik in auffallender Weise vernachlässigt. Fast jeder andere Beruf kann stolz auf ein Buch oder eine Reihe von Büchern hinweisen, die ihn dem allgemeinen menschlichen Empfinden nahebringen und dadurch ihn und sich selbst verherrlichen. Edelmann, Bettelmann, Bauer, Soldat, alle haben ihre Dichter gefunden. Dem Künstler, dem Handwerker, dem Kaufmann, dem Arzt, dem Juristen, dem Theologen haben bedeutende Schriftsteller ein Denkmal errichtet. Wir sind noch immer fast leer ausgegangen.

Unsere größten Dichter allerdings hatten trotz des enger begrenzten Geistes ihrer Zeit auch in dieser Richtung die Gabe des Hellsehens. Goethes greiser Faust schließt in einer der größten Dichtungen aller Zeiten ein überreiches Leben mit der Arbeit des unermüdlichen Kulturingenieurs, Dämme bauend, Kanäle grabend, nachdem ihn die bloße Geistesarbeit und die höchsten Genüsse des Daseins an die Grenze der Verzweiflung geführt hatten. Schiller knüpft in einem Gedicht, das nach einem Jahrhundert noch nichts von seiner männlichen Kraft und seiner lyrischen Zartheit verloren hat, an das Werk einer Glockengießerei Gedanken, die das ganze Menschenleben mit einer Fülle von Poesie überschütten. Drum waren diese Herren keine Studierstuben- und Kaffeehauspoeten, und sahen trotz aller Sehnsucht nach klassischen Schönheitsidealen, die auch sie nicht wieder beleben konnten, denn die Menschheit hat keine zweite Jugend, daß das Leben in seiner Arbeit, das Schaffen am Webstuhl der eigenen Zeit, die Quelle der gesundesten Poesie ist und bleibt.

Allerdings wissen unsere heutigen Problem- und Weltjammerdichter mit derlei Stoffen nichts anzufangen. Wollen sie der Abwechslung wegen die Naiven und Harmlosen spielen, so genügt es ihnen, in tausendfacher Wiederholung die Frage zu lösen, ob und wie ein Gänschen seinen Gänserich bekommt. Sind sie des unschuldigen Tones satt, was in neunzig von hundert Fällen zutrifft, so finden sie einen doppelten, kreuzweisen Ehebruch interessanter als alles Große, das unsere Zeit mit ihrer unerschöpflichen Zeugungskraft hervorbringt. Auch die Geistreichsten unter ihnen, wenn sie diese Seite des modernen

Lebens streifen, hören nur die unvermeidlichen Dissonanzen, die durch jede Zeit des Kampfes gellen, sehen nur das Elend, das, wie die Schlacken den reinen Metallstrom der Hochöfen, unsere großen, hart erkämpften Erfolge begleitet. Selbst die Berufensten, sobald sie den Qualm der Essen bemerken oder das Pochen unserer Hämmer hören, flüchten hinaus in Wald und Flur oder auf die abgegrasten Gefilde vergangener Jahrhunderte.

Nehmen wir als Beispiel statt vieler nur einen, aber einen der besten unserer Zeit: Rosegger, einen Mann aus dem Volk, der mitten im Leben steht. Mit den Augen eines wirklichen Dichters sieht er in den Werken, auf denen sein Ruhm beruht, seine treuherzigen Sennen, seine wackeren Bauern, und mit der Herzenswärme eines guten und wahren Mannes schildert er auch ihre Fehler. Sobald ihn aber die Erzählung, wie es in seltenen Fällen geschieht, mit unserer Zeit des Fortschritts, des Ringens nach einer höheren Stufe der Lebensführung in Berührung bringt, ist sein klarer Blick dahin. Er sieht nur Luxus, Geldgier, Verschwendung, Entartung und Sünde. Daß all das Große um uns her nicht entstanden sein kann ohne geniales Schaffen, ohne eisernen Fleiß, ohne heldenmütige Arbeit und Entsagung, ist ein Gedanke, der sein Verdammungsurteil nicht stört. Wehmütig schmückt er eine untergehende Welt mit der Poesie, die auch den letzten Mohikaner in einen sterbenden Helden umgewandelt hat, und bemerkt nur zögernd, dann aber auch mit aller Wärme seines warmen Herzens, daß das neu entstehende Leben der Menschheit auch seine Helden erfordert.*)

Nicht bei Rosegger, wohl aber bei den Gebildeten im allgemeinen ist der Mangel an Verständnis für den tieferen Sinn unseres modernen Lebens auf unsere humanistische Erziehung zurückzuführen. Nirgends so wie bei uns wird der Geist des heranwachsenden Geschlechts auf das Schöne und

---

*) Es ist nach diesen Bemerkungen nur eine Pflicht der Dankbarkeit, auf die prächtigen Worte hinzuweisen, die der Dichter in seinem Heimgarten (Oktober 1899, Heft 1, S. 56) der modernen Technik widmet.

Größe in der Vergangenheit hingelenkt und an eine Zeit gebunden, die trotz alles Mühens nie mehr lebendig werden wird. Das hindert aber die Phantasie nicht, sich mit Behagen in diesen Gefilden der Seligen zu ergehen. Im Gegenteil. Sie baut sich eine Welt auf, die sie mit allem schmückt, das ihr eigenes Dichten beizutragen vermag, und braucht dabei nicht zu fürchten, dem Häßlichen, dem Bösen zu begegnen, das auch jene klassischen Zeiten verunstaltete und sie so rasch der Vernichtung entgegengeführt hat. Diese goldenen Ketten eines klassischen Phantoms schleppen wir durch das ganze Leben. Sie verhindern uns nicht nur, uns frei zu bewegen, sie sind auch schuld daran, daß in keinem Lande so sehr wie bei uns die sonnige Gegenwart mit der blauen Brille des Gelehrten angesehen wird und uns dementsprechend falsche Farben zeigt.

Zweifellos: es wird besser und naturgemäß zuerst in den Ländern, in denen die Entwicklung des modernen Lebens ihren Anfang genommen hat. In Amerika findet ein Walt Whitman Worte, die mit erstaunlicher Keckheit und mit ebenso erstaunlichem Erfolg die prosaischsten Dinge, die unser Schaffen umgeben, in den Dienst der Poesie zwingen. Das macht, der Mann hat hinter der rauhen, oft schmucklosen Hülle den Geist der Dinge erfaßt, und wir fühlen mit Verwunderung, daß der poetische Duft nicht an Äußerlichkeiten hängt, sondern an dem, was aus ihnen spricht. Denn wie die Sprache ein Werkzeug des Geistes ist, so ist umgekehrt auch das Werkzeug eine Sprache des Geistes. Man muß nur die Keilschrift lesen können, in der es zu uns redet.

So hat in England Kipling, ehe er das Unglück hatte, in politischem Pathos zu versinken, einige Sachen geschrieben, die wahre Perlen der Poesie der Technik sind: die Geschichte einer Rangiermaschine, die einer verunglückten Schnellzugslokomotive zu Hilfe eilt, das innere Arbeiten der Teile eines Atlantischen Ozean-Dampfers während eines Sturmes und anderes. Das sind Schöpfungen wahrer Poesie, die sich ebenbürtig neben die homerische Schilderung vom Schild des Achilles und jedes arabische Märchen stellen dürfen.

Auch in Frankreich, trotz der massenhaften Verweibung seiner Alltagsliteratur, trotz der moralischen Verzerrungen, in denen sich seine geistreicheren Schriftsteller gefallen, finden wir prächtige Schilderungen aus dem Gebiet unserer Arbeit. Ich erinnere nur an die Bilder aus dem Bergbau im Germinal, wahrhaft erstaunliche Leistungen für einen Mann, der nicht Techniker von Beruf war, die gleichzeitig zeigen, welche Fülle von Poesie aus unseren trockenen, knarrenden Seilrollen, Gestängen und Röhren aufblühen kann, wenn sie ein großer Dichter berührt. Ich erinnere an die hinreißenden und erschütternden Bilder aus dem Leben der Lokomotive, die uns in La bête humaine begegnen. Schade, daß der durchaus verneinende Geist Zolas nicht imstande war, die Lichtseite dieser Bilder zu sehen, jammerschade namentlich in seinen späteren Romanen, in denen er versuchte, dem beständigen Verneinen in den Rougon-Maquardtbänden einen positiven Lebensgehalt gegenüberzustellen und dabei mit richtigem Instinkt auf das Gebiet der Arbeit, auf unser Gebiet herübergriff. Hier aber fand dieses gewaltige Talent die Grenze seiner Kraft. Zola hatte sich zu lange im Verneinen gefallen, um in der Bejahung des Lebens ähnlich Großes schaffen zu können. Man fühlt das Tendenziöse, das Künstliche, Erzwungene dieser Wendung. Die Poesie läßt sich eben nicht erzwingen.

Daß wir selbst die Poesie unseres Berufs im allgemeinen nicht betonen, wie es beispielsweise der Soldat, der Jäger, selbst der Landmann tut, liegt vornehmlich in dessen Neuheit. Alles poetische Empfinden wurzelt im Unbewußten, Angeborenen. Dazu aber müssen die Geschlechter einer langen Vergangenheit den Samen in die menschliche Seele legen. — Sodann liegt es in hohem Grade an der Intensität unserer Arbeit. Wir mußten uns in einer feindlichen Welt erst den Boden schaffen, auf dem wir stehen, und von dem aus auch wir auf andere

Gebiete übertreten können, ohne uns selbst zu verlieren. Wir hatten keine Muße, den Musen nachzulaufen. Das ist recht und gut. Aber nicht gut und recht ist es, wenn auch wir auf den idealen Gehalt unseres Schaffens mit einer gewissen Gleichgültigkeit herabsehen. Das sollten wir nicht tun. Nicht um unserem weltumspannenden Beruf bei Leuten Anerkennung zu verschaffen, deren „allgemeine Bildung" sie verhindert, zu wissen, wer dem Leben unserer Zeit seine Form und Gestalt gibt, nicht um das Wissen unseres Berufs an die Stelle zu setzen, welche heute das Wissen, die Gedanken und Gefühle einer toten Vergangenheit einnehmen, sondern um im eigenen Hause das Feuer der Begeisterung zu nähren, das uns in dem nie endenden Kampf für den Fortschritt, für die Zukunft der Menschheit nötig ist. — Ja! — und um dem törichten Vorwurf auch den Schein der Berechtigung zu nehmen, als ob wir die Welt dem Materialismus entgegenführten. Eine falschere Auffassung unserer Bejahung des Lebens, unseres Willens und Wollens läßt sich nicht denken.

Denn unsere Lebensaufgabe gehört zu den höchsten, die sich auch die Poesie je gestellt hat: Nicht der Materie zu dienen, sondern sie zu beherrschen.

II. Das Wasser im alten und neuen Ägypten.

Vortrag, gehalten im Polytechnischen Verein zu München
am 7. Dezember 1901.

An den Ufern des Nils lernt man die altklassischen Worte Pindars „ἄριστον μὲν ὕδωρ" — das Wasser ist das Beste — in ihrer ganzen Bedeutung würdigen. Dort sehen wir heute, was man schon vor 4000 Jahren erkannte, einen Strom, der inmitten toter Wüsten ein Land schuf, dessen Fruchtbarkeit unerschöpflich scheint. Wir sehen, wie er dieses Land bis zum heutigen Tage erhält, während rings umher die Kulturstätten der alten Welt, Carthago, Cyrene, Syrien, selbst Kleinasien, Griechenland und Sizilien halbe Einöden geworden sind. Wir sehen, wie das Wasser für den Menschen schafft, nicht bloß seine materiellen Bedürfnisse befriedigend, sondern auch Gesellschaft und Staaten bildend. Wir sehen aber auch, wie der Mensch für das Wasser zu schaffen gelernt hat, und zwar in den ältesten, wie in den neuesten Zeiten in einer Weise, die uns nirgends auf der Erde in einem großartigeren Maßstabe entgegentritt.

Es ist selbstverständlich, daß die physikalische Natur Ägyptens den Anstoß zu all dem geben mußte. Ähnlich wie die benachbarten schmalen langgestreckten Buchten von Suez und Akaba, nur in umgekehrter Richtung von Süd nach Nord verlaufend, war das Niltal (Fig. 1) in Urzeiten zweifellos eine Bucht zwischen zwei wasserlosen Wüsten, in welche, aus dem Innersten des schwarzen Kontinents kommend, der Nil über die Granitschwelle bei Assuan eintrat und seinen Weg zum Mittelländischen Meer suchte. Langsam aber unaufhörlich bauend schuf er mit dem Schlick, den er aus den Tropen brachte, die Talsohle von Oberägypten und weiter bauend von der Gegend des alten Memphis und des jetzigen Kairos an, das Delta, den Boden, auf dem ein hochbedeutsamer Teil der Kulturgeschichte der Menschheit seinen Anfang nahm. Seit jener Periode, deren Spuren in der grausten Dämmerung menschlicher Erinnerung verschwinden, besteht das eigentliche Ägypten aus dem 960 km langen Streifen Landes, der sich von Assuan bis Kairo zwischen den Wüstenhügeln in Ost und West hinzieht und eine Breite von manchmal nur 3 bis 4 km, selten über 15 km aufweist, und aus dem Delta, einem fast gleichseitigen Dreieck von 260 km Seitenlänge, das sich aber noch immer, nach Beobachtungen von Larousse, im Osten mit der Geschwindigkeit von 2 m, im Westen von 35 m jährlich gegen das Meer vorschiebt. Diese einfache Gestaltung des Landes wird nur gestört durch das Fayum, eine oasenartige Provinz im Südwesten Kairos, in welcher sich ein uralter Kanal, der Josefskanal, verliert, dessen Wasser, soweit sie nicht aufgesaugt werden, einen 20 m unter dem Meeresspiegel liegenden Binnensee, den Birket el Kerun, erreichen.

Die jährlichen Überschwemmungen des Nils, die Folge der tropischen Regen in Inner-Afrika, bestimmen nicht nur die Grenzen des eigentlichen Ägyptens, sie geben auch der Oberfläche des Landes ihre auffallend regelmäßige Gestalt. Von Assuan bis Kairo hat die scheinbar vollständig ebene Talsohle ein Gefäll von 11 cm im Kilometer, während das Gefäll im Delta, sich mehr und mehr verflachend, durchschnittlich 4 cm beträgt. Die Talsohle in Oberägypten zeigt, wie überall, wo derartige Bildungen stattfanden, den Strom an der höchsten Stelle des Tal-Querschnitts in einem 5 bis 7 m tief eingegrabenen Bett, von dessen hohen Lehmufern, nach beiden Seiten gegen die Wüstenberge hin, die Oberfläche sich merklich senkt. Fast überall drängt sich der Strom mehr gegen die höheren, östlichen Berge, so daß die Hauptfläche fruchtbaren Landes am linken

Fig. 1. Das Kulturland Ägyptens.

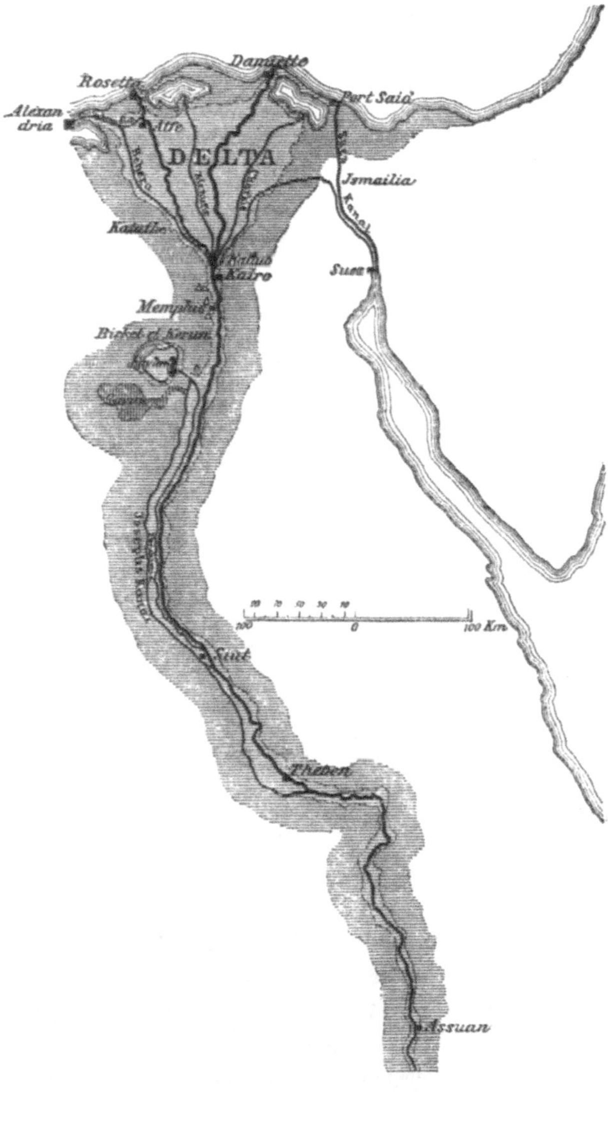

westlichen Ufer des Stromes liegt. Dagegen zeigt das Delta mit kleinen Abweichungen eine horizontale Oberflächenlinie des Querschnitts. (Fig. 2a und b.)

Fig. 2a. Schnitt durch das Delta.

Fig. 2b. Schnitt durch das Niltal in Ober-Ägypten.

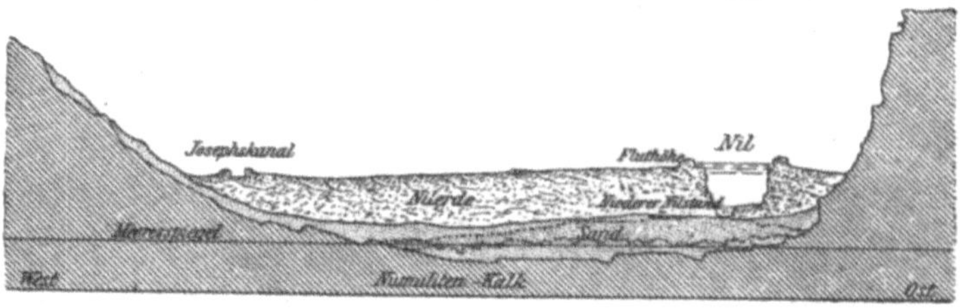

Fig. 2c. Schnitt durch das Fayum.

Fig. 2d. Schnitt durch das Rayantal.

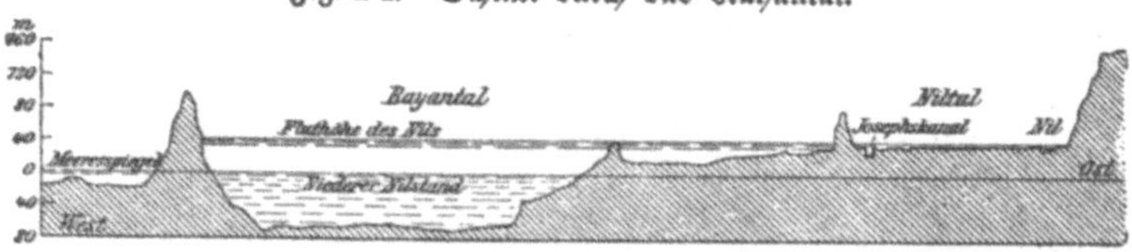

Die Entstehungsart des Landes, die heute noch fortschreitet, erklärt die Bedeutung des Nils für Ägypten. Bis vor wenigen Jahrzehnten umgab diesen Strom ein geheimnisvoller Zauber, der heute noch nicht ganz geschwunden ist. Niemand kannte seine Quelle. Ohne jeglichen Zufluß, in einsamer Größe, zieht er durch 1200 km der Wüsten Nubiens und des Sudans und tritt mit seiner gewaltigen Wassermasse über die Schwelle Ägyptens, wo sein eigentümliches Leben ein Land und ein Volk schuf, das in ihm in wohlerklärlicher Weise im Altertum ein göttliches Wesen und den Vater alles Lebendigen verehrte.

Seine Wassermassen sind der Abfluß eines Binnenlandes von 3025000 qkm, d. h. von der sechsfachen Größe Deutschlands. Die Wassermenge beträgt trotzdem nur 93000 Millionen Kubikmeter im Jahr, d. h. ungefähr $1^1/_2$mal soviel, als die Donau bei Budapest, deren Wassermenge sich auf 66150 Millionen berechnet.

Gestatten Sie, daß ich die Wassermenge der Donau bei Budapest als eine Art Maßeinheit benütze, um die großen Zahlen, mit denen wir es zu tun haben, einigermaßen anschaulicher zu machen.

Die für die Kulturarbeiten Ägyptens bedeutsamste Eigentümlichkeit des Stroms ist der periodische Wechsel der Wassermenge. An dem steil abfallenden Nilufer bei Kairo stehend, sehen wir anfangs Juni ein fast 1000 m breites, halbvertrocknetes Flußbett, durch das sich in hundert Windungen die Reste des Stromes hinschleppen, welche die glühende Sonne und der brennende Sand zu verzehren drohen. Um diese Jahreszeit ist die tägliche Wassermenge weniger als $^1/_6$ der Donau bei Pest. Die Uferhöhe, auf der wir uns befinden, liegt, wie das gesamte Kulturland um uns her, 5 m über dem Wasserspiegel. In den letzten Tagen des Juni nimmt das Wasser eine trübgrüne Farbe an, die nach 2 bis 4 Tagen in ein tiefes Rotgelb übergeht: das erste Zeichen, daß das große Ereignis des Jahres, an dem Ägyptens Leben hängt, einzutreten beginnt. Ein rascheres Strömen, ein kaum merkliches Steigen macht sich in den ersten Tagen des Juli fühlbar. Erst 1 bis 3 cm täglich, dann rascher und rascher bis zu 50 und 60 cm im Tag wachsend, schwillt die Wassermenge. Dickgelbe Wogen füllen das ganze, gewaltige Flußbett in stürmischem Drängen, treten in den ersten Tagen des August über die Uferwände und benetzen den Fuß der weiter zurückliegenden Dämme. Infolge der nun plötzlich erreichten größeren Breite des Stromes, des Öffnens der großen Bewässerungskanäle und der damit zusammenhängenden Überflutung großer Landstrecken steigt der Fluß zwar langsamer, aber doch noch immer, bis er in der ersten Hälfte des Oktobers seinen höchsten Stand erreicht hat. Diese Höhe beträgt bei Kairo in Jahren eines sehr hohen, die Dämme bedrohenden Nilstandes 7 m, bei einem ebenso gefürchteten schwachen, für die Bewässerung ungenügenden Stand 5 m über dem Nilspiegel im Juni. Ende November tritt sodann der Strom wieder in seine Ufer zurück und sinkt, bis er im Mai seinen niedersten Stand erreicht und das merkwürdige Spiel im Juni fast mit der Regelmäßigkeit eines Uhrwerks aufs neue beginnt (siehe Figur Nr. 3a).

Die Durchschnittswassermasse im Mai und Juni ist nicht mehr als 30—40 Mill. cbm den Tag, d. h. $^1/_6$ der Donau; die Durchschnittswassermasse des Hochnils im Oktober beträgt 740 Millionen, die einer schwachen Flut 450, die einer gefährlich starken 915 Mill. cbm. Sie schwankt demnach zwischen dem drei- und sechsfachen der Donau bei Pest.

Erst in neuester Zeit ist man über die Ursachen dieser für das Land so wichtigen Schwankungen der Nilflut klarer geworden. Sie sind weniger in einer wechselnden jährlichen Regenmenge des Tropengebiets zu suchen, als in ganz eigentümlichen Verhältnissen im Oberlaufe des weißen Nils, auf die wir später zu sprechen kommen werden.

Doch ist es nicht allein die für alle Vegetation unentbehrliche Feuchtigkeit, welche der Nil dem Lande zuführt. Die erdigen Bestandteile, die er während der Hochflut mit sich trägt, sind das unbezahlbare Düngemittel, das die Fruchtbarkeit des Landes seit Jahrtausenden erhält. Der Niederschlag besteht aus 63 Proz. Sand und Ton, 18 Proz. kohlensaurem Kalk, 4 Proz. kohlensaurer Magnesia, 6 Proz. Eisenoxyd und 9 Proz. organischer

Bestandteile. Das diesen Schlamm führende Wasser nennt der Fellah rotes Wasser; hat sich der Schlick in stehenden Becken oder auch beim Berieseln der Felder niedergeschlagen, so heißt er das Wasser blau oder arm. Soweit sich das rote Nilwasser durch künstliche oder natürliche Mittel verbreiten läßt, reicht

Fig. 3a. Wasserstand des Nils.

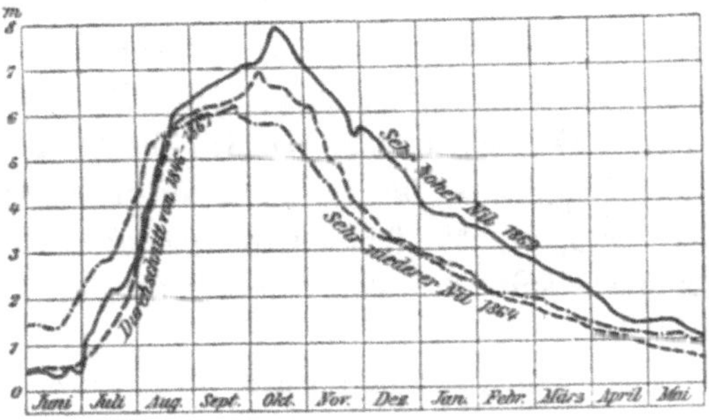

Fig. 3b. Wasserstand des Nils und Niltalbrunnen.

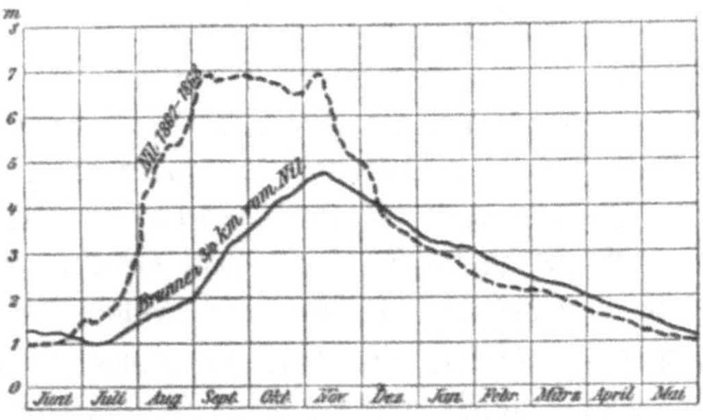

Ägypten. Über diese Grenze hinaus, scharf abgeschnitten wie der Strand des Meeres, liegt die unfruchtbare, wertlose Wüste. — —

Die in dieser Weise begrenzte, landwirtschaftlich verwendbare Fläche Ägyptens beträgt, um eine häufig verworfene, aber neuerdings namentlich wasserwirtschaftlich wieder berechtigte Einteilung beizubehalten, in Oberägypten, d. h. von Assuan bis Assiut 525 000 ha, in Mittelägypten, von Assiut bis zur Deltaspitze, einschließlich des Fayums 504000 ha, und im Delta 1180000 ha, wozu noch 504000 ha versumpften Küstenlandes kommen. Von dieser Fläche von zusammen 2713000 ha stehen 1850000 ha unter Kultur; die übrigen 863000 ha liegen mehr oder weniger brach, weil das nötige Wasser fehlt, obgleich sie es nach ihrer Höhenlage erhalten könnten. 40000 Mill. Kubikmeter Wasser aber gehen während der Überschwemmungsmonate ungenützt ins Meer, man darf sagen zur Schmach der vielgepriesenen technischen Entwicklung unserer Zeit. Denn es war anders noch vor 2000 Jahren, d. h. zur Zeit der Pharaonen, jener königlichen Ingenieure, die die Obelisken zu Dutzenden nach Ägypten schleppten, die Pyramiden erbauten und den Mörissee, das großartigste aller Wassersammelbecken, sich dienstbar gemacht hatten.

Drei Arten der Wasserwirtschaft waren seit unvordenklichen Zeiten in dem völlig regenlosen Lande im Gebrauch: Die natürliche, durch keinerlei künstliche Mittel geregelte Überschwemmung des Landes, das Beckensystem und die Bewässerung durch die sogen. Sommerkanäle: das System des Sefilandes.

Bei dem natürlichen System ist das Land alljährlich vom August bis November der geschilderten Überschwemmung preisgegeben. Wie Inseln ragen die Fellahdörfchen aus der See empor, die von Wüste zu Wüste die Talsohle bedeckt. Sinkt das Wasser, so wird auf dem weichen, von frischem Nilschlick befruchteten Boden mühelos, oft ohne zu pflügen, Weizen, Bohnen, Klee, Dura angesät und die Ernte ist längst vorüber, wenn der Nil aufs neue zu steigen beginnt. Das Land aber liegt während 8 Monaten brach oder unter Wasser. Nur eine Ernte ist möglich, und nur solche Gewächse können gebaut werden, die zur Reife nicht mehr als ein halbes Jahr bedürfen. Der Anbau von Baumwolle und Zuckerrohr, der wertvollsten Produkte Ägyptens, ist ausgeschlossen, und der Grad der Bewässerung, die Menge des befruchtenden Schlicks ist von der natürlichen Jahreshöhe des Nils abhängig, der bauend und zerstörend, Land in Sümpfe verwandelnd und aus Sümpfen Land schaffend, auf der Oberfläche sein Wesen treibt.

Diesem Zustand der Ordnungslosigkeit entgegen wirkend, finden wir schon in den ältesten Zeiten das Beckensystem (Fig. Nr. 4) fast allgemein eingeführt. Dies beweisen nicht

Fig. 4. Das Beckensystem im Niltal.

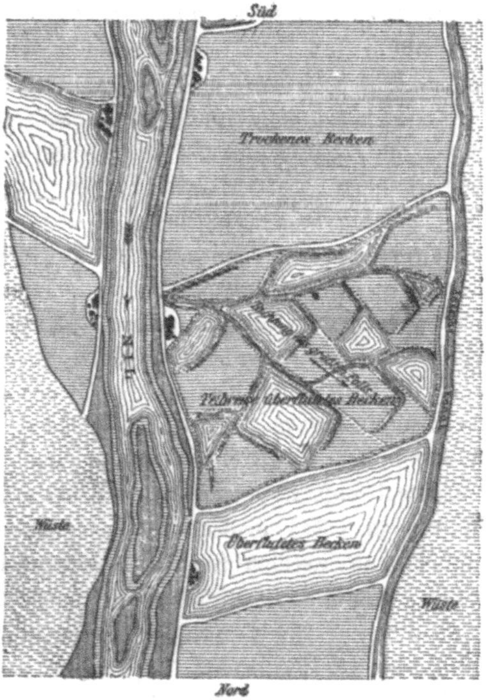

allein bildliche Darstellungen aus der Hieroglyphenzeit, sondern auch zahlreiche Spuren uralter Dämme in allen Teilen des Landes. Größere oder kleinere Distrikte, die sich über die ganze Talbreite erstreckten, wurden durch genügend hohe Dämme vor der Hochflut des Nils geschützt. Ihre Form ist annähernd ein mehr oder weniger langgestrecktes Viereck. Zwei Seiten laufen von Süd nach Nord, parallel mit dem Fluß und der Wüstengrenze, zwei erstrecken sich von Ost nach West, jedes Becken gegen das darüber und darunterliegende abschließend. Die Größe der Becken, auf arabisch „Hodd“ genannt, schwankt zwischen 12 und 80 qkm. Ihre Einteilung stammt aus uralter Zeit, in der sie vermutlich aus der zufälligen oder politischen Kombination einzelner Dorf- und Stadtgemeinden hervorgegangen ist.

Hat der Nil im August die erforderliche Höhe erreicht, so wird am oberen Ende des Beckens, gegen den Strom hin, ein Wassertor in dem Schutzdamm geöffnet und das ganze Becken überschwemmt. Dann steht das Wasser mit Schlick gesättigt 1/2 bis 2 m tief über der Oberfläche des Landes und bleibt 6 bis 8 Wochen ruhig stehen. Während dieser Zeit setzt sich der Schlick; gleichzeitig tritt aber auch der Nil in seine Ufer zurück. Nun wird ein ähnliches Wassertor am unteren Ende des Dammes nach dem Strom hin geöffnet, und das nunmehr klare, schlicklose Wasser fließt in den Strom zurück. In Mittelägypten wird ein Teil dieses Wassers auch nach der andern Seite hin abgeleitet, und durch den Josefskanal (siehe Fig. 1 u. Fig. 2b), welcher entlang der Wüstengrenze läuft, dem Fayum zugeführt. Manchmal auch, in Jahren einer besonders wasserarmen Nilflut, läßt man das Wasser aus den höhergelegenen Becken nach den darunterliegenden fließen. Da es dann aber seinen Schlick zum großen Teil bereits abgelagert hat, wird diese Art der Bewässerung als Notbehelf angesehen und hat nicht die Wirkung einer Überflutung mit frischem Nilwasser.

Auch bei diesem System ist eine zweite Jahresernte nicht möglich, noch können Zucker und Baumwolle gebaut werden, wenn nicht, was da und dort geschieht, einzelne Felder innerhalb des Beckens vor der allgemeinen Überschwemmung desselben durch besondere Dämme geschützt werden (siehe Fig. 4). — —

Vom Dezember bis zum Juli würden bei diesem System, wie beim erstbeschriebenen natürlichen, die im Wachstum begriffenen

Pflanzen keinen Tropfen Wasser erhalten, wenn dasselbe nicht durch künstliche Mittel aus dem Bett des sinkenden Flusses oder aus Brunnenschachten gehoben würde. Hierfür sind heute noch die primitivsten Vorrichtungen der Urzeit neben den gewaltigsten Maschinen unserer Tage in Wirksamkeit.

Ein mit Lehm angestrichenes Strohkörbchen, das zwei Fellachen an Stricken schwingen, dient als eine Art Wasserschleuder, wenn das Wasser nur $1/2$ bis $3/4$ m hoch gehoben werden muß, um einen höher gelegenen Kanal zu erreichen (Fig. 5a).

Handelt es sich um eine Höhe von 1 bis $2 1/2$ m, so kommt ein sogenannter

Fig. 5b. Schaduf.

Fig. 5a. Wasserschleuder.

Schaduf in Anwendung (siehe Fig. 5b). Dasselbe Körbchen hängt am Ende einer horizontalen Querstange, die schaukelartig auf einem einfachen Holzgestell balanciert. Als Gegengewicht dient am anderen Ende der Stange ein Stein oder ein Lehmklumpen. Das Körbchen wird durch den am Apparat arbeitenden Mann in das Wasser gezogen, wo es sich füllt; dann steigt es durch das Gegengewicht in die Höhe und wird in einen kleinen Kanal entleert, in dem das Wasser weiter fließt. Übersteigt die zu überwindende Höhe 2 m, so werden zwei, und selbst drei derartige Vorrichtungen treppenartig übereinander gelegt, die sich das Wasser zuschöpfen. Ein Mann kann mittels eines Schadufs $^1/_4$ ha im Tag spärlich bewässern.

Fig. 5c. Sakie in Ober-Ägypten.

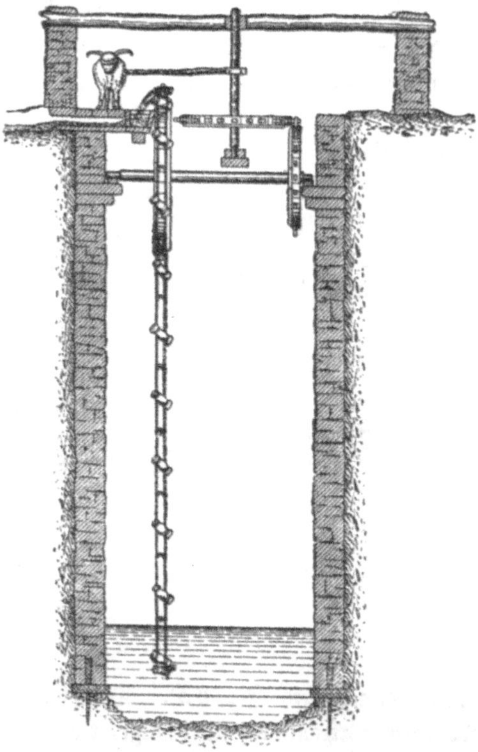

Die Bezeichnung einer Maschine verdient die Sakie (siehe Fig. 5c und 5d). Ihre Konstruktion ist im unteren Delta, wo die erforderliche Hubhöhe bis zu $1^1/_2$ und 1 m herabsinkt, eine andere als bei Kairo und Oberägypten, wo die Hubhöhe zwischen 5 und 7 m schwankt. Hier ist der wesentliche Bestandteil ein

Paternoster, das aus irdenen Töpfen besteht, die an einer Strickleiter aus Dattelpalmbast befestigt sind und über ein Rad laufen, welches mittels eines hölzernen Zahngetriebes rohester Art von einem Ochsen in Bewegung gesetzt wird. — In Unterägypten tritt an Stelle des Paternosters aus Töpfen der hohle Kranz eines großen Rades, dessen aus dünnen Brettchen geformte

Fig. 5d. Sakie in Unter-Ägypten.

Kammern sich unten beim Eintauchen in das Wasser füllen und oben in einen Trog entleeren. Tausende dieser Vorrichtungen, die man schon unter den Skulpturen Alt-Ägyptens findet, sind während der Frühjahrs- und Sommermonate entlang dem Nil und den noch Wasser führenden Kanälen tätig. Für eine weitaus größere Zahl jedoch sind Brunnenschachte hergestellt, die in den überall reichlich wasserführenden sandigen Untergrund hinabreichen. Im Delta allein zählt man über 50000 Sakiehen. Eine Sakie genügt für die Bewässerung von nicht mehr als 20 ha und kann unter günstigen Umständen in 24 Stunden 2 ha bewässern. — —

Das Sefisystem endlich besteht darin, daß das Land dauernd durch Dämme vor den jährlichen Überschwemmungen geschützt ist, daß ihm aber gleichzeitig nicht bloß während des Hochnils, sondern das ganze Jahr hindurch Wasser nach Bedarf zugeführt werden kann und zwar durch Kanäle, die nur seicht in die Oberfläche des Kulturlandes eingeschnitten sind oder, besser noch, über demselben liegen und ihr Wasser durch künstliche Mittel zu jeder Zeit direkt von dem tiefliegenden Nil erhalten. Dies geschieht tatsächlich auf dreierlei Art. Die erste besteht darin (siehe Fig. 6a), den Fluß mittels eines Kanals anzuzapfen, der an seiner oberen Mündung so tief eingeschnitten ist, daß er noch beim niedrigsten Wasserstand des Stromes die nötige Wassermenge aufnehmen kann. Diesem Kanal, der in der Strom- oder Talrichtung weitergeführt wird, gibt man ein geringeres Gefäll, als es der Nil selbst hat, so daß der Kanalspiegel gegen den Flußspiegel mit jedem Kilometer um etliche Zentimeter steigt. Wird dies lange genug fortgesetzt, so befindet sich der Kanal weiter unten im Tal auf der Höhe des Kulturlandes und kann sein Wasser zu jeder Zeit über dasselbe ergießen. Die zweite Methode ist, den von Anfang an hochgelegten Bewässerungskanal mit Dampfpumpen aus dem tiefliegenden Nil zu speisen (siehe Fig. 6b) und die dritte endlich, den Hauptstrom zu stauen, so daß er die hochliegende Kanalmündung auch in den Sommermonaten erreicht. Der uralte Josefskanal, der oberhalb Assiut seinen Anfang nimmt und der Bewässerung des Fayums dient, war ein derartiger Sefikanal. Was in neuester Zeit in dieser Richtung geschah, werden wir sehen.

Das unter das Sefisystem gebrachte Land ist mehr als doppelt soviel wert als zuvor. Es ist möglich auf demselben, nicht nur zwei, ja drei Ernten jährlich zu erzielen, sondern auch Kulturpflanzen zu bauen, die, wie Zucker und Baumwolle, länger als ein halbes Jahr zu ihrer Entwicklung bedürfen. Der

Nutzen der Einführung des Systems ist deshalb ein schwerwiegender, vorausgesetzt, daß genügend Wasser vorhanden ist, um dem erhöhten Bedarf im Sommer zu genügen. Dies war im Altertum unzweifelhaft der Fall, denn einen breiten Streifen Landes entlang der Seeküste, der heute infolge ungenügender

Fig. 6a. Die Abzweigung des Ibrahimia-Kanals.

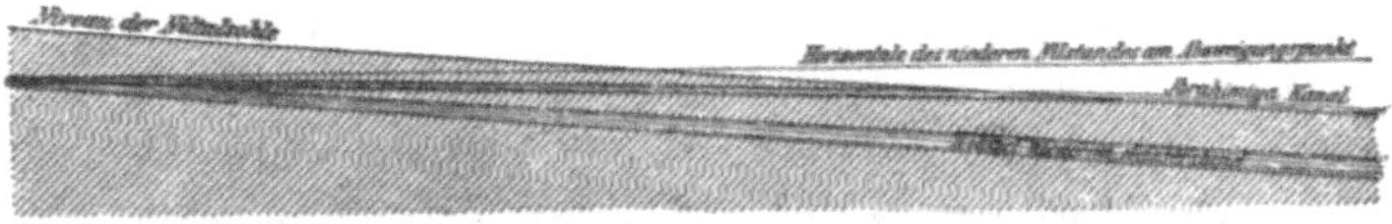

Längenschnitt durch das Nilbett.

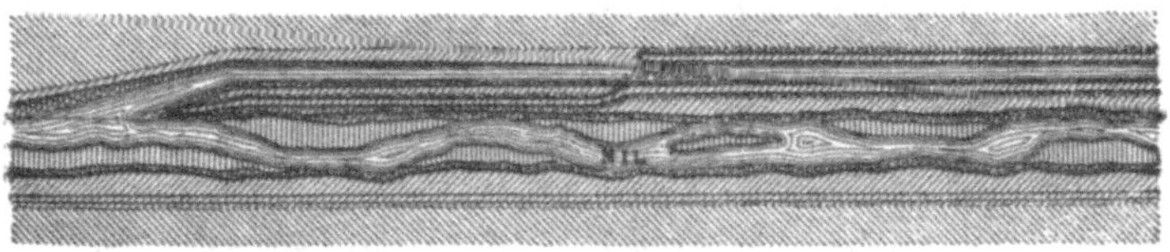

Grundriß.

Fig. 6b. Querschnitt durch das Nilbett.

Bewässerung ein versumpftes Marschland geworden ist, bedecken die Spuren von verlassenen Dörfern, ja von großen, blühenden Städten. Die Erklärung dieses Rätsels liegt in einem der sieben Weltwunder des Altertums, dem verschollenen Mörissee, von dem Herodot erzählt. Der älteste Bädeker der Welt berichtet nämlich im 2. Buch seines Geschichts- und Reisewerks wie folgt:

„Welch gewaltiges Werk auch das Labyrinth ist, so stellt sich der in seiner Nähe befindliche Mörissee als ein noch größeres Wunder dar. Denn sein Umfang beträgt 3000 Stadien, gerade so viel als die Küstenstrecke Ägyptens selbst. Seine Tiefe ist 50 Klafter (80 m) und er ist von Händen gemacht. Mitten im See sind zwei Pyramiden, jede derselben 50 Klafter über das Wasser hervorragend, auf deren Spitze sich ein thronender Koloß befindet. Das Wasser des Sees kommt nicht aus der Erde, sondern ist in einem Kanal vom Nil aus hingeleitet. Sechs Monate lang fließt es hinein, sechs Monate lang fließt es wieder heraus, in den Nil zurück. Da ich nirgends den aus dem Kanal entfernten Schutt sah, frug ich die Umwohner. Man sagte mir, die Ägypter trugen den Schutt in den Nil, der ihn weiter führte. Auf diese Weise soll der See hergestellt worden sein."

Hier haben wir die schlichte Schilderung der großartigsten Bewässerungsanlage, welche die Welt bislang gesehen hat. Wenn man beachtet, daß der Nil zur Zeit der Hochflut 600 Mill. Kubikmeter täglich dem Meere zuführt, in der wasserbedürftigen Frühjahrs- und Sommerzeit aber nur 35 bis 40 Millionen, so wird die Bedeutung des Mörissees mit einem Flächeninhalt von 686 qkm, der bei 5 m Stauhöhe 3430 Millionen Kubikmeter abzugeben vermöchte, ohne weiteres klar.

Und dieses Riesenwerk ist spurlos verschwunden. 180 Jahre v. Chr. deutete die Weltkarte des Ptolemäus den Mörissee noch an. Die Gelehrten der französischen Expedition von 1799 glaubten ihn im Birket el Kerun, der die Abzugswasser des Fayums sammelt, sehen zu müssen. Die Hypothese erschien jedoch unhaltbar, da der Wasserspiegel dieses Sees, heute 200 m unter der Meereshöhe, ein Zurückfließen der Wasser nach dem Niltal ausschließt. Linant Pascha, der Minister der öffentlichen Arbeiten unter Mohamed Ali, fand im Osten des Fayums alte Dämme, die ihm den Mörissee eingeschlossen zu haben schienen. Derselbe hätte dann allerdings nur einen Umfang von 75 km, eine Oberfläche von 157 qkm und eine Tiefe von 2 m gehabt. Die neueren Ägyptologen bis 1880 schlossen sich dieser Ansicht an. Der gute Herodot hatte sich wieder einmal ein X für ein U vormachen lassen. Das Rätsel des Mörissees blieb unaufgeklärt.

Unter dem Mameluckenund Türkenregiment des 17. und 18. Jahrhunderts ging die Glanzzeit der arabischen Herrschaft über Ägypten zugrunde. Die alten Sommerkanäle im Delta, selbst der Josefskanal in Mittelägypten versandeten. Der Einfall der Franzosen zu Anfang des vorigen Jahrhunderts dauerte zu kurz, um den jammervollen Zustand des Landes zu ändern. Erst mit Mohamed Ali, dem genialen Arnauten-Pascha, kam neues Blut in die alten Adern. Er erkannte sofort, daß in der Wasserwirtschaft der ganze Reichtum Ägyptens lag. Von 1820 an arbeitete er unablässig an den Bewässerungsanlagen des Landes. So oft seine Truppen die Gewehre niederlegen konnten, bekamen sie die Hacke in die Hand, um Kanäle zu graben und Dämme zu bauen. Der Josefskanal in seiner ganzen Länge wurde vertieft und dadurch das Fayum wieder lebensfähig gemacht. Der Machmudiehkanal (siehe Fig. 1), welcher das Wasser von Atfeh am Rosettaarm des Nils nach Alexandrien führt, wurde mit einem Aufwand von 30000 Menschenleben gebaut. Gegen das Ende seiner Regierung um 1848 tauchten Schornsteine von Dampfpumpen am Nil auf. Die erste Maschine dieser Art, eine 100pferdige Plungerkolbenpumpe, mehr für Bergwerksbetriebe geeignet, wurde bei Schubra errichtet, und war noch 3 Jahre lang während meiner dortigen Tätigkeit in den 60er Jahren in Wirksamkeit. Auch das große Pumpwerk bei Atfeh, das den Machmudiehkanal speist, wurde in jener frühen Zeit aufgestellt. Bis in die 70er Jahre hinein wurden eine Anzahl großer französischer und englischer Pumpenanlagen eingeführt, welche bei der Schwierigkeit, sichere Fundamente am Nilufer herzustellen, und bei dem Wechsel, dem der beständig sich verschiebende Flußlauf unterworfen ist, nicht der vorteilhafteste Typus für ägyptische Verhältnisse waren. Mehr als einmal geschah es, daß ein großes Pumpwerk am Nilufer begonnen wurde und nach seiner Vollendung einen Kilometer vom Fluß entfernt im Sande stand. So kam es, daß auch die beweglicheren Zentrifugalpumpen um jene Zeit buchstäblich zu tausenden in Ägypten eingeführt wurden.

Das bedeutendste Wasserbauwerk jener Übergangsperiode war die sogenannte Barrage bei Kaliub, an der Spitze des Deltas. Das großgedachte Projekt führte allerdings zunächst zu einem ebenso großartigen Mißerfolg. Später aber hat es trotzdem bewiesen, wie richtig der ihm zugrunde liegende Gedanke war, und ist der Ausgangspunkt der Weiterentwicklung Ägyptens geworden, der wir heute entgegensehen.

Die Hauptbewässerungskanäle, die das Delta fächerartig von Süd nach Nord durchziehen, sind im allgemeinen einen Meter tief in die Oberfläche des Kulturlandes eingeschnitten, das in der Gegend der Deltaspitze etwa 5 m über dem niedersten Wasserstand des Nils liegt. Diese Kanäle werden deshalb erst Wasser aufnehmen, wenn der Nil $3^1/_2$ bis 4 m höher steht, als es im Mai und Juni der Fall ist. Wenn dagegen der Strom unterhalb der Mündung eines solchen Kanals dauernd 4 bis $4^1/_2$ m gestaut wäre, so würde der betreffende Kanal das ganze Jahr über eine Wasserader bleiben, von der aus ohne weiteres Heben der umliegende Distrikt bewässert werden könnte. Schon Napoleon I. wies in diesem Sinn auf die Deltaspitze hin. Im Jahre 1834 faßte Mohamed Ali den Plan ernsthaft ins Auge. Linant und später ein zweiter Franzose, Mougel, arbeiteten rivalisierende Pläne aus. Nach längerem Schwanken wurde 1843 Mougels Plan, den eine Kommission soeben verworfen hatte, auf Mohamed Alis Befehl angenommen und sofort mit seiner Ausführung begonnen.

Bei Kaliub, 20 km unterhalb Kairo, spaltet sich bekanntlich der Nil in den östlichen Damiette- und den westlichen Rosettaarm des Stromes, welche das Hauptdreieck des Deltas einschließen (siehe Fig. 7). Doch liegen sowohl östlich als westlich desselben beträchtliche Flächen Kulturland zwischen Strom und Wüste. Unmittelbar unterhalb der Deltaspitze sollten nun die beiden Nilarme durch ein Stauwerk abgesperrt werden, das während der Sommermonate den Wasserspiegel des Flusses um $4^1/_2$ m heben und die gesamte Wassermasse des Nils in drei Hauptkanäle drängen sollte: den Behera im Westen, den Manufieh für die drei Provinzen im mittleren Delta und den Tewfikieh oder Charkieh im Osten. Während der Flutzeit dagegen sollte das geöffnete Stauwerk dem Abfluß des Nils in seinem gewohnten Bett so wenig als möglich hinderlich sein.

Fig. 7. Das Nilstauwerk bei Kaliub.

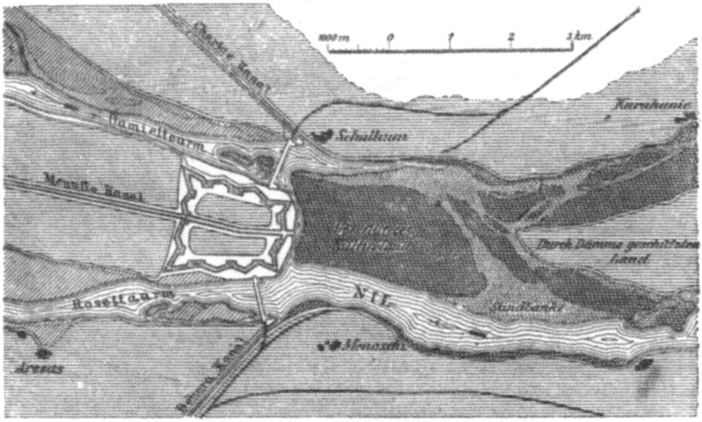

Grundriß.

Die westliche Hälfte des Stauwerks, die Rosettabarrage (siehe Fig. 8) ist ein 465 m langer, brückenartiger Bau, der in 61 Bogen von 6 m Spannweite den Strom geradlinig durchquert. Jede Öffnung zwischen den 2 m starken Pfeilern kann mittels einer eigentümlichen eisernen Schützenvorrichtung geschlossen oder geöffnet werden. An beiden Enden des Baues befinden sich Schiffsschleusen von genügender Weite und Länge für die größten Nilboote. Die Pfeiler ruhen auf einem durchgehenden Zementbett von 4 m Dicke und 34 m Breite, das selbst auf einem Damm aus Kiesel und Steingeröll lagert, welcher durch den in die Spalten und Löcher der Aufschüttung eingeschlemmten Nilschlick wasserdicht werden sollte. Die Da-

Fig. 8. Querschnitt durch einen Brückenbogen.

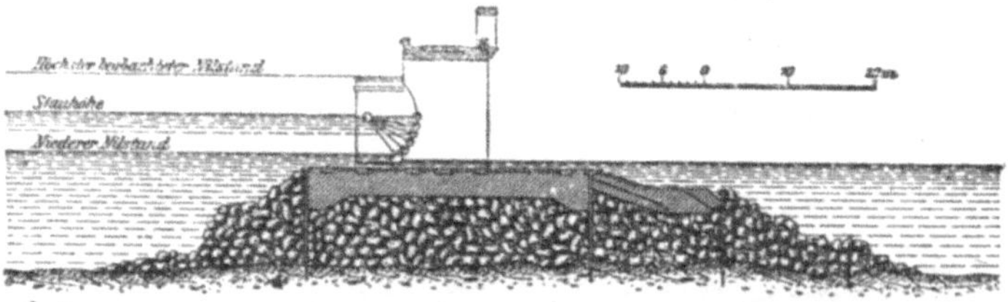

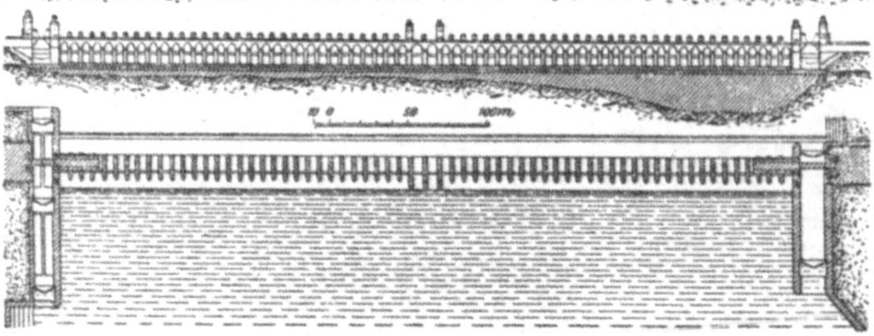

Stauwerk des Rosetta-Nilarms.

Fig. 9.

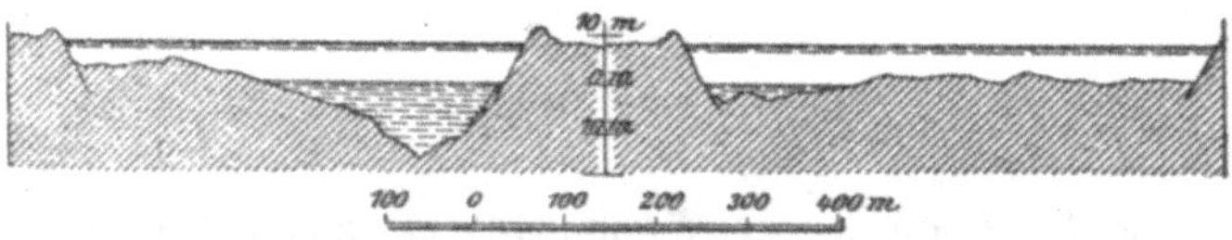

miettebarrage ist von ganz ähnlicher Bauart, ist aber 545 m lang und hat dementsprechend 71 Bögen.

Der Untergrund, auf dem dieses gewaltige Bauwerk errichtet werden sollte (siehe die Querschnitte durch die Nilarme, Fig. 9), ist der denkbar schlechteste. Der halbflüssige Schlamm des Flußbetts ruht auf ebenso flüssigem feinem Sand, dessen Tiefe einen felsigen Grund zu erreichen nicht gestattet. Man hatte sich deshalb ausschließlich auf die Breite und Masse der riesigen Fundamentplatte aus Zement zu verlassen. Während sich aber im Damiettearm ein verhältnismäßig horizontales Flußbett vorfand, war dasselbe im Rosettaarm sehr uneben. An dessen westlichem Ende ragten im Sommer 4 m hohe Sandbänke aus dem Wasser, während am östlichen Ufer der Fluß eine Tiefe von 18 m zeigte.

Im Jahre 1845 begann Mougel die Arbeiten im Damiettearm, wo sie, anfänglich mit großem Eifer, später mit manchen Unterbrechungen fortgesetzt, auf keine allzugroßen Schwierigkeiten stießen. Anders war es im Rosettaarm, wo 1847 mit 22 Dampfmaschinen und 18000 Arbeitern angefangen wurde. Die Herstellung des Dammes aus Steingeröll auf der 18 m tiefen Seite verschlang zwar unglaubliche Massen Material, war aber doch zu bewältigen. Fast unüberwindliche Schwierigkeiten dagegen machte das Ausheben des Sandes auf der westlichen Seite, das notwendig war, um ein ebenes Bett für das Zementlager herzustellen. Der fast flüssige Sand zwischen den Spundwänden der riesigen Baugrube quoll wie Wasser aus dem Grund empor, so viel man auch davon wegschaffte. Endlich war auch dieser Übelstand andauernd besiegt. Nun galt es, das 34 m breite, 465 m lange und 4 m starke Zementbett auf dieser Grundlage aufzuschütten, was im Jahre 1847/48 unter der persönlichen Aufsicht des alten, halb geistesschwachen Vizekönigs geschah, der mit dem Stock in der Hand die Arbeiten dirigierte, welche natürlich nur bei niederem Nilstande möglich waren und somit in wenigen Monaten beendet sein mußten. Es handelte sich dabei um eine tägliche Versenkung von 2700 cbm Beton. Nach einer Woche dieser Arbeit erklärte Mougel, daß es unmöglich sei, mit den vorhandenen Kräften das Werk rechtzeitig zu bewältigen. Mohamed Ali telegraphierte durch das Land, sofort weitere 15000 Mann herbeizuschaffen. 8000 waren am folgenden Tag zur Stelle, standen aber auf den Gerüsten und Dämmen jetzt so dicht, daß sie sich nicht mehr rühren konnten.

Wie unter solchen Umständen das Werk qualitativ ausgeführt wurde, läßt sich denken. Doch waren im Jahre 1850 sämtliche Fundamente und 80 der 132 Bogen fertig. Nach dem Tode Mohamed Alis und mit dem Regierungsantritt Abbas Paschas, eines jedem Fortschritt feindlichen Fanatikers, trat eine Verzögerung und schließlich der völlige Stillstand der Arbeiten ein. 1852 zeigte sich nach dem ersten Versuch, die Rosettabarrage zu schließen, schon bei einem Wasserstandsunterschied von 1 m der Untergrund so durchlässig, daß ein Unterspülen und damit der Einsturz des Baus befürchtet werden mußte. 47 Millionen Frcs. waren verausgabt, der Bau aber sichtlich ganz unfähig, der erforderlichen Stauhöhe den nötigen Widerstand zu leisten. Mit den Kanälen, die in der Erwartung der kommenden Wassermassen hergestellt worden waren, hatte die Gesamtanlage 100 Millionen Frcs. gekostet. 1853 wurde Mougel entlassen.

Hierauf folgte fast ein Jahrzehnt völliger Untätigkeit, bis zum Regierungsantritt Ismael Paschas (1862), unter dem das Land einen gewaltigen Aufschwung zu nehmen schien. Für das große Stauwerk kam eine Zeit der Kommissionen. 1861 empfahl die erste derselben die Verstopfung der Risse in der Fundamentplatte aus Zement mit Hilfe eines Taucherschiffs, ehe ein neuer Stauversuch gemacht werden sollte. Die Kommission von 1863 berichtete, daß nichts geschehen sei und daß, ehe ein neuer Versuch gemacht worden sei, das wieder aufgenommene Kanälegraben aufgegeben werden sollte. Es wurden dann probeweise einige Schützen geschlossen und eine Stauhöhe von 1,40 m erreicht. Hierbei begannen aber die Quellen am unteren Ende der Fundamentplatte so lebhaft zu sprudeln, daß man es schleunigst aufgeben mußte, weiter zu gehen. 1867 glitten 10 Pfeiler der Rosettabarrage mehrere Dezimeter weit stromabwärts, so daß der teilweise Einsturz des Baues drohte. Linant Paschas letzter Bericht von 1871 verurteilte den damaligen Zustand des Bauwerks völlig. Er glaubte, daß eine gründliche

Reparatur 5 Jahre und 25 Millionen Frcs. kosten würde, und schlug deshalb vor, das Stauwerk aufzugeben und die Sommerkanäle des Deltas mit Dampfpumpen zu füllen.

Aber auch in den nächsten 12 Jahren tauchten, jetzt zumeist von englischer Seite, immer wieder Vorschläge auf, die Barrage herzustellen, Vorschläge, die im Jahre 1883 mit dem Schlußbericht einer Kommission unter Rousseau Pascha, dem damaligen französischen Generaldirektor der öffentlichen Arbeiten, einen gewissen Abschluß fanden. Rousseau erklärt sich gegen jeden Versuch der Wiederherstellung. Er will das Bauwerk nur dazu benützen, bis zu einem gewissen Grad die Verteilung des Wassers nach der Damiette- und der Rosettaseite des Landes zu regeln. Die Erfolge eines großen Pumpwerks bei Katatbe, im westlichen Delta, das den Beherakanal speiste, gab überdies den Plänen der Regierung eine andere Richtung. Man war bereit, ein riesiges Pumpwerk an der Spitze des Deltas zu errichten, das 700000 Pfd. Sterl. Anlagekosten verursacht hätte, und dessen Betriebskosten auf jährlich 248500 Pfd. Sterl. berechnet waren.

Auch in Mittelägypten waren die Bewässerungsverhältnisse, namentlich durch den Bau des Ibrahimiehkanals und das willkürliche Eingreifen in althergebrachte Rechte der Bevölkerung seitens des Vizekönigs in gemeinschädliche Verwirrung geraten. Dort hatte bis zur Mitte der 60er Jahre das alte Beckensystem geherrscht, und, soweit dies möglich war, seine guten Dienste geleistet. Nun hatte der Vizekönig Ismael Pascha eine 188 km lange Strecke von Mulawi bis Aschment entlang dem westlichen Nilufer in der Breite von etwa der Hälfte des Niltals aufgekauft oder sonstwie sich angeeignet und beabsichtigte auf dieser riesigen Fläche ausschließlich Rohrzuckerbau zu treiben (siehe Fig. 10). Hierfür war das Sefisystem, d. h. die sorgfältige Eindämmung des Distrikts und ein stets wasserführender Sommerkanal die erste Vorbedingung. Dies führte zur Herstellung des Ibrahimiehkanals. Derselbe zweigt bei Assiut vom

Fig. 10.
Das Sefiland in Mittel-Ägypten.

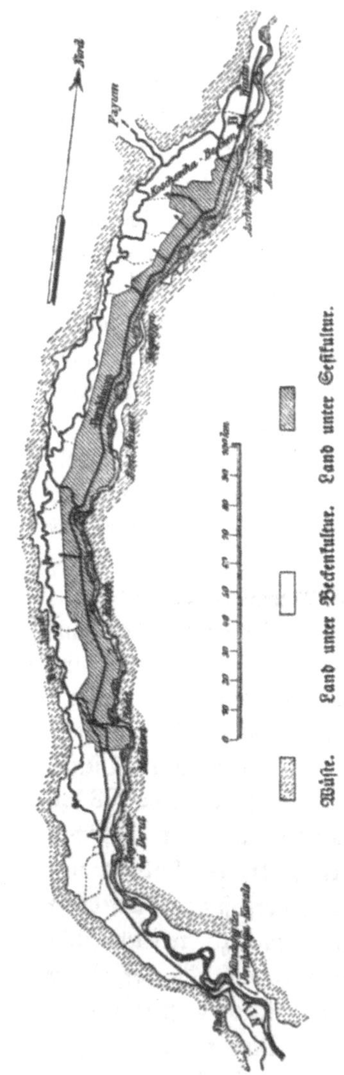

Nil ab, und zwar in einer Tiefe, welche die Wasserentnahme beim niedersten Nilstand sichert. Er verläuft sodann 82 km weit, dem Nil parallel mit einem Gefäll von 4 cm im Kilometer, während das umliegende Land wie der Strom ein Gefäll von 11 cm haben. Bei Mulawi ist sodann sein Wasserspiegel auf der Höhe des Kulturlandes, 5 m über dem Niveau des Nils, angelangt und in der Lage, während des ganzen Jahres die vor jeder direkten Überschwemmung geschützten Zuckerrohrfelder zu bewässern. Mit diesem Kanal aber waren die weiter nach Westen liegenden Reste des alten Beckenlandes, zwischen der Wüste und dem vizeköniglichen Sefiland von jeder direkten Verbindung mit dem Nil abgeschnitten. Nur die Becken oberhalb und unterhalb des Ibrahimiehkanals konnten rotes Überschwemmungswasser erhalten und es blieb nichts übrig, als das Wasser dieser oberen Becken von Becken zu Becken zu leiten und auf diese Weise alle bis herab zum letzten, dem Koscheschabecken, notdürftig zu bewässern. Lange aber ehe es bis zu diesem letzten Becken kam, hatte es weiter oben seinen befruchtenden Schlick abgesetzt, es war blaues, armes Wasser geworden. Die Fruchtbarkeit des Distrikts begann deshalb in erschreckender Weise abzunehmen. Auch hier stand anfangs der 80er Jahre das Land ratlos vor einem in seinen Folgen höchst bedenklichen Experiment.

Mit dem Jahre 1883 aber begann eine neue Ära für die Wasserwirtschaft Ägyptens. England hatte die Verwaltung des Landes trotz der internationalen Scheinkontrolle energisch in die Hand genommen und hatte auf dem Gebiet, das uns hier beschäftigt, den unbezahlbaren Vorteil, daß ihm seine indischen Ingenieure mit ihrer reichen, praktischen Erfahrung in ähnlichen Anlagen zur Verfügung standen. Sir Colin Scott Moncrieff mit einem kleinen Stab ganz vortrefflicher Hilfskräfte, gestützt von einer Staatsverwaltung, welche die Bedeutung des Ingenieurs in solchen Verhältnissen rückhaltlos anerkannte, trat an die Spitze des Departements der öffentlichen Arbeiten und ging mit seinen Leuten trotz des Spotts, des Neids, der Intrigen, energisch an die Arbeit, Ordnung in dem wässerigen Chaos zu schaffen, das Ägypten zu vernichten drohte.

Zuvörderst wurde das Land in 5 Hauptdistrikte geteilt und diese unter Oberingenieure (Inspektoren) gestellt, denen grundsätzlich eine möglichst große Selbständigkeit in der Behandlung ihrer Aufgabe eingeräumt, gleichzeitig aber auch die äußerste Schonung der bestehenden Verhältnisse und Gebräuche anbefohlen war. Doch hätte keine Geschicklichkeit europäischer Techniker diesen Augiasstall zu reinigen vermocht ohne die einheitliche, europäische Autorität, die hinter ihnen stand. Hierfür sorgte die anglisierte Regierung des Landes, gedrängt von der absoluten Notwendigkeit, dem scheinbar unvermeidlichen Bankerott Ägyptens vorzubeugen.

Als erste und wichtigste Aufgabe erschien Sir Moncrieff die Herstellung der soeben verurteilten Barrage, nachdem er seinerseits die Anlage des erwähnten Riesenpumpwerks aus finanziellen Gründen verworfen hatte. Unter den Prophezeiungen sichern Mißlingens gingen Oberst Western und Mr. Reid als ausführende Ingenieure daran, die Löcher und Spalten des Fundaments nach Möglichkeit zu verstopfen, um einen ersten, ernsthaften Stauversuch machen zu können. 1884 wurden nach einem Kostenaufwand von 512000 M. die beiden Barragen zum erstenmal völlig geschlossen. Die erreichte Stauhöhe auf der Rosettaseite betrug 2,2 m. Die Baumwollernte des Deltas übertraf die bisher beste um 450000 Ztr. (Kantar) im Kaufwert von 22500000 M. Dies ermutigte natürlich zur Fortsetzung der Versuche. 1885 wurde eine Stauhöhe von 3 m erreicht, aber am 21. März des Jahres zeigte einer der Bogen gefährliche Risse und mußte durch einen ihn einschließenden Kofferdamm geschützt werden. Doch waren die landwirtschaftlichen Ergebnisse so erfreulich, daß noch im gleichen Jahr ein Anlehen von 20 Mill. Mark aufgenommen wurde, um vor allem die Barrage endgültig herzustellen.

1886 wurden die Stauversuche fortgesetzt und gleichzeitig zwanzig Bögen durch einen Kofferdamm abgeschlossen und, zum Zweck der Untersuchung des Fundaments in seiner ganzen Breite, trocken gelegt. Man entschied sich infolge des Befundes für eine horizontale Ausdehnung der Fundierung, wodurch die unterirdisch durchbrechenden Wasser infolge des längeren Weges, den sie zu machen hatten, an Kraft verlieren mußten, Sand und Schlamm durchzureißen und so den Bau zu unterwühlen. Es sollte zunächst der bestehende Zementboden von 34 m Breite $1^1/_4$ m tief mit neuem Zement gedeckt und dann mit Triester Steinen gepflastert werden. Gleichzeitig sollte flußaufwärts die Fundamentplatte um 25 m verbreitert und diese Verbreiterung mit einer 5 m tief eingeschlagenen Wand von Holzpfählen abgeschlossen werden. Nach unten war eine Verbreiterung von 35 m aus Bruchsteinen, wasserdichtem Lehm und Zement geplant. Um diesen Plan auszuführen, sollte in der Bauzeit eines Jahres, d. h. in den durch den niederen Nilstand bedingten 7 Monaten von Dezember bis Juli je ein Viertel des ganzen Stauwerks in Angriff genommen und fertiggestellt werden. Es war demnach der betreffende Teil in 2 Monaten mit einem Kofferdamm zu umgeben, die so gebildete Baugrube von etwa 250 m Länge und 100 m Breite in weiteren 2 Monaten auszupumpen und dann in dem verhältnismäßig trockenen Flußbett in 3 Monaten die geplante Fundamentarbeit auszuführen und der Kofferdamm wieder zu entfernen. Dabei durfte die bisherige Wirksamkeit des Stauwerks in keiner Weise gestört werden, was die Schwierigkeiten des Vorgehens noch bedeutend erhöhte.

Die Arbeiten begannen mit der westlichen Hälfte des Rosetta-Stauwerks, im Dezember 1886, wurden bis zum 1. Juli 1887 Tag und Nacht fortgesetzt und trotz aller erwarteten und unerwarteten Schwierigkeiten programmgemäß beendet. Leichter ging es im folgenden Jahre mit der zweiten Hälfte, obgleich man hierbei in 13 m tiefem Wasser beginnen mußte. Der hohe Steindamm, auf welchem hier der Oberbau steht, machte geringere Schwierigkeiten als die Sandunterlage auf der Westseite. 1888—89 wurde in ganz ähnlicher Weise das Damiette-Stauwerk in Angriff genommen. Das letzte Jahr 1890 brachte auf der Ostseite des Damiette-Stauwerkes, wo man die geringsten Schwierigkeiten erwartet hatte, die größten. Das Wasser brach, unter der fertigen Fundierung der westlichen Hälfte durchreißend, in die Baugrube der östlichen. Trotzdem war am 16. Juli 1890 auch dieser Teil fertiggestellt und mit einer Gesamtbewegung von 113397 Kubikmeter Baumaterial und einem Kostenaufwand von 9300000 M. das verloren gegebene Stauwerk von Kaliub seinem Zweck entsprechend hergestellt.

Nach 1890 wurden sämtliche Tore beider Stauwerkhälften vollständig geschlossen und eine Stauhöhe von 4,07 m erreicht. Im Mai 1891 zeigten sich an dem Damiette-Stauwerk sieben Quellen, die mit großer Mühe durch ein 20 m breites, $3^1/_2$ m tiefes Lehmbett verstopft wurden, das stromabwärts vor dem Zementfundament im Flußbett versenkt wurde.

1892 wurden alle Öffnungen und Spalten der eisernen Tore mit Lumpen gedichtet, so daß nicht ein Tropfen des Nils seinen Weg in das alte Bett fand und die ganze Wassermasse den Sommerkanälen zugeführt wurde.

1894/95 zeigten sich wieder drei schwache Quellen, die sich jedoch selbst verstopften. Der Gedanke des großen Stauwerks, wenn man auch den Bau noch immer als einen der beständigen, sorgfältigen Überwachung bedürftigen bezeichnen mußte, war gerettet. Die Erhaltung und Bedienung desselben kostet jährlich 280000 M., während ein Pumpwerk von entsprechender Wirkung jährlich 4970000 M. verschlungen, aber noch immer seine Kosten reichlich eingebracht hätte. Die bestehenden großen Pumpen bei Atfeh und Katatbeh, welche nunmehr eingestellt werden konnten, hatten allein jährlich 1800000 M. gekostet.

Ohne alle anderen landwirtschaftlichen Erzeugnisse des Deltas zu berücksichtigen, war die Wirkung des Stauwerks nahezu eine Verdopplung der durchschnittlichen Baumwollernte, eine Steigerung von $2^1/_2$ auf $4^1/_2$ Millionen Zentner, ein Gewinn von jährlich rund 100 Millionen Mark an Ausfuhrware.

Ein anderer volkswirtschaftlich bedeutsamer und kaum erwarteter Vorteil ergab sich indirekt aus der Herstellung des Stauwerks. Die Kanäle des Deltas, in denen früher monatelang nahezu stagnierendes Wasser stand, das seinen Schlick in denselben ablagerte, bedurften zu ihrer Reinigung die Fronarbeit von 10600000 Werktagen, deren Wert auf 8500000 M. angeschlagen wird. Jetzt, seitdem die Kanäle beständig fließendes Wasser führten, konnte der Frondienst abgeschafft werden, und das Instandhalten der Kanäle kostet jährlich weniger als 4000000 M. Mehr als der Geldgewinn fällt hierbei der sozialpolitische Gewinn ins Gewicht, der in der Aufhebung des Frondienstes liegt.

Natürlich bringt eine derartige Umgestaltung der Verhältnisse auch ihre Nachteile. Die Schiffahrt auf den beiden Haupt-

Nilarmen, die nun während der größeren Hälfte des Jahres trocken liegen, hat aufgehört. Dagegen sind die drei Hauptkanäle und ihre größeren Abzweigungen für Kanalboote schiffbar geworden. Die entlang der alten Nilufer liegenden Städte und Dörfer haben ihre natürliche Wasserversorgung verloren und werden jetzt von den Kanälen aus getränkt. Sanitäre Übelstände scheinen sich hierbei nicht eingestellt zu haben. Eine vorläufig schlimme Folge der neuen Verhältnisse ist, daß das Salzwasser der See in die alten Strommündungen eindringt und das Gelände entlang der Küste rascher als zuvor versalzt. Um dem entgegenzuwirken, fehlt es in jenen Distrikten mehr als je an dem nötigen frischen Wasser, mit dem der Boden ausgelaugt werden sollte. Eine weitere Hauptschwierigkeit ist die Filtration der Kanäle in die umliegenden Felder: ein Nachteil, dem nur durch systematisch angelegte Entwässerung, aber durch diese auch mit großem Nutzen für die Bodenkultur abgeholfen wird.

Trotz des erzielten finanziellen und technischen Erfolges bleibt die Herstellung des Stauwerkes von Kaliub ein glänzendes Flickwerk, das der beständigen Sorge und Überwachung bedarf. Neuerdings wurde der Untergrund der meistgefährdeten Pfeiler durch Anwendung des Kinnippleschen sogenannten Stockrammingsystems verstärkt. Durch jeden Pfeiler werden drei vertikale Löcher bis in den Untergrund gebohrt. In diese werden Stahlröhren eingesetzt. Durch die Röhren werden mittels hydraulischer Pressen Lehmballen hinabgedrückt, die, den Sand verdrängend, sich unter dem Zementbett ausbreiten und ein wasserdichtes Lehmbett bilden, das schließlich von Pfeiler zu Pfeiler reicht. Aber wenn auch heute das ganze Stauwerk zusammenstürzte, so hätte es für seine enormen Gesamtkosten, die es in einer Bauzeit von fast 50 Jahren verschlang, jetzt schon reichlich bezahlt, und man würde keinen Augenblick zögern, einen vollkommeneren Neubau in Angriff zu nehmen.

Die nächste große wassertechnische Aufgabe, ein zweites

Vermächtnis der früheren Mißwirtschaft, lag in Mittelägypten, wo, wie bereits gezeigt, der Ibrahimiehkanal (siehe Fig. 10, Seite 46) das halbe Niltal in einer Länge von 188 km in Sefiland verwandelt, aber auch die dahinterliegenden Reste der alten Becken vom Nil abgeschnitten und damit nahezu zugrunde gerichtet hatte. Das diesen Distrikt bewohnende Volk jammerte zum Erbarmen, aber die alte Verwaltung der vizeköniglichen Ländereien und der späteren Staatsdomänen blieb vorerst taub. Was sollte aus den riesigen Zuckerfabriken von Rhoda bis Bibe werden, wenn man den Ibrahimiehkanal durchbrechen und das teuer und mühsam gewonnene Sefiland wieder aufgeben wollte?

Wesentlich gebessert wurden nun die Verhältnisse dieses unglücklichen Hinterlandes durch die Herstellung bis jetzt von 9 unmittelbaren Verbindungen mit den Flutwassern des Nils. Vier derselben gehen in Form von Syphons unter dem Ibrahimiehkanal durch, drei kreuzen ihn in seiner eigenen Höhenlage als offene Kanäle und zwei nehmen das Wasser direkt aus dem Ibrahimieh, der während der Flutzeit reichliche Wasser abzugeben vermag.

Auf diese Weise werden diese Becken, achtzehn an der Zahl, nunmehr in Normaljahren vom 10. August bis 29. September, d. h. während 50 Tagen an neun Stellen mit rotem Wasser gefüllt und erhalten hierbei täglich 56 Millionen Kubikmeter, von denen 6 durch den Josefskanal dem Fayum zugeführt werden. Alles übrige Wasser, soweit es nicht verdunstet und im Boden versickert, sammelt sich schließlich im nördlichsten unterstten, dem Koscheschabecken, von dem aus vom 20. Oktober bis 10. November es in den sinkenden Nil zurückströmt. Die Entleerung des Beckens muß der beginnenden Saatzeit wegen in 20 Tagen beendet sein. Es müssen deshalb etwa 400 Millionen Kubikmeter täglich abfließen, was anfänglich in sehr einfacher Weise durch das Aufreißen der Dämme nach der Stromseite hin bewirkt wurde.

Trotz der gewaltigen Wassermenge, die sich hier sammelte

wurden auch in dem Koscheschabecken die Ernten mit jedem Jahre kläglicher, da all dieses Wasser „blau", d. h. vollständig schlicklos, von oben herunter kam. Durch einen zufälligen Dammbruch während der Hochflut im Jahre 1885 wurde dieses Becken wieder einmal direkt vom Nil aus überschwemmt. Die darauffolgende Ernte war glänzend. Diese Art der Überschwemmung wurde deshalb im folgenden Jahre absichtlich wiederholt. Aber es zeigte sich bald, daß der bloße Erdverschluß des Hauptdamms nach der Nilseite hin solche Wassermassen nicht mit Sicherheit zu bewältigen vermochte. So entstand ein groß-

Fig. 11. Auslaß des Koscheschabeckens (B).

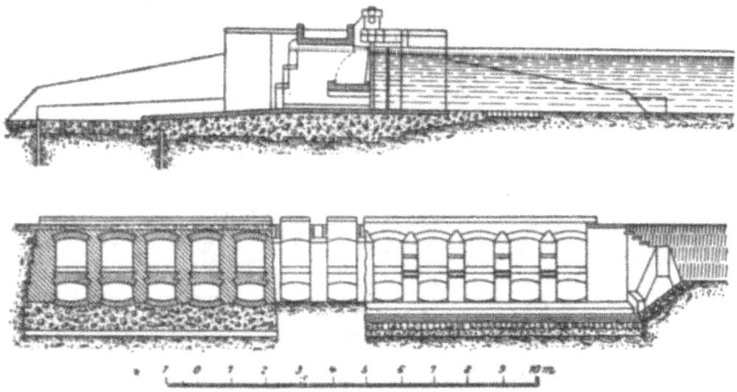

artiges Wassertor, äußerlich nicht unähnlich dem Stauwerk von Kaliub, durch das nunmehr im August der Hoch-Nil in das Koscheschabecken einströmt, und das im November das Ausströmen der aus den oberen Becken kommenden Wassermassen regelt.

Das Koscheschawassertor (siehe Fig. 11) besteht aus sechzig 3 m weiten Durchlässen, die durch $1^1/_2$ m starke Pfeiler getrennt sind. Diese Pfeiler sind durch je zwei brückenartige Bögen verbunden, die übereinander liegen, so daß eine obere und eine untere Öffnung entsteht. Beide können durch getrennte eiserne Schützen geschlossen werden. Die oberen Tore werden zur

Entleerung des Beckens bis zu einer gewissen Tiefe gebraucht. Die unteren dienen als Reserveauslässe und namentlich dazu, das Nilwasser in umgekehrter Richtung in das Becken einströmen zu lassen. Die Kosten dieses Baues betrugen 1252400 M.

Mittelst einer ähnlich großartigen Anlage ist die Verteilung des Wassers am oberen Ende des Sefidistrikts geregelt, wo die ganze Wassermasse des auf der Höhe des Kulturlandes angelangten Ibrahimiehkanals nach vier Richtungen verteilt wird (siehe Fig. 12). Die Hauptmasse verbleibt in der Fortsetzung des Ibrahimiehkanals, ein Teil wird dem Josefskanal zugeführt,

Fig. 12. Regulator bei Derut (A).

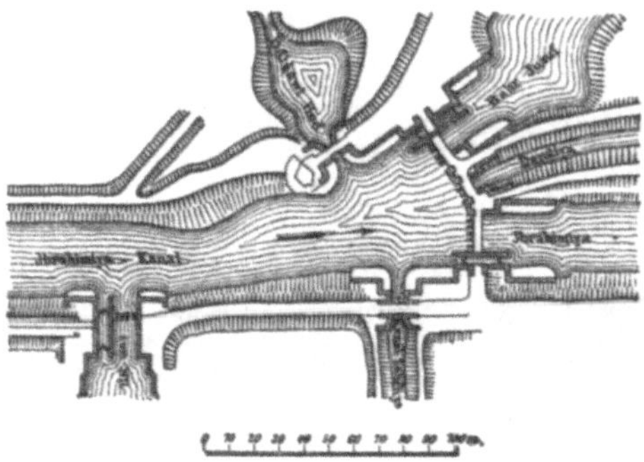

ein Teil tritt in das südlich gelegene Delganibecken, und der vierte Teil strömt durch den Derabiehkanal der nördlichen Beckenreihe zu, die im Koscheschabecken endet.

Durch diese Bauten, die jedoch noch immer nicht als ein vollständig befriedigende Lösung des Problems angesehen werden ist die Beckenwirtschaft in Mittelägypten neben dem Sefiland der Staatsdomänen wieder hergestellt und jenem Distrikt di alte Fruchtbarkeit des Niltals zurückgegeben. — —

Nun aber stellte sich mit unabweislicher Bestimmtheit ein neue Not ein, die man allerdings schon längst vorhergesehen hatte. Auch die gesamte Wassermasse des Nils in den Sommer monaten war zu klein, um den Bedürfnissen des Landes in seiner gesteigerten landwirtschaftlichen Entwicklung zu genügen. Namentlich zeigte sich dies im Delta, wo entlang der Küste immer größere Distrikte der salzigen Versumpfung preisgegeben werden mußten. Von 1684000 ha seines bebauungsfähigen Grund und Bodens lagen 504000 ha brach, obgleich vom April bis Juli nicht mehr ein Tropfen des Nils seinen Weg in die See findet. Dagegen strömten viele tausend Millionen Kubikmeter des befruchtenden Nasses während der Monate August bis Dezember ungenützt in das Meer. Ein Sammelbecken für diese Wassermassen, wie es der Mörissee gewesen war, fehlte dem Lande.

Damit kommen wir zu einem Zwischenfall, der fast wie ein Märchen klingt. Ein wohlhabender Amerikaner, Cope Whitehouse, kam im Jahre 1879 nach Ägypten, um sich in Pyramidenforschungen zu vertiefen. Im Verlauf seiner Studien stieß er auf die Stelle im Herodot, die den Mörissee beschreibt. Überzeugt von der Haltlosigkeit der Theorie Linant Paschas, die sich auf Dammreste im Fayum stützte, begann er selbst nach den Spuren des alten Weltwunders zu suchen, das die neue Welt so nötig hatte. Dabei fand er 1882 südlich vom Fayum eine gewaltige Einsenkung in der Wüste, das sogenannte Rayantal (siehe Fig. 13), selbst eine Wüste ohne jedes Zeichen von Leben, und glaubte in dieser das Becken des Mörissees gefunden zu haben. Im Jahre 1884 entstand die erste skizzenhafte Karte des Distrikts. Weitere Nachforschungen im Winter 1885/86 führten dazu, daß Whitehouse mit Hilfe von Ingenieuren der englisch-ägyptischen Verwaltung 1887 eine genaue Aufnahme der merkwürdigen Einsenkung machen konnte.

Das Folgende steht seitdem unzweifelhaft fest: Es befindet sich südwestlich vom Fayum, als Teil der lybischen Wüste, ein großartiges, abgeschlossenes Becken von 686 qkm, wenn die Horizontale des mittleren Nilstandes am Eingang des Fayums als Grenzlinie angenommen wird. Der Umfang des Beckens

Fig. 13. Rayantal, Fayum und Niltal.

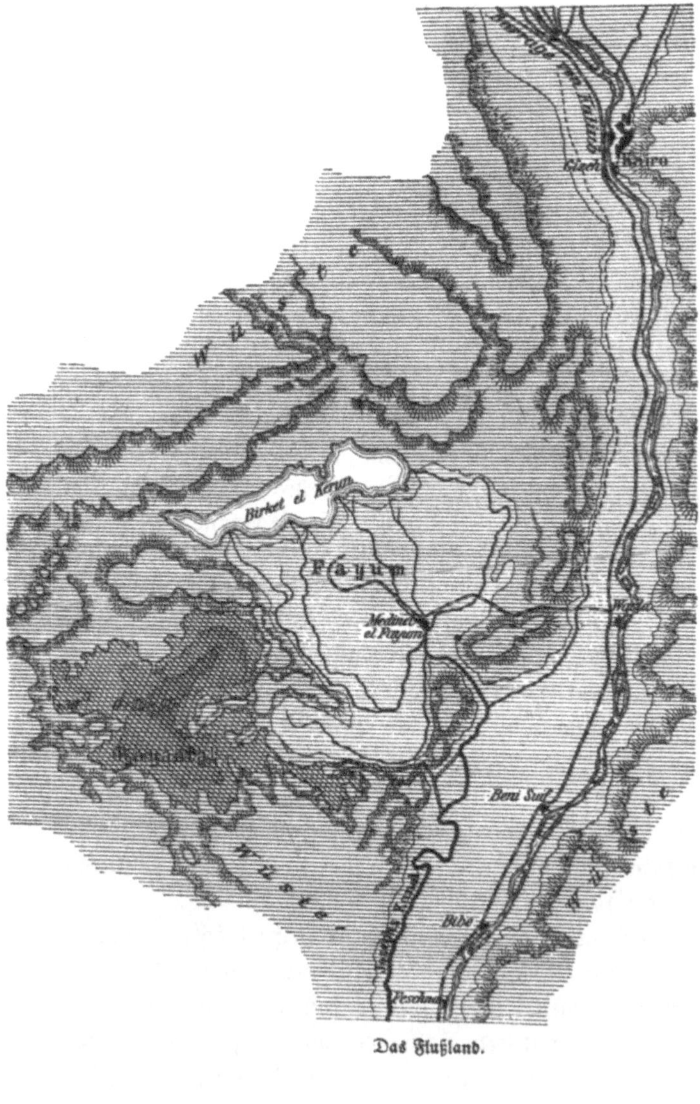

Das Flußland.

sowie seine Tiefe von 70 m (40 unter dem Meeresspiegel) entspricht den von Herodot angegebenen Verhältnissen des Mörissees. Die Möglichkeit liegt zweifellos vor, daß sich diese Einsenkung durch eine nicht allzu schwierig herzustellende Kanalverbindung mit dem Nil während der Flutzeit um weitere 7 m füllen ließe und damit eine Wassermasse von 4800 Millionen Kubikmeter aufnähme, die in den Sommermonaten in das Niltal zurückfließen könnte. Dies sind somit Verhältnisse, die dem Mörissee des Herodot in merkwürdiger Weise entsprächen.

Whitehouse beruhigte sich aber bei seinen Erfolgen auf dem Gebiet der Geographie des Altertums keineswegs. Stürmisch forderte er die Wiederherstellung des Sees, der die Nilflut für das Delta wieder wirklich nutzbar machen, dem Kulturland Ägyptens eine halbe Million Hektar hinzufügen mußte und überdies ein wirksames Schutzmittel gegen gefährliche hohe Nilfluten wäre, wie sie von Zeit zu Zeit eintreten. 46000 Millionen Kubikmeter, ungefähr die Hälfte der jährlichen Gesamtwassermenge des Stroms, gelangen unbenützt in die See. Wenn auch nur $^1/_{10}$ dieser Menge, d. h. 4600 Millionen, im Rayanbecken aufgestaut werden könnte, so würde dies in den 100 Tagen des niedersten Nilstandes dem Strom täglich 46 Millionen Kubikmeter zuführen, seine Wassermasse von 34 bis 40 Millionen mehr als verdoppeln und die Umwandlung des ganzen Deltas in das üppigste Gefilde gewährleisten.

Bei einem Teil der englischen Ingenieure, Sir Scott Moncrieff nicht ausgeschlossen, fand Cope Whitehouses Entdeckung lebhafte Anerkennung. Aber auch andere Vorschläge wurden erwogen, um dem großen Problem der Ausdehnung des ägyptischen Kulturlandes näher zu rücken. Ums Jahr 1893 schien es jedoch, als ob das Whitehousesche Projekt durchgedrungen sei und alle Aussicht habe, in kurzer Zeit zur Ausführung zu gelangen.

Die mit ihm in Wettbewerb tretenden Pläne beruhten darauf, an irgendwelcher passenden Stelle im Süden Oberägyptens den Nil selbst durch ein Stauwerk abzusperren und dadurch eine Strecke des oberen Niltals in ein Sammelbecken zu verwandeln, das einen Teil der Hochflut des Nils für die trockene Jahreszeit zurückhielte. Ein Herr Prompt schlug vier oder fünf derartige Dämme zwischen Assuan und Chartum vor, von denen jeder 700 Millionen Kubikmeter aufstauen sollte, ein Projekt, das nie über die allgemeine Idee hinauskam. De la Moth plante einen 400 m langen, 44 m hohen Damm bei Gebel Silsileh, 70 km unterhalb Assuans, der die Talausweitung von Kom Ombo überschwemmt und eine Wassermenge von 7000 Millionen Kubikmeter zurückgehalten hätte. Ein weiterer ernsthaft erwogener Plan englischer Ingenieure faßte ein Stauwerk bei Kalabscha, 50 km südlich von Assuan zwischen dem ersten und zweiten Katarakt ins Auge, wo der Nil, wie bei Philä und beim Gebel Silsileh über eine feste Gesteinschwelle tritt. Willcocks, einer der hervorragendsten englischen Wassertechniker, schlug Dämme bei Assuan vor, von denen schließlich der unterste etliche Kilometer unterhalb Philä für die geeignetste Lösung des Problems erklärt wurde. Ein anderer Plan stammte ebenfalls von Willcocks und beruhte auf der Schaffung einer Anzahl kleinerer Sammelbecken im Delta selbst. Endlich war Sir E. Baring in Verbindung mit Scott Moncrieff für einen etwas kleineren Damm bei Assuan und die Zuhilfenahme des Rayanbeckenprojekts, während natürlich Whitehouse die Herstellung des Mörissees in seiner ganzen alten Größe befürwortete.

Anfangs 1894 wurden diese sämtlichen Projekte einer internationalen Kommission vorgelegt, in der die englischen, französischen und amerikanischen Ansichten scharf aufeinanderstießen. Whitehouse beklagt sich heute noch aufs bitterste, daß sein Plan absichtlich entstellt vorgelegt worden sei, und zeigte bedauerlicherweise in diesem Kampf alle weniger schätzenswerten Eigenschaften des gekränkten Erfinders. Auch die übrigen Projekte, mit Ausnahme des nördlichen Damms bei Assuan, wurden schließlich verworfen, hauptsächlich weil man allein an dieser Stelle ein Felsbett gefunden hatte, welches eine absolut sichere Fundierung der riesigen Dammauer versprach, und man sich der Gefahr eines Wassersammelbeckens von solchen Größenverhältnissen wohl bewußt war. Demgemäß beschloß die ägyptische Regierung, diesen Damm zu bauen, der eine Wassermasse

Fig. 14. Projekte für das Stauwerk bei Assuan.

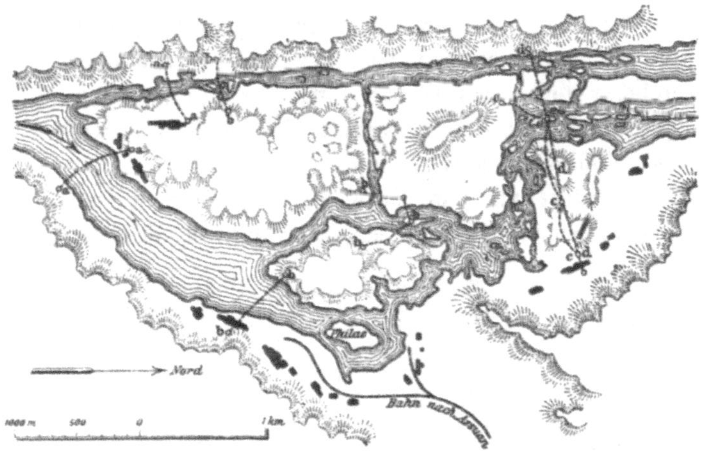

Erstes Projekt:
a a a a Damm des Hochwasserreservoirs.
c c c c Damm des Niederwasserreservoirs.

Zweites Projekt:
b b b b Damm des Hochwasserreservoirs.
c c c c Damm des Niederwasserreservoirs.

Drittes ausgeführtes Projekt: d d d d Damm für ein einziges Hochwasserreservoir.

von 3000 Millionen Kubikmeter aufgestaut und den Nil während der 100 trockensten Sommertage nahezu verdoppelt hätte (siehe Fig. 14).

Aber ein Schrei der Entrüstung ging durch ganz Europa. Der geplante See hätte die Insel Philä mit ihren weltberühmten Tempeln aus dem 4. Jahrhundert v. Chr. unter Wasser gesetzt und diese Bauten vielleicht nach kurzer Zeit zerstört. Alle erdenklichen Rettungsmittel wurden seitens der Techniker vorgeschlagen: Man wollte die ganze Insel samt ihren Tempeln nach einem höher gelegenen Gelände transportieren, man wollte nach amerikanischen Mustern sämtliche Tempel um 8 m heben und unterbauen, man wollte die Insel mit einer 16 m hohen Zementmauer umgeben, so daß die Bauten in einer Art von Schacht eingeschlossen gewesen wären. Nichts befriedigte das archäologische und ästhetische Gewissen Europas, bis sich die Ingenieure zögernd dazu bequemten, ihren Damm und damit den Wasserspiegel des künftigen Sammelbeckens um 8 m zu senken. Damit war allerdings das ursprüngliche Projekt auf 1/3 seiner Bedeutung herabgesunken. Es wird jetzt einen See im nördlichen Nubien von 177 km Länge (die dreifache Bodenseelänge) schaffen, der eine verwertbare Wassermasse von 1065 Millionen Kubikmeter enthalten wird.

An der Stelle unterhalb Philäs, wo nunmehr die Dammmauer gebaut wurde, bildet der Nil, durch granitene Felsinseln

Fig. 15. Querschnitt des Staudamms.

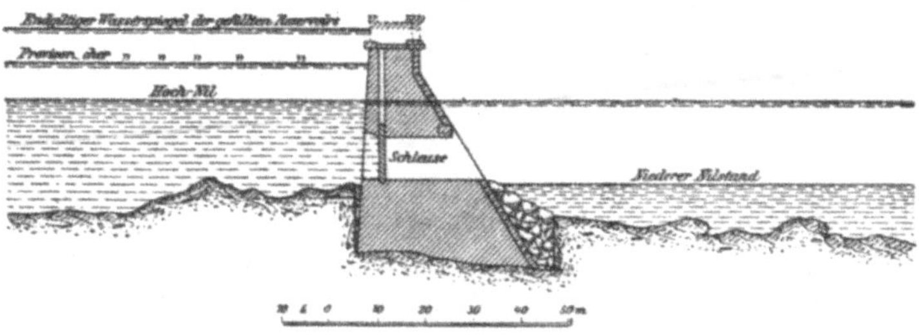

gespalten, Rinnsale, durch die sich das Wasser in stürmischem Tumult hindurch zwängt. Auch das zerklüftete Flußbett besteht aus Granit. Durch diese Kanäle und über die Inseln weg wurde nun nach dem endgültig angenommenen Plan eine geradlinige Granitmauer gebaut, die an den tiefsten Flußstellen 28 m hoch werden muß. Ihre Stärke am Fuß ist 24,5 m, an der höchsten Stelle 7 m. Den Rinnsalen des Flusses entsprechend befinden sich in dieser Mauer an ihren tiefsten Stellen 140 durch eiserne Tore verschließbare Öffnungen von je 14 qm und in höherer Lage 40 weitere Öffnungen von je 7 qm, so daß der Flut des Hoch-Nils eine Ausflußöffnung von 2240 qm geboten wird. Die voraussichtlich größte Ausflußwassermenge, die je vorkommen wird, beträgt 14000 cbm per Sekunde, und diese Menge würde unter einer Druckhöhe von 3 m mit der Geschwindigkeit von 6,25 m abfließen. Diese Verhältnisse sind derart, daß der Schlick, der sich in dem stehenden Sammelbecken niedergeschlagen haben mag, durch das lebhafte Ausströmen wieder mitgerissen wird. Am einen Ende der Mauer befindet sich ein Schiffahrtskanal, in welchem die größten Nildampfer den Höhenunterschied von 20 m in fünf treppenartig aneinandergereihten Schleusen überwinden.

Gleichzeitig mit der Entscheidung, diesen Riesendamm zu bauen und einen Teil des nördlichen Nubiens in einen See zu

Fig. 16. Querschnitt durch das Nilbett, entlang dem Staudamm.

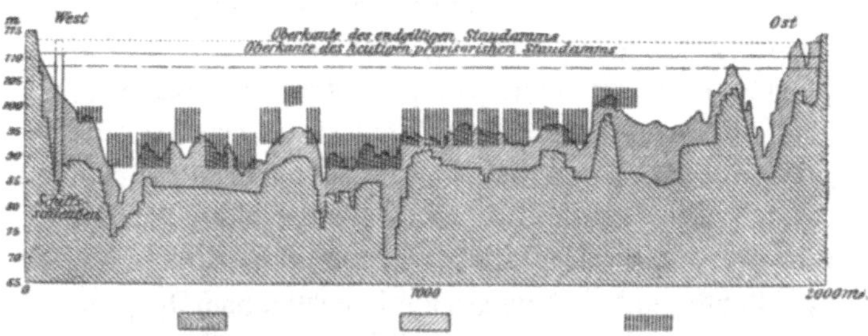

verwandeln, wurde beschlossen, bei Assiut, unterhalb der Mündung des Ibrahimiehkanals, ein ähnliches Stauwerk wie bei Kaliub aufzustellen. Sein Zweck ist, den Ibrahimiehkanal, dessen jährliche Ausbaggerung an seiner oberen Mündung gewaltige Summen kostete, beständig von einem höheren Niveau aus zu speisen und dem Sefiland Mittelägyptens, sowie dem Fayum durch den Josefskanal mehr Wasser zuzuführen.

Der Voranschlag für diese neuen Bewässerungsanlagen lautet wie folgt:

Assuandamm und Schleusen . . .	28000000 M.
Stauwerk bei Assiut	8500000 "
Ibrahimiehkanal-Verteilungstor . .	1750000 "
Landregulierung und andere Details	918000 "
Zoll auf importiertes Baumaterial .	820000 "
In Summa	40000000 M.

Der Gewinn, welcher infolge dieser Bauten durch die Erhöhung der Steuerkraft des Landes der Staatskasse zufließen müßte, wird auf jährlich 16900000 M. veranschlagt, die Steigerung des Gesamtwertes der Landesprodukte auf 320000000 M.

Der Bauvertrag für den Assuandamm sowohl als für das Stauwerk bei Assiut wurde im Februar 1898 mit John Aird & Co., einer der großen Unternehmer-Firmen Schottlands, abgeschlossen. Interessant und charakteristisch sind die Zahlungsbedingungen. Die Zahlungen der ägyptischen Regierung an die Firma beginnen erst im Jahre 1902, nachdem der ganze Bau beendet ist. Es bezahlt von diesem Zeitpunkte an die Regierung jährlich 160000 Pfd. Sterl. an die Firma, und zwar bis zum Jahre 1932. Ende April 1898 waren bereits 5000 Tonnen Baumaterial: Schienen, Wagen, Kranen, Lokomotiven, Pumpen, Bauholz-Schuppen und Wohnungen auf dem Wege nach Ägypten. Mit Beginn von 1899 waren bei Assuan 6000 Mann, bei Assiut 3000 in voller Tätigkeit.

Bei Assuan war die Art des Baues die folgende: Es sind dort zwischen den Felseninseln fünf Rinnsale von verschiedener Größe zu schließen, in welchen sich das Wasser mit großer Gewalt hindurchdrängt. Unterhalb der künftigen Staumauer wurde zunächst von Insel zu Insel ein Damm aus versenkten Felsblöcken gebildet, die an den schlimmsten Stellen mit Eisenschienen zusammengehalten wurden. Dieser natürlich völlig wasserdurchlässige Damm, dessen Herstellung große Schwierigkeiten machte, indem die wilde Strömung mehrere Male die versenkten Felsblöcke samt den daraufliegenden Geleisen und Kranen fortriß, stellte wenigstens in der darüberliegenden Stromstrecke eine verhältnismäßig ruhige Wasserfläche her. In dieser konnte nun, oberhalb der künftigen Mauer, ein zweiter Damm aus Sandsäcken gebildet werden, der wasserdicht war. Nunmehr stand auch der untere Steindamm in ruhigem Wasser und ließ sich mit Sand und Lehm dichten. Sodann wurde das Wasser zwischen den beiden Dämmen ausgepumpt. Zum Glück ergab sich, daß das felsige Flußbett innerhalb der so hergestellten Baugrube wasserundurchlässig war. Im März vorigen Jahres (1900) waren vier der fünf Rinnsale geschlossen, so daß die Grundsteine der Mauer gelegt werden konnten. Seit jener Zeit ist der Bau der Mauer in vollem Gange. Es ist kaum mehr zu bezweifeln, daß das große Werk im nächsten Jahr in Tätigkeit treten kann*).

Noch rascher schreiten die Arbeiten am Assiutstauwerk vorwärts, mit welchem die Bauunternehmer ein Jahr vor der ausbedungenen Zeit, d. h. noch in der laufenden Bauzeit dieses Jahres fertig zu werden hoffen.

Ein großer Teil des durch den Assuandamm aufgestauten Wassers wird durch dieses Stauwerk in den Ibrahimieh- und den Josefskanal gedrängt werden und das gesamte Mittelägypten sowie einen weiteren Teil des Fayums in Sefiland umwandeln. Was an Wasser noch übrig bleibt, wird im Delta die Sefidistrikte nach Norden ausdehnen. Dazu soll auch ein drittes Stauwerk ähnlich dem von Kaliub dienen, das mit einem Kostenaufwand von 9000000 M. bei Sifta, halbwegs zwischen Kaliub und der See im Damiettearm des Nils, erbaut wird. Es wird die Kanäle im nördlichen Delta speisen, welche infolge der großen Entfernung den Einfluß des Stauwerks bei Kaliub nicht mehr fühlen.

---

*) Es sei daran erinnert, daß der Vortrag im Jahre 1901 gehalten wurde.

Soweit ist in einer Weise, deren Großartigkeit von keinem Lande der Welt übertroffen wird, für die Gegenwart und die nächste Zukunft Ägyptens gesorgt, aber damit die Grenze der Produktionskraft dieses merkwürdigen Landes noch lange nicht erreicht. Um die Sefikultur überall einzuführen und die versumpften Marschländereien entlang der Küste zu entsalzen, ist etwa die dreifache Wassermenge des Sammelbeckens oberhalb Assuans erforderlich. Es ist deshalb der Plan des Rayanbeckens noch keineswegs endgültig ad acta gelegt. Aber auch in anderer Richtung haben die ägyptisch-englischen Ingenieure ihre Studien fortgesetzt, wovon das im Juni 1901 erschienene Blaubuch der englischen Regierung ein glänzendes Zeugnis ablegt.

Seitdem der Aufstand der Mahdisten sein Ende gefunden hat, ist der Sudan mit dem oberen Nil bis zu den großen Tropenseen dem europäischen Einfluß wieder geöffnet. In jenen fernen Regionen muß das Geheimnis der Strombewegung enträtselt, die Aufgabe der Verwertung seiner Wassermassen zum Nutzen von Ägypten, Nubien und dem Sudan gelöst werden. Seitdem ein kleiner Teil dieser Aufgabe mit dem Bau des Assuanstaubeckens für Ägypten seiner Lösung entgegengeht, richtet sich die Aufmerksamkeit der Ingenieure und der Regierung des Landes nach dieser Seite hin. Es handelt sich zunächst darum, die Wasserverhältnisse am oberen Nil von Chartum bis zu den großen Seen wirklich kennen zu lernen und namentlich die für Ägypten hochwichtige Frage zu beantworten: warum in verschiedenen Jahren die Nilflut quantitativ so bedeutende Schwankungen zeigt und dadurch, manchmal durch übermäßig hohe Fluten, öfter noch durch das Fehlen der nötigen Wassermenge, die Erträgnisse des Landes aufs empfindlichste schädigt.

Sir William Garstin, Ingenieur und Staatssekretär, der heute an der Spitze der gesamten Wasserwirtschaft Ägyptens steht, machte deshalb in den Jahren 1899, 1900 und 1901 drei Forschungsreisen, die sich bis Gondokoro ausdehnten. Zum erstenmal sah ein technisch geschultes Auge diese fernen Gegenden, zum erstenmal wurden sie mit einem bestimmten praktischen Zweck ins Auge gefaßt. Es würde uns natürlich viel zu weit führen, auf die hochinteressanten Ergebnisse dieser Reisen, welche in dem erwähnten Blaubuch über Ägypten (vom Juni 1901) niedergelegt sind, einzugehen. Ich kann hier nur das Wesentlichste kurz berühren.

Garstin sieht das Heil für Ägypten und den Sudan in zwei Richtungen, von denen die eine bereits das tätige Eingreifen der Ingenieure hervorgerufen hat, während die andere den Arbeiten einer späteren Zukunft vorbehalten bleibt.

Der erste Punkt, die Ursache der unregelmäßigen Fluthöhen des Nils in verschiedenen Jahren, ist nach Garstin die Bildung der Sudds, oder um für das landesübliche innerafrikanische Wort ein deutsches zu schmieden: der Sumpfpflanzendämme oder Sumpfdämme im weißen Nil zu suchen, deren Anhäufungen von der Mündung des Bahr el Ghazal unter 9° 40′ bis Bore unter 6° 12′ den Nil zeitweise völlig verstopfen. Durch diese ganze Strecke von 640 km Länge zieht der Strom zwischen niedern Ufern hin, hinter denen sich auf beiden Seiten unermeßliche Niederungen ausdehnen, welche teilweise große, seichte Seen bilden. In denselben gedeiht eine Wasservegetation von tropischer Üppigkeit. Schwimmende Massen, hauptsächlich von Papyrus, werden auf diesen Flächen vom Wind und der trägen Strömung hin und her getrieben, sammeln sich in meilenlangen Inseln, bewegen sich dann wieder in kleinen Gruppen bald da, bald dort hin. So werden sie auch in das eigentliche, äußerlich oft kaum erkennbare Strombett hineingezogen und bilden dort, je nachdem sie der Zufall an den Ufern festhält, förmliche Pflanzenbrücken, die die Schiffahrt oft monatelang unmöglich machen, und die durch immer neue Zufuhr meilenweit in der Richtung des Flußlaufes anwachsen. Fängt dann der Nil durch die Tropenregen an, sich zu heben und rascher zu fließen, so werden diese Brücken manchmal zerrissen und fortgeflößt. Manchmal aber ist der Vorgang auch der, daß neu ankommende

Pflanzenmassen unter die Brücke gesaugt werden und sich in dem noch freien Wassertunnel festsetzen. Dadurch entsteht schließlich ein förmlicher, fast wasserdichter Damm und der Nil findet seinen Ausweg in die gewaltigen Ebenen hinter den eigentlichen Flußufern. Man denke sich eine Fläche von 600 km Länge und einer Breite, die vom Fluß aus häufig nicht abgeschätzt werden konnte. In diesen Ebenen versumpft und verdampft das Wasser unter einer tropischen Sonne, während 3000 km weiter nördlich Ägypten vergeblich auf seine Überschwemmungen wartet.

So fand Chelu Bey im März 1876 durch direkte Messungen die Wassermenge des weißen Nils oberhalb der Sümpfe, bei Lado, 622,9 cbm per Sekunde, unterhalb, vor der Mündung des Bahr el Ghazal 294,2 cbm, so daß in den Sümpfen 328,7 cbm, d. h. mehr als die Hälfte des ganzen Nils, verloren gegangen waren.

Major Peake, einer der Ingenieure der englisch-ägyptischen Verwaltung, wurde im Jahre 1899 mit einem Dampfer und geeigneten Apparaten hinaufgesandt, um derartige Verstopfungen zu entfernen. Das wirksamste Vorgehen hierbei war, die Oberfläche der Pflanzenmasse in rechteckige Felder zu zerschneiden, und diese in den Strom hinauszuschleppen. Sprengungen erwiesen sich als wirkungslos. Vom 16. Dezember 1899 bis 27. März 1900 wurden in einer Stromlänge von 131 km 14 Verstopfungen in einer Gesamtlänge von 8000 m und einer Dicke von 2 bis 6 m auseinandergerissen.

Das Mittel gegen diese nicht nur die Wasserwirtschaft Ägyptens, sondern auch die Schiffahrt des oberen Nils gefährdenden Verhältnisse sieht Garstin in der Anlage von genügend hohen Längsdämmen durch den ganzen Sumpfdistrikt, durch welche die Verbindung zwischen dem Flußlauf und den pflanzenbildenden Seen aufgehoben würde. Selbst die 74 Millionen Mark, die dieser Dammbau nach seinen Berechnungen kosten müßte, würden durch die Ernteerträge im nördlichen Niltal aufgewogen werden.

Was die direkte Vermehrung der Sommerwassermenge betrifft, so untersucht und bespricht Garstin zwei Möglichkeiten, die Aufstauung des Albert Nyanza für den weißen und des Tanasees in Abessinien für den blauen Nil, und kommt zu dem Schluß, daß beide Pläne in nächster Zukunft eingehend studiert werden müßten, daß das Tanaseeprojekt weniger technische Hindernisse, aber wohl in absehbarer Zeit kaum zu überwindende politische Schwierigkeiten voraussehen lasse, und daß deshalb der Albert Nyanza in erster Linie in Betracht zu ziehen sei. Man kann nicht umhin, den Mut zu bewundern, welcher derartig großartige und in die Zukunft greifende Projekte in einem ernsthaften Staatsdokument niedergelegt hat; nicht weniger aber auch das Vertrauen der Regierung in ihre Ingenieure. Denn Lord Cromer, der tatsächliche Regent Ägyptens, leitet diesen Bericht mit dem Ausdruck seiner fast begeisterten Zustimmung ein und bezeichnet selbst als nächste Aufgabe der ägyptisch-englischen Ingenieure das Studium von drei Projekten:

1. Die Aufstauung des Tanasees in Abessinien, so daß derselbe als Sammelbecken der Sommerwasser dienen und die Einführung der Sefikultur in ganz Ägypten und des Beckensystems in Nubien und dem östlichen Sudan ermöglichen würde.

2. Die Aufstauung des Albert Nyanza zu den gleichen Zwecken für Ägypten, Nubien und den westlichen Sudan.

3. Die Sicherung des oberen weißen Nils (des Bahr el Gebel) gegen Versumpfung durch Seitendämme.

Dieses Vertrauen in die Ingenieure, diese Anerkennung der Bedeutung ihrer Tätigkeit ist eine Seite der ägyptischen Verhältnisse, die den Techniker besonders anmutet. Ich kann mich im Zusammenhang hiermit nicht enthalten, zum Schluß einige Worte aus dem vortrefflichen 1894 erschienenen Buch „England in Ägypten" von Alfred Milner, dem damaligen Unterstaatssekretär des ägyptischen Finanzministeriums, mitzuteilen. Er sagt am Schluß eines Kapitels über die Wasserverhältnisse des

Landes — und ich bitte, nicht zu vergessen, daß ein Mann aus dem Finanzministerium spricht — das Folgende:

„Ich fühle, daß ich nur eine unvollkommene und oberflächliche Skizze eines großen Gegenstandes zu geben vermochte. Sie hat ihren Zweck erfüllt, wenn sie einen Begriff gab von den mannigfaltigen Schwierigkeiten, welche das Problem der künstlichen Bewässerung eines ganzen Landes mit sich bringt, und von der Genialität, dem Fleiß und alles in allem genommen der Sparsamkeit, mit der diese Aufgabe von einer kleinen Zahl fähiger und opferwilliger Männer gelöst wird, die sich unter Sir Colin Scott Moncrieff scharten. Je länger ich in Ägypten war, je mehr ich vom Lande sah, um so klarer wurde mir, daß das Werk dieser Männer die Grundlage aller materiellen Verbesserung der letzten zehn Jahre ist: Wir vom Finanzministerium hatten diese Verbesserung der allgemeinen Lage in unseren leichteren Budgets und wachsenden Überschüssen nur zu registrieren. Die Ingenieure haben sie geschaffen. Der Anteil der Finanzleute an ihrem Werk bestand darin, daß wir durch das Verstopfen nutzloser Ausgaben die nützliche Verwendung des Geldes möglich machten, das der Ingenieur in die richtigen Bahnen leitete. So lange diese Aufgaben in solchen Händen liegen, kann das Finanzministerium nichts Besseres tun, als so viel Geld, als irgend möglich, diesen Männern zur Verfügung zu stellen in der vollen Überzeugung, daß, was verausgabt wird, in glänzender Weise zurückkommen muß."

„In einem Punkt sind die anglo-ägyptischen Wasserbaumeister glücklicher als die meisten ihrer Landsleute im Dienste des Khedives. Ihr Werk ist nicht nur erfolgreich; es wird auch anerkannt. Was auch die Gefühle der Ägypter bezüglich der britischen Besetzung des Landes sein mögen, was auch die Vorurteile, die dem englischen Beamten in Ägypten begegnen, es ist zweifellos, daß die Leiter des Bewässerungsdienstes alle Abneigung überwunden haben, die sich in einem mohammedanischen Lande naturgemäß gegen Fremde und Christen wendet, und daß sie im ganzen Land die allgemeinste Popularität genießen. Und nicht nur Popularität: ein außergewöhnliches und wahrhaft rührendes Vertrauen. Wo sich der Wasserinspektor zeigt, wird er nicht nur bezüglich der Fragen seiner Berufstätigkeit, sondern in betreff jeder denkbaren Schwierigkeit angegangen, die den Fellah bedrückt, und er hat oft große Not, den Leuten deutlich zu machen, daß er in Dingen machtlos ist, die nicht seines Amtes sind. Die Leute erkennen in ihm den Wohltäter ihres Distrikts und wenden sich mit kindlicher Einfalt an ihn um Hilfe, auch wo er diese zu geben außerstande ist."

„Ich erinnere mich einer Besprechung über unsere Lage in Ägypten mit einem ehrlichen, aber engherzigen ägyptischen Staatsmann, der gestand, daß er mit aller Bitterkeit des Herzens gegen unsere Politik und unsere Anwesenheit sei. Ich konnte mir nicht versagen, ihn zu fragen, wie er glaube, daß das Land ohne die englischen Ingenieure gedeihen werde. Er antwortete scharf: „Sie vermuten doch nicht, daß wir die Ingenieure gehen ließen, wenn sich England zurückzöge? Ich selbst wäre der Erste, sie mit allen Mitteln zu halten." Ob die Ingenieure ohne die Macht, die die englische Vorherrschaft ihnen sichert, in irgend ähnlicher Weise von Nutzen sein könnten, ob nicht ihre Anstrengungen ohne diese Stütze nutzlos vergeudet würden, soll hier nicht erörtert werden. Ich erwähne den Vorfall nur als Beweis, wie selbst von den Gegnern Englands das Werk unserer Techniker geschätzt wird."

Und dies schreibt ein Staatssekretär des Finanzministeriums! Wo fänden wir im Deutschen Reich einen hohen Finanzbeamten, der ähnlich von Ingenieuren schriebe, die das Geld millionenweise von ihm forderten. Und doch, wenn wir den gewaltigen Aufschwung unseres eigenen Vaterlandes in den letzten dreißig, vierzig Jahren und die Kräfte und Mittel ins Auge fassen, die diesen Aufschwung möglich gemacht, ja zum großen Teil herbeigeführt haben, verdienen es die deutschen nicht weniger!

Wenn wir heute — (ich wende mich an die Herren vom Fluß- und Kanalschiffahrtsverein) — die Bedeutung des Wassers in einer anderen Richtung kennen lernten als die, welche Ihnen in erster Linie am Herzen liegt, so ist daraus zu ersehen, wie verschieden je nach den Verhältnissen ein Land seine Ströme und Flußläufe verwerten muß, und wie lohnend dies sein kann, wenn es mit Mut und Geschicklichkeit geschieht. Bei uns, in einem regenreichen Lande, dient der Strom dem Verkehr; am Nil hat die Landwirtschaft das erste Recht auf das Wasser, anderwärts und am häufigsten wird eine geschickte Kombination beider Richtungen das Ersprießliche sein. Überall aber ist es die Pflicht des Volkes, die Gaben, die die Natur ihm bietet, mit Entschlossenheit auszunützen. Wo sich diese findet, da braucht kein Land an seiner Zukunft zu verzweifeln, wenn es auch, wie Ägypten vor dreißig Jahren, dem scheinbar unvermeidlichen Ruin entgegensähe. Eins nur ist not: ein klarer Blick, unbeirrt von den vorübergehenden Stimmungen des Augenblicks, für das Wohl des Ganzen und der Mut, keck in die Zukunft zu greifen.

III. Die Entwicklung des landwirtschaftlichen Maschinenwesens in Deutschland, England und Amerika.

Vortrag, gehalten bei Gelegenheit des landwirtschaftlichen Lehrkurses an der Hochschule zu Göttingen am 4. Februar 1893.

Jedes ackerbautreibende Volk scheint seine landwirtschaftlichen Geräte aus dem Dunkel der Urzeit mitgebracht zu haben. Die frühesten Urkunden der Chinesen berichten von Pflügen und Schöpfrädern. In den ältesten Gräbern Ägyptens sind ähnliche Werkzeuge in der Hand der den Boden bearbeitenden Fellachin abgebildet. Das Erstaunliche ist, mit welcher Beharrlichkeit die einfachen Formen derselben sich unverändert durch Jahrtausende erhalten haben. Die unvergängliche Pyramide des Cheops scheint kaum eine starrere Gestalt zu besitzen als der ärmliche, aus einem Baumast geschnitzte Zinken, der, tausendmal erneut, heute noch die Erde des Niltals aufbricht. An der Drave, am Ebro und am Rhein finden wir die Grundformen des altrömischen Pfluges. Der Dreschwagen der Pharaonen geht noch immer im Orient seinen einförmigen Rundgang, der Dreschflegel der germanischen Urzeit klappert zu dieser Stunde in entlegenen Dörfern unserer Hügelländer. Den Formen einer urwüchsigen, festkonsolidierten Rasse vergleichbar pflanzten sich diese Dinge von Geschlecht zu Geschlecht in fast unveränderter Form fort; als die Errungenschaft eines Jahrhunderts einen Nagel, als die Ausbeute eines halben Jahrtausends ein Brett, ein Stückchen Blech mitnehmend. Diese Stabilität während langer Zeitabschnitte, in denen der Sohn ohne Fragen, ohne

Denken ergriff, was die müde Hand des Vaters sinken ließ, ist der plötzlich hereingebrochenen neuen Geistesrichtung der Menschheit fast unbegreifbar.

An den Umwälzungen, welche das Ende des achtzehnten Jahrhunderts bezeichneten, nahm die Technik auf all ihren Gebieten einen gewaltigen Anteil. Es hat fast den Anschein, als ob die Menschheit mit einer neuen Fähigkeit ausgestattet in das neunzehnte Jahrhundert übergetreten wäre. Erst schüchtern und versuchsweise in diesem oder jenem Gewerbe auftretend, erfaßte dieselbe seit drei Generationen lawinenartig das ganze Leben der Völker, und beherrscht heute, in unberechenbarer Wechselwirkung sich steigernd, alle alten Bande von Zeit und Raum sprengend, jede Äußerung menschlicher Tätigkeit: unser Wollen, Sprechen und Handeln, unsere bescheidensten persönlichen, unsere größten sozialen Verhältnisse. Daß dieser neue Geist sich auch der Landwirtschaft bemächtigte, ist selbstverständlich. Daß er hier aber langsamer Eingang fand, daß der Widerstand des Althergebrachten nachhaltiger und zäher war und noch ist als auf anderen Gebieten, liegt in der Natur der landwirtschaftlichen Verhältnisse, und so begegnen wir auch der Bewegung, welche das landwirtschaftliche Maschinenwesen unserer Tage geschaffen hat, mehreren Jahrzehnten später als den entsprechenden Veränderungen auf dem Gebiete des Verkehrswesens, der Textil-, der Metall- oder anderer großen Gewerbegruppen.

An der Spitze dieser neuen Geistesrichtung: der Nutzbarmachung aller faßbaren Naturkräfte für die Bedürfnisse des Menschen, stand im großen ganzen die angelsächsische Rasse, in Europa sowohl als in Amerika. Es ist ja nicht zu leugnen, daß der zollfreie Gedanke sich nicht an Landesgrenzen, ja nicht einmal an Rasseneigentümlichkeiten bindet, daß seine Keime in Deutschland, in Frankreich in kaum geringerer Üppigkeit sproßten und so die Ehre jeder wichtigen Erfindung von drei oder vier Nationen gleichzeitig in Anspruch genommen zu werden pflegt. In Wahrheit ist jedoch eine Erfindung nicht bloß ein Gedanke.

der vermeintlichen Erfindung ihre körperliche Gestalt zu geben, ist häufig genug der bei weitem schwierigere Teil der Arbeit, die sie verlangt, und an dem Hunderte verzweifelnd erliegen, die nicht im wahren Sinn Erfinder sind, sondern nur Phantasten. Die Gabe aber, dem Gedanken materielles Leben zu verschaffen, besaßen die Anglosachsen zu Anfang dieses Jahrhunderts aus vielerlei natürlichen Ursachen in höherem Grade, als alle anderen Völker, und ihr verdanken sie den Vorsprung, den sie während zweier Generationen behaupteten und der sich noch heute in ausgesprochener Weise fühlbar macht.

Wenn in diesem Sinn Amerika und England verglichen werden, so hatte England zu Anfang den Vorteil einer reifen, alten Kultur, deren Hilfsmittel ihm zu Gebot standen. Dort durfte man deshalb erwarten, daß die Technik auf alten, wenn auch oft veralteten Grundlagen weiterbauend, ihre neuen Ziele rascher erreichen mußte, und dies bestätigt ohne Zweifel die Entwicklung des landwirtschaftlichen Gerätewesens. Mit England haben wir deshalb zu beginnen, wenn wir in kurzer Übersicht die Entstehung dieses fast vollständig neuen Feldes menschlicher Tätigkeit an uns vorübergehen lassen wollen, und dieser den Tatsachen entsprechende Gedankengang wird erklären, weshalb ich die im Titel meines Vortrages angegebene Reihenfolge umkehre, und Sie von England nach Amerika und erst von dort wieder in die alte Heimat zurückführen werde.

Auf der ersten Tierschau der neugegründeten Royal Agricultural Society von England zu Oxford 1838 fanden, ohne sie herbeigerufen zu haben, die erstaunten Landwirte eine Ausstellung von Geräten: Pflüge, Kultivatoren, Eggen, Walzen, Säemaschinen in bunter Farbenpracht und, wie es damals hieß, in zahlloser Menge. Wie es in der Landwirtschaft meist zu gehen pflegt, hatte da und dort ein weitersehender Mann unter ungläubig lächelnden Nachbarn ein neues Werk begonnen, von dem niemand etwas verstand und niemand etwas wissen wollte. Nun waren sie plötzlich da: mit eisernen Pflügen, mit schmiedeeisernen Zinken in den Eggen, mit gußeisernen Walzen und vor allem mit Drillmaschinen, der kompliziertesten Maschine jener Tage. Die intelligente Leitung der jungen Gesellschaft sagte sich feierlich, daß diese eigentümliche neue Erscheinung nicht unbeachtet bleiben dürfe; daraus könne noch etwas werden. Das war der Anfang des landwirtschaftlichen Gerätewesens in England; man darf sagen in der Welt.

„Not macht erfinderisch“ ist ein Sprichwort, das von jemand ersonnen wurde, der das Erfinden nur halb verstand. Viel häufiger ist die Lust am Erfinden die Triebfeder, welche auf diesem Gebiete die Geister in Bewegung setzt. Es war sicherlich nicht die Not, welche in England den Aufschwung des landwirtschaftlichen Maschinenwesens einleitete. Der Arbeitermangel war in jener Zeit noch keine akut gewordene Krankheit. In England war die Landwirtschaft durch hohe Kornzölle geschützt, ein ehr- und gewinnbringendes Gewerbe, wie kaum in einem andern Lande. Es war der plötzlich erwachende mechanische Sinn, das reine Vergnügen, durch verbesserte Maschinen besser und bequemer zu arbeiten, als es bisher mit der Hand geschehen konnte, was die englischen Geräte schuf. Es war auch, namentlich in jener ersten Zeit, der glückliche Mangel des Respekts vor zünftiger Weisheit, der jedem gestattete, mutig und natürlichen Sinns, unbeengt vom Gefühl, auf fremdem Boden irre zu gehen, an den ihm nächstliegenden Aufgaben mitzuarbeiten. Nicht bloß der gewöhnliche Dorfschmied, auch der gewöhnliche Landwirt wagte sich an jedes mechanisch-technische Problem, und dies half zur Ausbildung einer Erfindung wesentlich deshalb mit, weil der Mann, der das entstehende Geräte zu gebrauchen hatte, die Vaterfreude mitbrachte, die dazu gehörte, es großzuziehen. Denn ganz besonders im landwirtschaftlichen Gerätewesen, dem mit Theorien fast nicht beizukommen ist, ist der Gedanke der geringere, die Arbeit der praktischen Entwicklung der größere Teil der Erfindung.

Der mechanische Instinkt des Volkes, die Lust am Geräte

an sich, welche den Engländern angeboren ist, schuf bis zu einem gewissen Grad Handel und Industrie, wie sie unsere Zeit sich entwickeln sah. So ergriff umgekehrt Handel und Gewerbe alles, was einem Geräte, einer Maschine ähnlich sah, mit der Energie und Geschicklichkeit kaufmännischen und industriellen Unternehmungsgeistes. Dazu kam des weiteren — nicht die Not, sondern das Gegenteil, die gewaltige Kapitalkraft, welche der Landwirtschaft zur Verfügung stand, die in England stets als die ehrendste Beschäftigung des alten Adels und reicher Neulinge angesehen wurde, welcher deshalb auch bis in die jüngste Zeit Mittel zuflossen, die auf anderen Gebieten und in fernen Weltteilen ihren Ursprung hatten. Diese Mittel aber waren wiederum eine fast unerläßliche Vorbedingung für den Beginn einer Bewegung, die durch hunderte von kostspieligen und hundertmal erfolglosen Versuchen erst Boden gewinnen mußte. So finden wir zunächst in England eine Vereinigung von günstigen Vorbedingungen, wie sie kein anderes Land besaß, die erforderlich war, um auch die Landwirtschaft in die technische Strömung unseres Jahrhunderts hineinzuziehen.

Unerwähnt darf an dieser Stelle ein Ereignis nicht bleiben, das scheinbar in keinem unmittelbaren Zusammenhang mit der Geburt des landwirtschaftlichen Maschinenwesens stand: die bereits erwähnte, im Jahre 1837 erfolgte Gründung der Royal Agricultural Society of England. Wie durch einen Zufall — d. h. durch den Zufall, der mit der Notwendigkeit physikalischer Gesetze die Welt regiert — verfiel diese Gesellschaft schon im zweiten Jahre ihres Bestehens auf die damals durchaus neue Idee ihrer nun seit bald 60 Jahren bestehenden jährlichen Wanderausstellungen. Mit naivem Staunen sahen die leitenden Männer jener Zeit, welche nur Rinder und Schafe, Samen und Früchte erwartet hatten, eine durchaus neue Abteilung ihrer Schau entstehen, von deren Bestandteilen sie kaum etwas geahnt hatten. Die Berichte der drei ersten Ausstellungen zu Oxford, Cambridge und Liverpool 1838, 1839 und 1840 sind ein beredtes Zeugnis von dieser Entdeckung; aber mutig und mit bewundernswerter Einsicht machte sich die Gesellschaft daran, sie zu verwerten. Was das Gerätewesen diesen Ausstellungen zu danken hat, ist schwer zu berechnen. Sie boten die erste und bis dahin einzige Gelegenheit, den Pflug von der Scholle loszureißen und zum Handelsartikel zu machen, die Einseitigkeit des engen Kreises von Gedanken und Erfahrungen, in denen das Geräte lebte, zu durchbrechen, die Geistesarbeit der entstehenden Technik, welche den Dorfschmied hinter sich gelassen hatte, mit derjenigen der Landwirte in Verbindung zu bringen, welche klare und allgemein gültige Ziele aufzustellen verstanden. Kurz, die Wirkung dieser Schauen, mit dem, was sie der Technik bewußt und unbewußt entgegenbrachten, bildete bald eines der wesentlichsten Elemente, die den landwirtschaftlichen Maschinenbau Englands geschaffen haben und ihn jahrzehntelang zum beneideten Muster anderer Länder machten.

Es läßt sich mit wenigen Ausnahmen eine gewisse Gleichartigkeit in der Entstehungsgeschichte der Hauptgeräte beobachten, die heute in der Landwirtschaft Verwendung finden. Fast gleichzeitig taucht an mehreren Orten der neue Gedanke auf und sucht Form und Gestalt zu gewinnen. Ein halbes Dutzend grundverschiedener Geräte, die dem gleichen Zweck dienen sollen, kämpfen um ihr Dasein. Versuche, Anpreisungen, falsche und wirkliche Erfolge folgen sich während einer Reihe von Jahren, bis nach und nach eine Form um die andere verschwindet und schließlich das richtige Instrument sich herausgearbeitet hat und mit geringen Abweichungen das Land beherrscht.

In diesem Zustande des wirren Suchens und Probierens fand die Englische Landwirtschafts-Gesellschaft auf ihrer ersten Schau den Pflug, der sich aus dem uralten, angelsächsischen, hölzernen Geräte in seine moderne Gestalt umzuwandeln begann. Eine bunte Mannigfaltigkeit von Formen der Schar, des Streichbretts, des Vordergestells brachte die ersten Richter in Verzweiflung, von denen jeder den Pflug seiner Gegend bis jetzt für den besten gehalten hatte. Hauptsächlich war es zunächst ein Kampf zwischen dem schottischen Schwingpflug und dem heutigen englischen Typus. Schrittweise entstand hierbei jenes charakteristische, eiserne oder stählerne Instrument mit seinen eleganten, zierlichen, langgestreckten Formen, das wir in Deutschland nicht gebrauchen und nicht verstehen. Mit Recht. Denn der englische Landwirt hat eine andere Pflugaufgabe zu lösen, als der deutsche. Die Wintertemperatur Englands schwankt während mehrerer Monate fortwährend um den Gefrierpunkt. Es findet deshalb während dieser Zeit ein sich zwanzig-, dreißigmal wiederholendes Gefrieren und Wiederauftauen der in der Ackerkrume enthaltenen Feuchtigkeit statt. Dieser Vorgang zersprengt und zerkrümelt die Bodenteilchen um so regelmäßiger und vollständiger, je regelmäßiger und ungebrochener die Furchenschnitte nicht umgestürzt, sondern auf die Kante gestellt wird. Diese Leistung ist deshalb das Ideal des englischen Pflügers und die Ursache jener mehr als meterlangen, schmalen, an die Wirkung der elegantesten Schiffskörper im Wasser mahnenden Streichbretter Howardscher und Ransomescher Pflüge, die sich trotz aller Schönheit von Form und Arbeit auf dem Kontinente nie einführen ließen, weil unserem Pflüger der englische Winter als kostenloser Hilfsarbeiter fehlt. Es ist dies einer der vielen Beweise dafür, wie töricht es ist, die Einführung eines ausgezeichneten landwirtschaftlichen Gerätes aus einem Lande in ein anderes für ohne weiteres vorteilhaft zu halten, sowie der Tatsache, daß es manchmal nicht leicht ist, dem wahren Grund des Mißlingens solcher Versuche auf die Spur zu kommen. Auch die modernen landwirtschaftlichen Geräte müssen auf dem Boden wachsen, für den sie bestimmt sind, und die Verpflanzung ist stets eine gefährliche Sache. Das hat die deutsche Landwirtschaft in den letzten 50 Jahren zur Genüge erfahren und hat die Ursache nicht immer dort gesucht, wo sie zu finden ist.

Viele Jahre später, d. h. vor etwa drei Jahrzehnten, begannen in England die mehrscharigen Pflüge aufzutauchen und sich zu verbreiten. Die Landwirtschaft hatte den Kampf ums Dasein begonnen, in dessen Mitte wir heute stehen. Man suchte ernstlich billigere Produktionsmittel. Amerika hatte schon zuvor ähnliche Wege eingeschlagen, vom bittersten Arbeitermangel gezwungen. Die Form, die die Dampfkultur dem Pfluge gegeben hatte, führte zum doppelscharigen Pferdepflug, der nach einigen barocken Seitensprüngen seine jetzige, im wesentlichen einheitliche Form angenommen hat.

Echt und urenglisch ist der Dampfpflug, dessen Erfindungsgeschichte in all ihren Phasen eine typische genannt werden kann. Die ersten Gedankenanfänge gehen zurück bis auf den Erfinder der ersten brauchbaren Dampfmaschine, James Watt, der schon vor 100 Jahren ein Patent auf Dampfkultur nahm. Ab und zu wurden 70 Jahre lang Anläufe genommen, die neue Kraft, die auf andern Gebieten so Riesenhaftes leistete, auch der Million Pferdekräfte erfordernden Pflugarbeit zur Verfügung zu stellen. Sie scheiterten sämtlich an dem naheliegenden, aber grundfalschen Gedanken, die Dampfmaschine in der Form einer Lokomotive wie ein Pferd vor den Pflug zu spannen, bis die Anwendung des Seilzuges bei Dränierapparaten um das Jahr 1851 den Plan der Drahtseilbewegung auch des gewöhnlichen Pfluges anregte. Damit war die Aufgabe im Prinzip gelöst. Wie gewöhnlich folgte auf diesen ersten, lebenversprechenden Gedanken ein wahres Gewirr von Plänen und Vorschlägen, wie derselbe praktisch ausgestaltet werden könne, und ein heißer Kampf von Erfindern, die auf dem einen oder andern Wege das Ziel zu erreichen suchten, bis eines um das andere der weniger lebensfähigen Systeme wieder verschwanden oder nur noch ein nominelles Dasein weiter führten, während der Fiskinsche Balancepflug und das Fowlersche Doppelmaschinensystem den allgemeinen Kampf ums Dasein überlebten. Hierbei entwickelte sich der Dampfpflug zum Dampfkulturapparat, der nicht bloß den Pflug, sondern auch Kultivatoren, Eggen, Walzen und eine ganze Reihe von Spezialgeräten ins Leben rief, wo immer die Bodenbearbeitung große, auf einen Punkt konzentrierbare Kraftleistungen beansprucht. Manches in der Geschichte dieser Entwicklung verdient wegen seines typischen Charakters hervorgehoben zu werden; so der Anfang, welcher auf ein harmloses Gespräch in einem Versuchsfelde zurückgeführt werden kann, in dem, im Jahre 1847, nichts weniger als Dampfpflüge erprobt werden sollten. Ein Landwirt, der an diesem Gespräche teilnahm, glaubte bis an sein Lebensende von einer undankbaren Welt um die Ehre der Erfindung der Dampfkultur betrogen worden zu sein. Typisch ist des weiteren die Gruppe der wirklichen Erfinder der wesentlichsten Teile des Ganzen: ein Techniker (Fowler), ein Geistlicher (Fiskin), ein Landwirt (Greig) und ein Pianofortefabrikant (Burton), ferner die riesige Summe, welche von jahrelangen Experimenten verschlungen wurde, ehe sich irgendwelche Aussicht auf durchdringende praktische Erfolge zeigen wollte; der unberechenbare Vorteil, welchen die um ihr Leben kämpfende Idee in der fördernden Tätigkeit einer das ganze Land berührenden hochintelligenten und für den Fortschritt begeisterten Landwirtschafts-Gesellschaft fand; die befruchtende Unterstützung, welche sich aus dem mittlerweile ins Blühen geratenen Welthandel mit landwirtschaftlichen Maschinen ergab; die anfeuernden Hoffnungen der ersten Pioniere, die erwarteten, daß der Dampfpflug, ähnlich wie die Lokomotive im Verkehrsleben, eine Revolution in der Landwirtschaft hervorbringen werde. Dies ist nicht erfolgt und konnte nie erfolgen, weil im einen Falle die Erfindung der Lokomotive mit der Einführung der Schienenwege zusammenfiel, welche die Aufgabe der Lokomotive um das Zehnfache erleichterte, während der Dampfpflug nach wie vor die Furchen ziehen muß, wie Ochse und Pferd es getan haben. Trotzdem hat sich der Dampfpflug zunächst für die Tiefkultur seine berechtigte Stellung in der Landwirtschaft erobert, und die ganze Bewegung der Zukunft drängt uns mehr und mehr in Verhältnisse, welche der Dampfkultur weitere Gebiete gewinnen müssen. Endlich zeigt auch dieses Kapitel die oft beobachtete Wahrheit, daß es nicht die Billigkeit der Leistung allein ist, welche die Einführung einer Erfindung gestattet, daß ein Geräte tatsächlich teurere Arbeit liefern und dennoch seine Anwendung von Vorteil oder eine Notwendigkeit werden kann. Und schließlich muß die Dampfkultur gewissermaßen als der Schlußstein einer Entwicklung betrachtet werden, die das Wissen und Können eines weiteren Berufs, welcher der Landwirtschaft fern zu liegen schien, in ihre Dienste stellte, oder, um die andere Seite der Sache hervorzukehren, die den Landwirt zwang, neben so vielem andern auch Ingenieur zu sein. — —

Auch Eggen und Walzen, um auf Einfacheres zurückzukommen, nahmen an dem Aufschwung teil, den die Einführung von Eisen und Stahl im landwirtschaftlichen Gerätewesen herbeiführte. Gegliederte, glatte, geringelte, gußeiserne und vor allem die gezackten Croskillwalzen verbreiteten sich in der ganzen Welt. Dieses plötzliche Auftreten des Welthandels selbst mit den einfachsten landwirtschaftlichen Geräten war überhaupt eine neue Erscheinung der Zeit, die durchaus erforderlich war, um aus dem plumpen Werkzeuge der Großväter die landwirtschaftliche Maschine der Enkel herauszubilden. Bis dahin war das landwirtschaftliche Gerät seßhaft gewesen, wie der Bauer. Pflug, Sichel und Sense wanderten nur, wenn die Völker wanderten. Die erste kleine Gerätefabrik, welche sich aus der Dorfschmiede herausarbeitete, fand keinen Kundenkreis. Und doch bedurfte sie der Produktion von Hunderten dieser kleinen Apparate, um sie auszubilden und in ihrer heutigen Vollkommenheit billig herzustellen. Nur ein blühender Handel konnte die in der Industrie übliche Arbeitsteilung schaffen, ohne welche auch die rein technischen Erfolge von heute unmöglich sind, und es fehlte an jeder Möglichkeit, diesen Handel in Bewegung zu setzen, hätte nicht die Englische Landwirtschafts-Gesellschaft, ohne es zu beabsichtigen, demselben den ersten mächtigen Ansporn gegeben.

So war die Sämaschine schon um das Jahr 1735 in ihren Hauptteilen vorhanden. Doch hatte noch hundert Jahre später der alte Garrett in Suffolk einzelne Maschinen probeweise von Gut zu Gut zu schicken, um ihre Vorteile nachzuweisen. Der Mechaniker hatte in diesem Falle seine Aufgabe nahezu gelöst; aber es war fast unmöglich, das Geräte beim Bauern einzuführen. Der landwirtschaftliche Kundenkreis, an seine jahrhundertealten, lokalen Gewohnheiten gebunden, war nirgends im großen und ganzen zu packen, und die einzelnen Versuche und Erfolge versanken unbeachtet in der Einsamkeit abgelegener Gutsherrschaften, bis das Ausstellungswesen der Royal Agricultural Society plötzlich Bewegung in diese Bestrebungen brachte. Zehn Jahre später war die Drillkultur in England eine allgemein anerkannte Tatsache und die Grundlage des Aufblühens einiger der größten landwirtschaftlichen Fabriken der Welt.

Viel später finden wir praktisch bedeutsame Versuche mit Mähmaschinen, aber auch sie hatten ein ähnliches Schicksal. Der schottische Pastor Bell konstruierte 1826 den ersten brauchbaren Apparat, einen von hinten geschobenen, mit Scheren versehenen Kasten, der in Schottland da und dort zur Verwendung kam, aber 25 Jahre lang ein mühseliges und verborgenes Dasein führte, da der Herr Pastor die mittlerweile sich entwickelnden Ausstellungen nicht liebte. Erst im Jahre 1851 mit der ersten Weltausstellung, auf der die amerikanische Industrie mit der englischen zusammenstieß, kam, von Amerika ausgehend, wirkliches Leben auch in die englischen Maschinen, die sodann rasch eine bestimmte Gestalt annahmen und im Laufe der Zeit die verschiedensten sinnreichen Konstruktionen zum selbsttätigen Ablegen des Getreides und schließlich zum Binden der Garben adoptierten. Denn die heutige Mähmaschine war und blieb im wesentlichen ein amerikanisches Geistesprodukt, das in England kaum mehr als seine Form etwas veränderte. Sie wurde nach englischer Art solider und schwerer. Den amerikanischen Ursprung aber verleugnen auch fast alle erfolgreichen Verbesserungen und Weiterbildungen nicht, und noch heute scheinen die englischen Garbenbinder nur schwer gegen ihre amerikanischen Rivalen aufzukommen. Es liegt dieser Vorsprung der transatlantischen Geräte ohne Zweifel in dem Unterschiede des ganzen Gutsbetriebs beider Länder; in dem dringenden Bedürfnis einer Maschine in Amerika, welche auf den verhältnismäßig kleinen Gütern Englands den Eindruck eher einer sinnreichen Spielerei als einer Notwendigkeit machte. Ohne den Welthandel wäre vielleicht heute noch ein Garbenbinder in Großbritannien nicht gebaut worden.

Schottland und das nördliche England waren den südlichen Grafschaften zu Anfang der Entwicklung des landwirtschaftlichen Gerätewesens voran. Dies zeigte sich besonders bei der ersten eigentlichen Maschine, die in der Landwirtschaft festen Fuß gefaßt hat, der Dreschmaschine. Die ersten Versuche auf diesem Gebiete finden wir 1711 in Sachsen und 1720 in Schottland. 1782 tauchte zum erstenmal die endgültige Lösung des Problems, der rotierende Schläger, als die Erfindung eines schottischen Farmers, Andreas Meikle, auf. Zwischen 1830 und 1840 war jedes größere Gut in Südschottland mit einem nach unseren heutigen Begriffen einfachen und mangelhaften Dreschwerk versehen, das stationär mittels Pferdegöpel, Wasserkraft oder bald auch mittels stehender Dampfmaschinen in Betrieb gesetzt wurde. Putz- und Sortiervorrichtungen wurden erst Jahrzehnte später mit dem Dreschkasten in Verbindung gebracht.

Die Dreschmaschine ist es auch gewesen, welche die Dampfkraft in der Landwirtschaft einführte. Einen ersten Versuch machte der in der Geschichte der Dampfmaschine wohlbekannte Trevithik im Jahre 1804. Doch 30 Jahre lang handelte es sich hierbei immer nur um stehende Anlagen. Der gemauerte

Schornstein zierte bald jeden größeren Gutshof Schottlands; die Drescheinrichtung und was daran hing, glich einer kleinen Fabrik. Erst mit der Lokomobile war die Form gefunden, welche den Dampf wirklich in den Dienst der Landwirtschaft stellte. Auf der dritten Ausstellung der Royal Agricultural Society 1840 zu Liverpool erschien, von Ransome und Sims erbaut, die erste wunderbar und erschrecklich anzusehende transportable Dampfmaschine, den ganzen Ausstellungsplatz mit Rauch und Entsetzen erfüllend. Auch hier ist auf kurze Zeit ein rühriges Suchen nach der richtigen Form zu beobachten: Scheibenmaschinen, Kirchturmmaschinen, oszillierende Schiffsmaschinen werden mit den wunderlichsten Kesseln in Verbindung gebracht. Das Natürlichste, Einfachste wuchs erst nach und nach aus dem Gewirr der komplizierten Mannigfaltigkeit heraus und konsolidierte sich in der jetzt allgemein gewordenen Gestalt des kleinen Lokomotivkessels, welcher auf seinem Rücken die einfachste horizontale Maschine trägt. Dieser Typus ist unleugbar eines der niedlichsten Erzeugnisse des englischen Ingenieurwesens und hat sich zu allen denkbaren Zwecken über die ganze bewohnte Erde verbreitet.

Die Lokomobile war die Hauptursache, welche auch in den landwirtschaftlichen Maschinenbau endlich tüchtige Arbeit und gutes Material einführte. Früher und anfänglich schien es, als ob für die landwirtschaftlichen Maschinen alles gut genug sei. Nichts ist falscher als diese Voraussetzung, denn keine Maschine ist so wie das landwirtschaftliche Gerät allen möglichen Unbilden der Verwendung unter den denkbar verschiedensten Verhältnissen, dem zerstörenden Einfluß der freien Natur und der rohesten menschlichen Behandlung ausgesetzt. Nur das Beste und Solideste kann unter solchen Umständen von Dauer sein, und manch tüchtiger Gedanke ging zugrunde an der fast zur Regel gewordenen schlechten Ausführung, welche so häufig den Erfinder verrät. Stetig aber erwuchs nun ein neuer Geist im ganzen Gewerbe. Das Streben nach Dauerhaftigkeit und bequemer Handhabung, Ersparnis an Kraft und größerer Leistungsfähigkeit charakterisierten die Fortschrittte der folgenden 25 Jahre bei jeder der erwähnten Hauptgruppen von Erfindungen. Flußeisen, Schmiedeeisen und Stahl wurden Regel für die wichtigeren Maschinenteile, vorzüglicher Hartguß wurde eine Kunst der betreffenden Fabriken. Der Kohlenverbrauch der Lokomobile sank von 28 Pfd. per Stunde und Pferdekraft im Jahre 1847 auf $2^{1}/_{3}$ Pfd. im Jahre 1871. Die großen Werkstätten überboten sich auf Ausstellungen in der Vorführung von zwar nutzlosen, aber brillant ausgeführten Luxusmaschinen, um ihre Leistungsfähigkeit leuchten zu lassen. Kurz, nach einem Menschenalter des regsten geistigen und materiellen Arbeitens hatte das englische landwirtschaftliche Gerätewesen einen Höhepunkt erreicht, der nicht das Ende des Fortschrittes bezeichnet, wohl aber einen gewissen Haltepunkt nach der Sturm- und Drangperiode, während deren das vielhundertjährige Geräte der Vergangenheit in die Maschine der Gegenwart umgewandelt worden war.

Der Unterschied zwischen einst und jetzt bleibt aber der, daß heute kein Stillstehen mehr möglich scheint. Gewisse Typen sind zum Abschluß gebracht. Die Lokomobile wird sich nicht mehr wesentlich verändern. Die Dreschmaschine, die Häcksel- und Säemaschine haben eine, vielleicht zwei ganz bestimmte Formen gefunden, an denen sie hängen zu bleiben scheinen; der Pflug, selbst der Dampfpflug, scheint Versuchen weiterer wesentlicher Umgestaltung trotzen zu wollen. Trotzdem regen sich immer wieder neue Gedanken, die über kurz oder lang das heute Existierende verdrängen werden, denn die Natur ist noch voll von Formen und Kräften, die der Mensch kaum berührt hat. Nur ist heute nicht mehr, wie vor 50 Jahren, die Bewegung auf England beschränkt. Andere Völker sind in die Schranken getreten und drängen ihrerseits vorwärts, so daß wir füglich von deutschem Boden aus diesen Blick in die Zukunft werfen können, wenn wir nach unserer kurzen Wanderung in der Heimat angelangt sind.

Zu leugnen ist allerdings nicht, daß im allgemeinen noch heute der englische landwirtschaftliche Maschinenbau an der Spitze dieses Zweiges der Technik steht, daß die englische landwirtschaftliche Maschine in ihrer Art und für ihren Zweck unübertroffen ist. „In ihrer Art und für ihren Zweck" — diese Beschränkung kann nicht scharf genug betont werden. Die englischen Maschinen sind im Durchschnitt solider und kräftiger als andere, schon weil sie auf einen überaus kräftigen Menschenschlag und auf Zugtiere berechnet sind, wie sie außer England selten gefunden werden. Gespart wird nicht, weder an Material, noch an konstruktiven Dimensionen; eine behäbige Üppigkeit verrät Pflug und Dampfmaschine. Nur der hundertmaligen Ausführung ein und desselben Gerätes, der hundertfältig sich häufenden Erfahrung ist es zu danken, daß trotzdem die Formen jene praktische Eleganz gewonnen haben, die für das unförmliche Werkzeug wirkliche Schönheitslinien fand. Diese sich häufenden Erfahrungen haben auch die kleinsten Details in einer Weise ausgebildet und in feste Formen gepreßt, wie wir es anderwärts nicht finden. Die fabrikmäßige Herstellung, die bis ins kleinste getriebene Arbeitsteilung und die Beschränkung der Fabrikation auf eine ganz bestimmte Gruppe von Maschinen haben in dieser Beziehung die schönsten Erfolge gezeitigt, die der Maschinenbau zu verzeichnen hat. Sie wirken namentlich auch auf den Kostenpunkt der Geräte. Englische Maschinen scheinen vielleicht nicht immer billiger als andere, aber sie sind oder waren wenigstens lange billiger im Verhältnis zu dem Stoff, der in ihnen steckt, und zu der Leistung, die aus ihnen herauszubekommen ist. Auch das ist die Folge der hochentwickelten fabrikmäßigen Herstellung, der entschlossenen Einschränkung auf Spezialitäten, des festen Vertrauens auf den Welthandel.

Vor allem ist der Einfluß dieses Welthandels bemerkenswert. Es war ein durchaus neues Element auf unserem Gebiete. Bis jetzt hatte das landwirtschaftliche Gerät an der

Scholle geklebt, wie sein Besitzer. Der nächste Dorfschmied hatte es nach seines Vaters Art verfertigt und verkaufte es kaum über die Grenze seines Jahrmarktbezirkes. Plötzlich wurde dies anders. Der schottische Pflug drang in England ein, der englische machte Eroberungszüge durch die Welt, und als gar Säe-, Mäh- und Dreschmaschinen, Lokomobilen und Dampfpflüge auf den Ausstellungen der Royal Agricultural Society eine ihrer großen und wichtigsten Abteilungen zu bilden gelernt hatten, da wurde die landwirtschaftliche Maschine handelsbeweglicher als irgend eine andere. Es war dies von unschätzbarer Bedeutung für ihre Entwicklung, zunächst im Geldpunkt. Denn nicht allein die fertige Maschine leitete große Summen in die Hände derer, die sie für die Weitergestaltung der entstehenden Industrie bedurften; auch schon in der Erfindungszeit war es häufig das Ausland, das voll unklaren Vertrauens in die Lebenskraft einer halbfertigen Idee große Beiträge zu deren Verwirklichung lieferte. Der Khedive von Ägypten bezahlte den werdenden Dampfpflug, der Sultan von Sansibar und namenlose Rajahs in Indien den Ausbau der Straßenlokomotive, Kuba und Peru steuerten zur Entwicklung landwirtschaftlicher Eisenbahnen, Rumänien und Algier zur Erfindung der Garbenbinder höchst ansehnliche Scherflein bei. Und nicht bloß im Geldpunkte; auch die Erfahrungen, welche nötig waren, um dem Geräte aus der örtlichen zu seiner allgemeinen Bedeutung zu verhelfen, flossen auf diesem Wege in die englischen Fabriken und schufen Typen aus den Kuriositäten, mit denen der Anfang gemacht worden war.

Allerdings brachte dieser Verlauf der Dinge nach einiger Zeit eine gewisse Starrheit in die gefundene Form. Nicht jede Fabrik bewahrte sich die Beweglichkeit, welche erforderlich ist, um für jeden gegebenen Fall eine brauchbare Maschine zu schaffen. Man mutete dem russischen Bauern zu, seine schwarze Erde mit dem englischen Pflug statt mit seiner Zinke zu bearbeiten, dem Ägypter, sein Kamelfutter mit der englischen

Häckselmaschine statt mit seiner Norak zu schneiden, und mancher Mißerfolg eines vortrefflichen Gerätes wird dadurch erklärlich. Im großen ganzen aber bleibt England das Verdienst, an der Spitze der Bewegung schreitend, mit der landwirtschaftlichen Maschine dem landwirtschaftlichen Betrieb eine neue Richtung und der Industrie einen weiteren blühenden Zweig gegeben zu haben. — —

Wie in eine neue Welt treten wir auch auf diesem Gebiete, wenn wir den Atlantischen Ozean kreuzen, und nicht bloß in eine Welt. Ich sehe von den tropischen und südamerikanischen Ländern ab, deren Produktionsweise zu verschieden von der der mittleren Zonen ist, um für uns ein praktisches Interesse zu haben. Aber auch die nördlichen Vereinigten Staaten zerfallen in drei große Gebiete, in denen Mittel und Ziele menschlicher Tätigkeit verschiedene, durchaus charakteristische Gestalt angenommen haben: den älteren Osten, welcher in jedem Sinne Europa am nächsten steht, wo auch die Landwirtschaft mit unsern Schwierigkeiten und Hilfsmitteln rechnet, den Westen bis an die Felsgebirge mit seinen riesigen Kulturflächen und seiner dünnen Bevölkerung, der sich rücksichtslos aus den Jagdgründen des Indianers in eine der Kornkammern der Welt umgewandelt hat, und schließlich den äußersten Westen entlang der Küste des Stillen Ozeans, welchem die Natur und soziale Verhältnisse eine dritte Form und Farbe geben, fremdartiger in mancher Hinsicht, in anderer — der Verwendung großer Kapitalien und was damit zusammenhängt — alten Kulturländern sich wieder nähernd.

Eine Eigentümlichkeit ist allen drei großen Gebieten gemeinsam und charakterisiert sie scharf gegenüber den europäischen Verhältnissen: das zwingende Bedürfnis nach Maschinen, mit dem die amerikanische Landwirtschaft ihr Leben begann. Der dortige Mangel an Arbeitskräften den zu bewältigenden Riesenaufgaben gegenüber und die Ansprüche, welche der amerikanische Arbeiter an die Art des Arbeitens stellt, sind bei uns völlig unbekannt, so laut wir über Arbeitermangel und Arbeiterschwierigkeiten zu klagen wissen. Hier war die Not in der Tat die Erfinderin. Das werdende Volk stand vor der Wahl, entweder auf seine landwirtschaftliche Bedeutung — die vorerst einzig mögliche — zu verzichten, oder Mittel zu finden, ohne Menschenkräfte in einer Weise zu arbeiten, wie dies bis jetzt nirgends denkbar gewesen war. Zum Glück des Landes kam hierzu noch in weit höherem Grade als in England der mechanische Instinkt und das praktische Geschick der Hand, welches der angelsächsischen Rasse eigen ist. Allerdings läßt sich diese ausgesprochene Eigentümlichkeit nicht aus der Vererbung allein ableiten, denn das mechanische Talent der amerikanischen Mischrasse hätte durch ihre zwei anderen Hauptbestandteile — den rein-deutschen und den keltisch-irischen — eher herabgedrückt werden können. Es ist ein anderes Element erforderlich, um diese das ganze amerikanische Leben durchdringende Tatsache zu erklären: ich möchte es die geistige Gewerbefreiheit nennen, die zu den Menschenrechten des Amerikaners gehört. Kein Respekt vor irgend einer Autorität, keine Achtung vor einer hergebrachten Form oder einer nicht selbst gemachten Erfahrung, keine Scheu vor irgend einer Aufgabe, keine Zurückhaltung vor der ungewohntesten Lösung eines Problems, oft der blinde Mut der Unwissenheit, aber auch eine rücksichtslose Kraft, eine hoffnungsvolle Freude am Schaffen, die selbst der scharfausgeprägten, ausgetrockneten Yankeephysiognomie etwas Jugendliches gibt. Bei einem Volke, dessen Schiffskapitäne von heute sich nicht scheuen, morgen einen Lehrstuhl der Medizin zu besteigen, dessen Heizer wir in einem halben Jahr als Redakteure oder Konsuln wiederfinden, entsteht manches Tolle und Unbrauchbare, aber nichts, das nicht aus dem unmittelbarsten Bedürfnis des Lebens hervorgeht, nichts, das nicht in jeder Phase seines Werdens der Wirklichkeit zu entsprechen sucht. In diesem engen Zusammenhang des amerikanischen Schaffens mit den Bedürfnissen des Augenblicks liegt die Lebenskraft der Neuen Welt. So entstanden auch die eigentümlichen, aber nie unpraktischen Formen ihrer landwirtschaftlichen Maschinen, die eben nur da nicht am Platze sind, wo grundverschiedene Verhältnisse nicht die gleiche Behandlung gestatten, wie sie Amerika verlangt.

Eine landwirtschaftliche Maschine kann nicht auf dem Papier erfunden werden, sondern nur auf dem Feld. Ich spreche nicht von dem bloßen Gedanken, der allein in den seltensten Fällen den Ehrentitel einer Erfindung verdient. Auch dies machte Amerika zum Lande der landwirtschaftlichen Maschinen. Denn dort hat niemand Zeit, sich mit Ideen abzugeben, die er nicht sofort gebrauchen will. Der Landwirt erfindet seine Maschine, wie er sein Pferd anschirrt, er gebraucht sie sofort, er sieht und fühlt ihre Mängel, er ändert, verbessert, während sie arbeitet, und schließlich hat er ein Werkzeug, das auch in jeder andern Hand bequem und handlich liegt und den Zweck erfüllt, den er als Landwirt von ihm verlangt.

Hindernd, oder wenigstens das amerikanische Gerätewesen in eigentümlicher Weise beeinflussend, war der Mangel an Kapital, unter welchem der Anfang dieser Bewegung litt. Die Tausende von kleinen Ansiedlern und Einwanderern hatten bald wohl Korn und Milch, aber kein bares Geld. Große Apparate waren ausgeschlossen; allzu teuer und sorgfältig hergestellte Geräte konnten nicht durchdringen. Auch rechnet der Amerikaner jetzt noch nicht auf eine lange Dauer seiner Maschine. Das Leben um ihn her pulsiert viel zu rasch. Das Geräte von heute ist in zwei Jahren durch ein besseres verdrängt — wozu das alte zum eigenen Nachteil erhalten? Der durch diesen Grundgedanken erzeugte Massenkonsum hatte eine gewaltige Wirkung auf die Fabrikation. Nirgends, selbst in England nicht, ist die fabrikmäßige Herstellung in sinnreicherer und großartigerer Weise eingerichtet. Jeder Nagel, jede Leiste wird maschinenmäßig und tausendfach hergestellt. Die Maschinen, welche zum Bau der Maschinen gebaut werden, zeigen ein Raffinement geistiger Arbeit, das an Taschenspielerei erinnert.

Dazu kam der Welthandel. Es ist bezeichnend, daß dieses Land, in welchem die Produktion die teuerste zu sein scheint, die sich denken läßt, heute noch nicht zurückschreckt, einen lebensfähigen Wettbewerb auf neutralem Markte, Tausende von Meilen vom Sitz der Fabrikation, aufrechtzuerhalten. Vorzüglich sind es die Länder, deren Betriebsweise ähnlich der amerikanischen, auf Massenproduktion, auf extensive Kultur, auf eine weniger verfeinerte Bearbeitung hinweist, in welchen amerikanische Maschinen Eingang finden und verdienen. Die Not, welche sie erzeugte, wird auch dort empfunden und muß durch ähnliche Mittel bekämpft werden.

Greifen wir nunmehr auch hier einige der Haupteinzelheiten heraus, welche die Landwirte aller Länder berühren.

Der einscharige Pflug hat sich in Amerika nicht jener Wandlung angeschlossen, welche in England zu der dort typisch gewordenen Form des langgestreckten Streichbretts führte. Er ist dem deutschen Pfluge ähnlicher geblieben und gehört zur Gattung entweder der kurzgewundenen Hohenheimer oder der hohlzylindrischen Wanzleber Pflüge. Bei uns wie dort ist sein Zweck das völlige Umstürzen der Furchenschnitte, nicht das sorgfältige Aufstellen auf die Kante. Eigentümlich ist die sehr breite Furche und die entsprechende außerordentliche Breite der messerscharfen Schar, welche sich aus der verhältnismäßig geringen Tiefe des Pflügens und dem Bestreben ergibt, quantitativ das Äußerste zu leisten. Besonders gefördert wurde diese Form durch das sog. Präriebrechen; eine harte Arbeit, bei der der jungfräuliche Boden der Prärien mit ihrem mattenartigen Grasgeflecht so seicht als möglich völlig umgestürzt werden muß. Die Ausführung dieser Pflüge ist nach Material und Arbeit meist eine musterhafte. Das ganz ausgezeichnete Gußeisen Nordamerikas kam allerdings früher auch bei diesem Geräte mehr zur Anwendung, als man es in Europa für möglich halten würde; ist heute aber ebenfalls durch gepreßtes Schmiedeeisen und Stahl ersetzt.

Jahrzehnte früher, als in Europa ernstlich daran gedacht wurde, entstanden in den Vereinigten Staaten die Zwei- und Dreifurchenpflüge. Man nennt sie dort Gangpflüge. Sie sind wesentlich anders gebaut als ihre europäischen Gegenfüßler. Die Pferde ziehen einen hölzernen Rahmen auf Rädern, an dem die Pflüge einzeln hängen. Der Mann sitzt auf dem Instrument, und kann mit einem Tritt des Fußes jeden Pflug einzeln aus dem Boden heben. Dies ist beim Pflügen zwischen den Stumpen und Wurzeln eines kürzlich urbar gemachten Feldes fast notwendig. Die Apparate sind natürlich nur für sehr leichtes, oberflächliches Pflügen geeignet, leisten aber das Zwei- und Dreifache unserer deutschen Pflüge, ohne den Mann, der mehr Kutscher als Pflüger zu sein scheint, anzustrengen. Allerdings würde auch die Qualität der Arbeit vor einer deutschen Beurteilung nicht bestehen, wie überhaupt der Landbau im Westen nur das eine Ziel im Auge behält, die größte Menge Getreide mit einem Minimum von Arbeit auf den Markt zu bringen, und die Zukunft des Bodens dem Schicksal überläßt.

Es erscheint auffallend, daß die Dampfkultur in Amerika soviel als nicht vorhanden ist. Ein Grund liegt in der Beharrlichkeit, mit der die Amerikaner jahrzehntelang an Versuchen mit dem falschen Prinzip hängen blieben: die Dampfmaschine wie ein Pferd vor das Geräte zu spannen. Dies war allerdings nicht eigensinniger Unverstand, man hoffte lange auf diesem Wege einen billigen Dampfpflug herstellen zu können. Und diese Billigkeit war geboten durch die geringe Kapitalkraft der amerikanischen Landwirtschaft. Dazu kam die ungelöste technische Schwierigkeit, auch mit den erfolgreichen englischen Systemen entsprechend größere Flächen Landes leicht und seicht umzubrechen, wie es die amerikanischen Kulturverhältnisse verlangen, so daß auch diese Apparate nur in den Rohrzuckerdistrikten des Südens, in Kalifornien mit seinen Großbetrieben und in Kanada, wo englisches Kapital mitwirkte, gelegentlich Eingang fanden.

Die Säemaschinen im Osten unterscheiden sich nicht wesentlich von denen Europas; im Westen wird viel mit Breitsäemaschinen gearbeitet. Ganz eigentümlich sind in den kalifornischen Staaten die Zentrifugalsäemaschinen, kleine Apparate, welche an einen großen mit Saatgut beladenen Wagen angeschraubt und von dessen Hinterrädern in Bewegung gesetzt werden. Schleudernd bedeckt die Maschine in dieser Weise eine Breite von 20 bis 25 m.

Das Bedürfnis des Mais- und Baumwollenbaues führte in den westlichen und südwestlichen Staaten zu dem Gebrauch eigentümlicher und sehr vollkommener Hackmaschinen, wie wir sie in Europa nicht kennen. Auch bei diesem Apparat, der zwei Pflanzenreihen bearbeitet, sitzt der Mann auf einem eleganten Wagengestell. Wir sehen überhaupt überall, daß der amerikanische Erfinder auf das Behagen des Gentleman, welcher seine Maschine bedient, großen Wert legt. Die Hackmesser und Schaufeln sind an dem Gestell aufgehängt und werden durch einen Druck des Fußes gesteuert, wobei sich ihre seitliche Bewegung bis zu einem gewissen Grade unabhängig von der Bewegung des Hauptgestells nach der Pflanzenreihe richtet.

Wie die Leistendreschmaschine mit ihrer Lokomobile ein unverfälscht englisches Produkt ist, so ist die Mähmaschine, in allen Stadien, die sie durchlief, eine echt amerikanische Erfindung. Die ersten Apparate kamen mit der ersten Weltausstellung von 1851 nach Europa. Bells plumper, von Pferden geschobener Apparat unterlag nach kurzem Kampfe dem originellen Typus der Amerikaner, welcher mit dem nie dagewesenen seitlichen Zug, den wunderlichen Bewegungsmechanismen, mit der Anwendung ganz unerlaubter mechanischer Gedankensprünge, die unser wohlgeschultes geometrisches Denken zur Verzweiflung brachten, die Erfindungsart dieses ungebundenen und unbändigen Volkes von technischen Landwirten in ihrer ganzen Originalität vorführte. Tausende von Mähmaschinen waren damals schon in den Vereinigten Staaten tätig. Jedes Jahr brachte neue

Vervollkommnungen, jede Vervollkommnung neue Ansprüche. Dem einfachen Aufdieseiteschieben des Getreides folgte das Ablegen in Garbenbüscheln, diesem das Garbenbinden, zuerst mit Drahtband, heute mit Bindfaden — ein Triumph jener Erfindungstätigkeit, die ebenso geschickt mit der Hand als mit dem Kopfe zu arbeiten weiß, und die ohne diese seltene Kombination das Problem nie gelöst hätte, an dem die landwirtschaftliche Leistungsfähigkeit großer Länder hing.

Ihren eigenen Weg ging auch hier wieder die kalifornische Seite des Kontinents. Dort, in der geradlinigsten Weise auf das Endziel losarbeitend, überläßt der Farmer das Stroh seinem Schicksal und holt nur die Ähren vom Feld. Man begreift dies, wenn man in Rußland Tausende von Erntewagen nach dem Dreschplatze fahren und die Hauptlast derselben, nachdem sie nutzlos durch die Dreschmaschine gelaufen ist, zum Schluß in Flammen aufgehen sieht. Die kalifornischen Mähmaschinen, die sogenannten Headers (zu deutsch „Köpfer") schneiden nur die Ähren ab und werfen dieselbe in große, nebenherfahrende Kastenwagen. Die Schnittbreite ist 4 bis 5 m, die Leistungsfähigkeit eine entsprechende. Die Ähren laufen dann sofort durch die auf dem Feld aufgestellte Dreschmaschine, welche, da sie kein Stroh zu dreschen hat, ebenfalls das Fünffache unserer Mengen verarbeitet. Allerdings gehört zu dieser Art der Behandlung auch das kalifornische Klima, d. h. eine Sonne, welche den Weizen in wenigen Tagen reift und ein so hartes Korn erzeugt, daß es vom Halme weg gedroschen werden kann. Es versteht sich fast von selbst, daß ernstliche Versuche gemacht wurden, die Ähren während des Mähens durch dieselbe Maschine ausdreschen zu lassen und nur die Körner vom Felde zu holen: dies allerdings noch ohne durchschlagenden Erfolg.

Dreschmaschine und Lokomotive haben für das an englische Apparate gewöhnte Auge ein rohes, unkultiviertes Aussehen. Nur im Osten findet man Leistendreschkästen mit den bei uns üblichen Sortiervorrichtungen. Die eigentliche amerikanische Maschine ist die Stiftdreschmaschine, welche in einem Klima, in dem das reife Korn weicher ist als in Ländern mit heißerer Erntesonne, nicht anwendbar wäre. Ihre Leistungsfähigkeit ist beträchtlich größer, namentlich in Kalifornien, wo das Stroh nicht mitgedroschen wird. Sie ist deshalb für dieselbe Leistung entsprechend kleiner, billiger und beweglicher und hiermit eine vortreffliche Maschine auch für den Kleinbetrieb. Das feinere Sortieren wird auf dem Wege zwischen dem Westen und den Seehäfen des Ostens in den Kornhäusern und sogenannten Elevatoren vorgenommen, welche mit dem Transport von den Bahnen auf die großen Seen und von diesen auf die Kanäle des Ostens zusammenhängen.

Keinen guten Eindruck macht im allgemeinen die amerikanische Lokomobile, die unschön und meist schlecht gemacht erscheint. Man merkt ihr an, sie ist nur Mittel zum Zweck. Solange sie sich noch dreht, beschäftigt sich niemand mit ihr, während sie in England und neuerdings auch bei uns mit gebührender Rücksicht behandelt wird.

Ich versage mir ungern, auf Gebiete einzugehen, die auf der Grenze zwischen Landwirtschaft und Ingenieurwesen liegen: eine bunte Welt, die in Amerika außerordentlich viel Interessantes, wundervolle Erfolge und die barocksten aber amüsantesten Mißgeburten gezeitigt hat. Dahin gehört das mit der Landwirtschaft zusammenhängende Transportwesen, die Elevatoren von Chikago, Buffalo und Neuyork mit ihren Reinigungs- und Trocknungsvorrichtungen, ihren Aus- und Einladeanlagen, die Schiffahrtseinrichtungen auf den großen Binnenseen, den Flüssen und Kanälen und dem Atlantischen Ozean, mit dem ganzen riesigen Apparat, der uns das Korn von Minesota und Nebraska vor die Türe schleppt. Dahin gehören die großartigen Schlachthäuser, in denen täglich Tausende von Schweinen getötet und gesalzen für die Tropen und für Europa zurechtgemacht werden, fast ohne daß sie eine Hand berührt. Dahin gehören Maschinen zur Urbarmachung von Wäldern und

Sümpfen, zum Bau von Bewässerungskanälen oder Dämmen bis herunter — oder hinauf — zum Fabrizieren von Regen, das in großem Maßstabe im letzten Jahre mit Hilfe der Regierung in Texas versucht wurde. Sie sehen hieraus wenigstens eines: die Amerikaner glauben nicht, an der Grenze des Fortschritts angekommen zu sein, und sind entschlossen, weiterzugehen, selbst unter dem spöttischen Lächeln der Alten Welt, welche sie ihrerseits mitleidig belächeln.

Wenn man von dem Charakter amerikanischer Maschinen sprechen will, so kann es sich nur um solche handeln, die sich einen allgemeinen Weltruf erworben haben oder zu machen versuchen, denn es muß in einem Lande, in welchem jedermann alles macht, wozu ihn Not, Lust und Gelegenheit treiben, auch unendlich viel Unbrauchbares entstehen, das nur einen Tag lang zu leben bestimmt ist. Die amerikanische Maschine ist leichter als die englische, denn die Zugtiere sind leichter, und die Menschen haben keine Lust, sich körperlich allzusehr anzustrengen. Sie ist deshalb meist auch leichter und bequemer zu bedienen. Man merkt den praktischen Arbeiter, der sie erfunden hat, mehr noch als bei der englischen. Sie ist wie diese durchaus fabrikmäßig hergestellt und hat deshalb alle Vorzüge und auch einige Nachteile dieser Herstellungsweise. Ihr Material ist im allgemeinen weniger gut, die Dimensionen schwächer, die Ausführung nicht so solid und pünktlich, doch ist zu beachten, daß der amerikanische Guß vorzüglich ist, wie wir ihn in Europa nicht kennen. Dasselbe kann meist auch vom amerikanischen Holz gesagt werden. Sie ist billig, aber nicht auf lange Dauer berechnet, denn der Gedanke, sie eine Reihe von Jahren zu gebrauchen, liegt dem Amerikaner fern. Er weiß, daß er sich in einigen Jahren etwas Neues und Besseres kaufen kann, und nur so lange will er sich des Gerätes bedienen. Mit der Anschaffung einer brauchbaren Maschine zu warten, bis man sie weiter vervollkommnet hat, ist ihm so unverständlich, daß er eine Bemerkung in diesem Sinn, die man in Deutschland hundertmal hört, für die Torheit eines Unfähigen hält. Wer soll das Geräte verbessern, wenn er während des Gebrauches dies nicht tut? So sehen wir das Gerätewesen Amerikas in fortwährender Weiterentwicklung, weit mehr, als dies in Europa der Fall ist, und während man in England an einem gewissen Ruhepunkt angelangt ist, bei dem es sich lohnt, den Weg, der in den letzten 50 Jahren gemacht wurde, zu überblicken, ist davon in Amerika nichts zu bemerken.

Lassen Sie mich unsern transatlantischen Ausflug mit einer Reiseerinnerung schließen. In Sacramento, wo ich mich im Jahre 1879 befand, wurde mir mitgeteilt, es sei wohl der Mühe wert, zwei Brüder zu besuchen, die 15 Meilen flußaufwärts 160 Acker bewirtschafteten und keine andere Hilfe hätten, als einen chinesischen Jungen als Koch und Diener. Ich brachte einen höchst interessanten Tag bei diesen Herren zu. Es war zum Glück Spätherbst; sonst hätten sie wohl kaum Zeit gehabt, mir ihren Jahreslebenslauf zu schildern. Sie besäßen 8 Pferde. Der Chinese besorgte 2 Kühe, die zur Küche gehörten. Im Frühjahr wurde mit zwei Gangpflügen gepflügt — zwei- und dreischarig, von denen jeder, mit 3 Pferden bespannt, bequem 4 bis 5 Acker machte. Dies machte somit 3 Wochen Arbeit für die 160 Acker. Dann wurde mit der Zentrifugalsäemaschine gesät. Der eine Bruder führte den mit 6 Pferden bespannten Saatgutwagen, der andere, auf dem Wagen stehend, schüttete das Saatgut in den Apparat. Diese Arbeit war in einer Woche leicht beendet. Geeggt wurde in 10 Tagen. Dann war Ruhe bis zur Ernte, d. h. die Maschinen wurden in Stand gesetzt und Pferde und Menschen gepflegt. Nun wurde der Header ins Feld geführt: 4 Pferde vor der Maschine, unter einem der Brüder, zwei vor dem nebenherfahrenden Wagen, der die Ähren auffängt. In 10 Tagen war gemäht, vier große Ährenhaufen lagen an vier Ecken der Farm, im freien Felde. Dort wurde gedroschen. Der eine der Brüder besorgte die Lokomobile und die Kornsäcke, der andere schaufelte die Ähren in die Stiftdreschmaschine. Und dann fuhren beide mit ihren Kornsäcken nach Sacramento, um ihre Jahresarbeit zu verkaufen. Dabei wurde der Chinese fett und rund, und den Brüdern schien es vortrefflich zu gehen.

Dies ist ein Bild kalifornischen Arbeitermangels, und wie man ihn dort bekämpft. — —

Eine Reihe von Ursachen haben dazu beigetragen, daß bei der Entstehung der landwirtschaftlichen Maschine Deutschland trotz seiner großen landwirtschaftlichen Interessen eine untergeordnete Rolle gespielt hat. Vor hundert Jahren standen wir auf diesem Gebiete keinem Volke nach; die Keime der Ideen, welche in unseren Tagen reifen sollten, finden wir häufig auf deutschem Boden. Unsere Bodenbearbeitung und Behandlung der Feldfrüchte, flämische und niedersächsische Meliorationsarbeiten galten als Muster, auch in England. An dem großen Aufschwung aber der Landwirtschaft in Verbindung mit der modernen Mechanik hatten wir keinen selbsttätigen Anteil. Die älteren unter uns erinnern sich der ersten Drills, der ersten Mäh- und Dreschmaschinen, die alle aus England zu uns herüberkamen; die von dem einen mit verwundertem Widerwillen, vom andern mit überstürzter Bereitwilligkeit aufgenommen und von einigen wenigen recht kläglich nachgemacht wurden.

Es erscheint dies um so auffallender, als gleichzeitig die deutsche Landwirtschaft auf chemischem Gebiete an die Spitze des Fortschritts trat und den Ruhm Liebigs und seiner Schüler in alle Welten trug. Die Erscheinung aber hatte, wie jede in größerem Maßstab auftretende, ihren tiefen Grund. Seit einem Jahrhundert hatte sich der deutsche Geist unter dem Druck unglücklicher Verhältnisse vom praktischen Leben ab- und der Spekulation, der Wissenschaft, der Literatur zugewendet. Auf diesen Gebieten nahmen wir eine anerkannte Stellung ein. Man nannte uns draußen das Volk der Denker, freilich nicht immer mit der ehrenvollen Betonung, die wir dem Worte beilegen. Unsere Erziehung, unsere Bildung verfolgte diese Richtung mit einseitiger Energie. Dem entsprach auch jene Teilung des Arbeitens auf dem Gebiete landwirtschaftlichen Fortschritts, die ich andeutete. Das Laboratorium stand in wissenschaftlichem Sinne höher als die Werkstätte. Es wurde das Lieblingskind unserer Forscher und ist es — Sie werden sagen mit Recht — bis zum heutigen Tage. Die mechanische Arbeit, die Werkstätte des Erfinders in Feld und unter Dach blieb ihr Stiefkind. Denn man betrachtet stets das mit Geringschätzung, was unsere Schwäche bildet.

Auch ist die Wendung dieser Dinge keineswegs in der Landwirtschaft allein zu beobachten. Den Deutschen überhaupt war der mechanische Sinn abhanden gekommen, der sich nur entwickelt, wo die Freude an der Tätigkeit der Hand, an der körperlichen Welt und ihren Bewegungen vorhanden ist. Wir wurden ungeschickt, und daraus erwuchs die törichte Nichtachtung materieller Fähigkeiten und Verrichtung, die auch heute noch nicht ganz geschwunden ist. Der Lebenskampf der wenigen Deutschen, welche um jene Zeit mit dem Lose des Erfinders rangen, das mitleidige Lächeln, mit dem sie von ihren Mitbürgern betrachtet wurden, die Unmöglichkeit, sich eine ebenbürtige Stellung neben den Männern zu erringen, deren Tätigkeit sich auf dem Gebiete des reinen und oft genug fruchtlosen Gedankens bewegte, bezeichnet die Richtung des deutschen Geistes in den Jahren, in welchem in England und Amerika die Welt entstand, in der wir heute leben.

Und als nun der Maschinenbau auch in Deutschland zu blühen begann, als namentlich nach deutscher Art wissenschaftlicher Formalismus auch auf diesem Gebiete manches erfolgreich zu entwickeln fand, da war das Feld der Landwirtschaft für ihn bereits halb verloren. Der wissenschaftliche Maschinentechniker wußte damit nichts anzufangen; die zu lösenden Probleme konnten nicht in Formeln gepreßt werden, wo alles auf Versuchen, Erfahrungen und Gedankenblitzen beruhte. So begegnete auch in den technischen Kreisen der landwirtschaftlichen Maschine eine Art Verachtung. Niemand verstand hier etwas von den Anforderungen der Landwirtschaft, und diese war unfähig, ihre Anforderungen an die Maschine, von der sie nichts verstand, klarzulegen. Die beiden Gebiete berührten sich kaum. Der Zunftgeist unserer alten Kultur verhinderte das erforderliche Zusammenarbeiten. Kaum, daß da und dort ein auf landwirtschaftlichem Boden stehender Schmied sich ernsthaft mit der Einführung fremder Maschinen beschäftigte und so den Grund für die kommenden Verhältnisse vorbereitete. Einige rühmliche Ausnahmen beweisen nur die Regel.

Die große Zersplitterung des Besitzstandes in Süd- und West-Deutschland, die geringe Kapitalkraft des Grundbesitzes im Norden und Osten waren weitere Hindernisse. In beiden Fällen war der Betrieb meist ein wesentlich anderer als der, für den die fremde Maschine gebaut war, so daß entweder diese oder jener umgeformt werden mußte, ehe eine erfolgreiche Einführung möglich war. Hierzu aber fehlte auf der technischen Seite das Verständnis der landwirtschaftlichen Bedürfnisse, auf der landwirtschaftlichen meist der ernsthafte Wille. Man betrachtete die Sache als eine vornehme und ruinöse Spielerei. Denn noch fehlte auch die zwingende Notwendigkeit, welche sich erst im Laufe der jüngsten Zeit einstellte.

Auch der deutsche Maschinenbau hatte das Geheimnis des Erfolges noch nicht entdeckt, welchen dieser Zweig seiner Tätigkeit barg: den Welthandel mit der Spezialität. Mit Ausnahme der Lokomotiv- und der Kanonenfabriken krankten fast alle deutschen Maschinenbauanstalten an dem Streben, in engem Umkreis alles anzufertigen, was aus Eisen gemacht werden konnte. Der törichte Jammer über die unglückliche Lage Deutschlands, die in diesem Zusammenhang sinnlose Phrase über die mangelnde Küstenentwicklung hörte nicht auf, während tausend englische Maschinen mitten durch Deutschland nach dem Osten wanderten. Und als wir endlich erwachten, hatten wir zunächst mit der Tatsache eines bedeutenden Handels zu kämpfen, der sich über unsere Köpfe weg entwickelt hatte und die Industrie von England und Amerika fütterte, während wir uns kaum unserer eigenen Haut erwehren konnten.

Es ist erklärlich, daß sich unter solchen Umständen nur bescheidene Kräfte der neuen Bewegung annahmen. Bezeichnend ist, daß auch nur Untergeordnetes verlangt wurde. Deutsche landwirtschaftliche Maschinen konnten nicht billig genug sein; das betonte der Landwirt bei jeder Gelegenheit. Für sie war denn auch alles gut genug. Das jämmerlichste Material, die liederlichste Ausführung charakterisiert viele, wenn nicht alle Geräte jener Anfangszeit, und erhielt uns in materieller Beziehung den Engländern tributpflichtig, wie wir in geistiger Beziehung noch lange nachher unsere Anlehen bei fremden Nationen machen mußten. Die Besserung dieser unerquicklichen Verhältnisse hätte noch länger auf sich warten lassen, wenn die deutsche Landwirtschaft nicht durch ihre Nebengewerbe, vor allem durch die Rübenzuckerindustrie mit der modernen Technik in Verbindung gekommen wäre. Dort gelang es, den Hebel anzusetzen, der aus der Rübenfabrik einen neuen Geist auch auf die Rübenfelder und von da auf die ganze Bodenkultur verpflanzte. Was wir in dieser Beziehung nach allen Richtungen der Zuckerindustrie verdanken, ist schwer zu überschätzen. Hier bürgerten sich die verschiedenen englischen Maschinen zuerst erfolgreich ein, hier auch entstanden und blühten zuerst die Vorkämpfer einer neuen deutschen Industrie, welche jetzt ein wichtiges Element nationaler Wohlfahrt geworden ist. Es wäre Torheit, zu behaupten, daß wir vollständig selbständig geworden sind. Dies kann bei den internationalen Beziehungen des modernen Lebens überhaupt von keiner Nation mehr gesagt werden. Wir fühlen zum Segen aller heute überall den Einfluß aller. Doch sind wir nun selbständig genug, um auf eigenen Füßen weiterzugehen. Die Ausstellungen der Deutschen Landwirtschafts-Gesellschaft zeigen alljährlich ein Bild deutschen

Charakters und blühenden Gewerbslebens, das kaum erfreulicher gewünscht werden kann. Auf dem einen oder anderen Gebiete sind wir auch im Schaffen von neuem wieder an die Spitze getreten, und was die Ausführung der deutschen Geräte anbelangt, so haben alle unsere besseren Fabriken begriffen, daß der Erfolg nicht in der absoluten Billigkeit, sondern in der preiswerten Qualität ihrer Erzeugnisse zu suchen ist.

Gestatten Sie auch hier einen raschen Gang über ein nationales Ausstellungsfeld, wie es seit einer Reihe von Jahren die Deutsche Landwirtschafts-Gesellschaft zu bieten vermochte.

Der deutsche Pflug ist national geblieben. Das englische Streichbrett hat aus bereits angegebenen Gründen bei uns nicht Fuß gefaßt; es ist im allgemeinen dem kurzgewundenen Hohenheimer, mehr noch dem eigentlich zylindrischen unterlegen. Den hölzernen Pflugbaum haben wir länger beibehalten als unsere Nachbarn. Schmiedeeiserne oder gußstählerne Pflugkörper, Stahl- oder Hartgußschare sind Regel geworden. Der ganze Pflug ist kürzer, gedrungener, weniger elegant als in England. An zahllosen kleinen Modifikationen fehlt es auch heute noch nicht. Doch haben einige große Pflugfabriken mustergültige Typen geschaffen, die seit Jahren im Welthandel Verbreitung finden. Noch immer aber steht die fabrikmäßige Herstellung derselben nicht auf der großartigen Höhe der amerikanischen Anstalten, in denen fast jeder Handgriff der Fabrikation einem Automaten anvertraut ist. Das Pflügen selbst aber und damit auch der Pflug hat, namentlich durch die Rübenkultur, bei uns eine Vollkommenheit erreicht, welche von keinem Lande übertroffen wird.

Unsere Mehrfurchenpflüge sind dem englischen, nicht dem amerikanischen Muster gefolgt. Man verlangt auch von ihnen pünktlichere Arbeit als in Amerika. Dem Pflüger einen Sitz auf dem Pflug anzubieten, widerstrebt vorläufig der deutschen Gewissenhaftigkeit.

Die Dampfkultur, die in den Rübendistrikten bekanntlich seit Anfang der 70er Jahre festen Fuß faßte, hat noch keinen deutschen Dampfpflug von irgendwelcher Bedeutung hervorgerufen. Die zahllosen Versuche in England und Amerika, die in dem englischen Doppelmaschinensystem endeten, haben wenige Möglichkeiten übriggelassen, die ein Erfinder von heute mit Aussicht auf Erfolg ergreifen könnte, wenn es ihm nicht gelingt, das Problem in prinzipiell neuer Weise in Angriff zu nehmen. Für Nachahmung des Vorhandenen, mit mehr oder weniger aussichtsreichen Verbesserungen, ist das Verkaufsgebiet dieser kostspieligen Apparate trotz ihrer Verbreitung in aller Welt noch immer ein zu beschränktes, um leicht eine lohnende Fabrikation erhoffen zu lassen.

Die englische Löffeldrillmaschine fand frühzeitig Nachahmung in Deutschland, so daß englische Maschinen dieser Gattung bei uns verschwunden sind. Neuerdings wird dieselbe von Schubräder- und Walzenmaschinen angegriffen, die namentlich für Hügelland Vorteile bieten. Doch haben neuere Prüfungen gewisse Mängel dieser Klasse von Maschinen bloßgelegt, welche noch auszumerzen sind, ehe sie die alte Form gänzlich zu verdrängen Aussicht haben.

Mit Düngerstreumaschinen beschäftigen sich deutsche Fabrikanten in hervorragender Weise. Mit der Schlörschen und ähnlichen Maschinen hat ein Apparat Eingang gefunden, der die bisher gebräuchlichen ausländischen Maschinen im Prinzip übertrifft. Das Abstreifen des so schwer zu behandelnden Materials von oben, anstatt des Herausholens aus dem unteren Teil des Kastens, hat sich als ein durchaus glücklicher Gedanke erwiesen.

Gras- und Getreidemähmaschinen verleugnen auch bei uns ihren amerikanischen Ursprung nicht und kommen noch heute teilweise vom Auslande, da auch jeder Fortschritt, den die Maschine zu verzeichnen hatte, mit wenigen Ausnahmen aus Amerika stammt. Dies erhielt den fremden Charakter des Gerätes aufrecht, denn auch die Gedankenfaulheit bestraft sich im praktischen Leben. Im allgemeinen ist die Einführung der Mähmaschine bei uns langsam vor sich gegangen. Die Kleinheit der Güter in Süddeutschland erklärt dies dort. Daß der Nordosten zögernd zugriff, ist vielleicht mit der Tatsache zu erklären, daß die Mähmaschine in der kurzen Zeit ihrer Verwendung beständig die sorgfältigste Behandlung verlangt, weil eine Störung ihres Betriebes den größten Schaden bringen kann. Vor einer solchen Gefahr fürchtet sich der deutsche Landwirt, der einer gebrochenen Maschine hilflos gegenübersteht, mehr als andere. Die Binder, an welche sich kaum eine deutsche Fabrik gewagt hat, waren zehn Jahre früher zu Tausenden von Exemplaren in Amerika, zu Hunderten in Ländern wie Algier, Rumänien und Rußland tätig. Das Fehlen derselben bei uns ist noch immer ein Maß für den Arbeitermangel, über den wir uns so bitter beklagen.

Die Hackmaschinenkultur, gefördert durch den Rübenbau, hat im mittleren Deutschland mannigfach Eingang gefunden. Die gebräuchlichen Maschinen haben den englischen Typus beibehalten und werden in den Fabriken Mitteldeutschlands in mustergültiger Weise hergestellt.

Von anderen Erntemaschinen haben die Rübenheber, durchaus deutschen Ursprungs, eine einfache und praktische Gestalt angenommen, während seit Jahren ein reges Streben besteht, eine den Bedürfnissen entsprechende Kartoffelerntemaschine zu bauen. Hier läßt uns das Ausland vollkommen im Stich, und wenn auch bis jetzt kein ganz befriedigendes Resultat erzielt wurde, ist es doch erfreulich, daß sich endlich einmal die deutsche Landwirtschaft und Technik selbständig mit einer eigenartigen und schwierigen Aufgabe beschäftigt. Die Versuche, welche von Zeit zu Zeit von der Deutschen Landwirtschafts-Gesellschaft angestellt wurden, haben deutlich gezeigt, wo der Fehler liegt, der uns bis jetzt auf das Ausland hinwies. Es ist die fast immer fehlende Vereinigung von Landwirten und Ingenieuren zu gemeinsamer Verständigung und gemeinsamem

Arbeiten. Der Landwirt wartet auf den Ingenieur, der Ingenieur weiß nicht, was der Landwirt erwartet. Bei sämtlichen Maschinen, welche das schwierige Problem zu lösen suchten, zeigte sich, daß dem Techniker die wichtigsten Vorbedingungen eines praktischen Betriebes derselben vollständig fremd waren. Das Aufstellen dieser Bedingungen war denn auch das einzige praktische Ergebnis der anfänglichen Prüfungen. Damit war nicht mehr als der erste Schritt zur Lösung der Aufgabe getan, die nun erst einen wirklich greifbaren Fortschritt zeigen sollte.

Die Leistendreschmaschine hatte in den 50er Jahren in Norddeutschland Eingang gefunden, wo sie mietweise zu arbeiten begann und bald auf keinem größeren Gute fehlte. Im Süden war sie für den Kleinbesitz ein zu kostspieliger Apparat: hier fand die amerikanische Spitzendreschmaschine ein geeigneteres Feld. Wir finden deshalb bei uns beide Gattungen von Maschinen eingebürgert, und auch die Fabrikation ist heute der ausländischen vollständig ebenbürtig, wenn es ihr auch nicht gelang, irgend wesentlich neue und verbesserte Formen zu finden.

Ein eigentümliches Schicksal hatte die deutsche Lokomobile. Sie wurde von zwei Seiten in Angriff genommen. Der landwirtschaftliche Maschinenfabrikant schloß sich an das englische Modell an. Der eigentliche Maschineningenieur sträubte sich gegen die bloße Nachahmung. Namentlich gefiel ihm der kleine Lokomotivkessel nicht, wie ich glaube, mit Unrecht. Dafür wurde der runde, ausziehbare Röhrenkessel eingeführt, der bei manchen sonstigen Vorteilen sich weniger leicht einem praktischen, leichten Wagengestell anpassen läßt, als der Kessel mit viereckiger Feuerbüchse. Er wäre wohl nie durchgedrungen, wenn nicht eine der besten deutschen Maschinenfabriken mit seltener Hartnäckigkeit daran festgehalten und ihn durch ihre musterhafte Ausführung zu Ehren gebracht hätte. Für eine Tätigkeit, die keine Ortsveränderung verlangt, sind diese Maschinen unübertroffen; für die eigentliche landwirtschaftliche Lokomobile bleibt es der englische Typus. Jahrzehntelang blieb Deutschland ein viel umworbenes Handelsgebiet für die englischen Lokomobilfabriken, die fast alle Agenturen und selbst Werkstätten bei uns errichteten. Heute hat dies nahezu aufgehört, wenn auch noch immer eine Anzahl englischer Maschinen verkauft werden. Sie stützen sich dabei auf das wohlverdiente Vertrauen der Solidität, welche die fabrikmäßige Herstellungsweise jeder Größe dieser Maschinen mit sich brachte. Die Erzeugnisse der besseren deutschen Fabriken sind ihnen jedoch in jeder Beziehung ebenbürtig geworden, und auch sie fangen an, am Welthandel teilzunehmen, den England auf diesem Gebiete vollständig in Besitz genommen hatte.

Hervorragendes leistet Deutschland auf dem Felde der Sortier- und Getreidereinigungsmaschinen: ein Beispiel des Erfolges, welcher einer Fabrik sicher ist, die mit Intelligenz und Beharrlichkeit an einer Spezialität festhält, anstatt ihre Tätigkeit auf allen möglichen Gebieten zu zersplittern, und im Welthandel einen Ersatz für die verfehlte Vielseitigkeit der eigenen Produktion findet.

Auf dem Grenzgebiet zwischen Landwirtschaft und Industrie haben wir Selbständiges und Meisterhaftes in Menge hervorgebracht. Es darf hier das Molkereiwesen in seiner neuesten Entwicklung aufgeführt werden. Deutsche Maschinen für Brauerei, Brennerei und vor allem für die Rübenzuckerindustrie stehen an der Spitze des Fortschrittes unserer Zeit. Schade nur, daß sich bezüglich der letzteren der deutsche Maschinenbau das kolossale Feld lohnender Arbeit entgehen ließ, welches in den Tropen von Engländern und Franzosen eifrig abgebaut wird.

Nicht unerwähnt möchte ich schließlich eine Sonderbestrebung der neuesten Zeit lassen, die das ganze landwirtschaftliche Maschinenwesen berührt: die Entwicklung der Sicherheitsvorrichtungen. Der Maschinentechniker ging derselben, wenn er es auch nicht offen zu sagen für gut findet, gern aus dem Weg, der Landwirt ist der erste, der ihn in dieser Abneigung unterstützt. Die Folge ist, daß Sicherheitsvorrichtungen die ernste Aufmerksamkeit bis heute nicht gefunden haben, die sie verdienen. Sie sind häufig wirkungslos, hindern den Betrieb und bilden selten einen integrierenden Teil der Maschine, so daß sie meist entfernt werden, wenn sie angeschafft worden sind. Ihre zwangsweise Einführung wird in andern Ländern als nutzlos und kindisch belächelt. Aber ein derartiger Zwang hat nach einer Periode unbehaglichen Widerstrebens oft genug schöne Erfolge gezeitigt und zur heilsamen Gewohnheit gemacht, was in anderer Weise nie entstanden wäre. Es ist hier dem deutschen landwirtschaftlichen Maschinenbau eine Aufgabe gestellt, die allerdings nicht den Reiz einer großen Entdeckung besitzt, die aber im Laufe der Jahre unsern Maschinen eine Eigentümlichkeit geben kann, welche auch anderwärts ihre lohnende Anerkennung finden sollte.*)

Ich machte bei diesem kurzen Überblick nicht den patriotischen Versuch, die Tatsache zu verschleiern, daß das landwirtschaftliche Gerätewesen nicht ein Erzeugnis deutschen Geistes ist. Wir müssen uns bescheiden, die Ursachen dieses Umstandes zu verstehen, aus denen sich manches für die Zukunft Nützliche lernen läßt. Zunächst hat sich die deutsche Erfindungskraft gegen dieses ganze Gebiet stiefmütterlich verhalten. Warum? Weil das Erfinden hier eine durchaus praktische Tätigkeit verlangt, weil auf dem Papier, mit Theorien, mit wissenschaftlichen Formeln sich nichts ausrichten läßt, und viele unserer Erfinder — nach Art des Charakters, den uns Geburt und Erziehung aufdrückten —, aus ihrer Gedankenwelt nicht herauskommen und sich gedulden, bis andere ihren Ideen wirkliches Leben geben. An Leuten letzterer Gattung, die auf andern Gebieten der Technik, auch bei uns, nicht selten sind, fehlte es

*) Daß die Einführung der Elektrizität im landwirtschaftlichen Maschinenwesen nicht erwähnt ist, erklärt sich aus der Zeit, in welcher der Vortrag gehalten wurde (Februar 1893). In den letzten zwölf Jahren ist in dieser Richtung in Deutschland wohl mehr geschehen als in irgendeinem andern Lande.

hier. Unser deutscher Landwirt hatte an der entstehenden Maschine keine angeborene Freude. Er will sie fertig sehen. Er wartet, nach beliebter Phrase, „bis sie noch mehr vervollkommnet ist“ und wartet deshalb auf den Amerikaner und Engländer, bis diese die unangenehme Arbeit für ihn gemacht haben. So kamen uns die andern im Erfinden voraus, und wir nahmen jahrzehntelang geduldig auch das für uns Unpassende, das sie uns schickten.

Dazu kam auf diesem Gebiete in besonders scharfer Betonung das zum schmählichen deutschen Sprichwort gewordene „billig und schlecht“. Man hat dem Mann, der dieses Wort auf der Ausstellung zu Philadelphia erfand, bitter übel genommen, ausgesprochen zu haben, was die Welt seit Jahrzehnten uns von allen Dächern zurief. Aber es hat gewirkt und die ganze deutsche Industrie veranlaßt, sich aufzuraffen, und den verderblichsten aller Grundsätze: durch sogenannte Billigkeit einen Augenblickserfolg zu erzielen, über Bord zu werfen. Unter landwirtschaftlichen Maschinen wütete diese Krankheit ganz besonders heftig, und die Landwirte selbst waren schuld daran. Sie verstanden nichts von den Kosten einer brauchbaren Maschine, ein tüchtiger Anstrich half über alles weg, wenn nur die Kardinalfrage: Wieviel kostet das Ding? befriedigend beantwortet werden konnte. Die Masse von Schund, die so der Landwirtschaft zugeführt wurde, ist unglaublich, die Millionen, die sie verlor, weil ihr nichts billig genug war, sind nicht zu zählen. Es ist besser geworden. Aber noch jetzt wird hundertfach die törichte Frage aufgeworfen: Wo finde ich die beste und billigste Säe-, Hack- oder Dreschmaschine. Es gibt in der ganzen Welt keine beste und billigste Maschine irgendwelcher Art.

Dies war gleichzeitig die Zeit der begeisterten Überstürzung einiger weniger in der Einführung von Geräten aus fremden Ländern und Verhältnissen. In England und Amerika waren dieselben auf eigenem Grund und Boden gewachsen und mit ihnen das Verständnis, sie zu gebrauchen. Der deutsche Landwirt erhielt sie fertig, aber ohne diese nicht unwesentliche Beigabe, und hatte dieselbe zu seiner Überraschung nicht ohne Kosten zu erwerben. Er wußte nicht, daß auch der Fremde seinerzeit schwer dafür zu bezahlen gehabt hatte. Daher manche Enttäuschung, auch wo Geschick und ehrlicher Wille der Maschine entgegenkamen, was nur in Ausnahmefällen geschah. Im allgemeinen glaubte der deutsche Großgrundbesitzer seine Pflicht getan zu haben, wenn er die Maschine gekauft und bezahlt hatte — zu arbeiten: das war ja die Pflicht der Maschine. Schuppen und Scheunen füllten sich mit sogenannten unbrauchbaren Geräten; unbrauchbar, weil sich niemand Mühe gab, sie zu gebrauchen.

Damit kamen Verluste und Entmutigung, das Zurückgreifen nach dem „bewährten Alten", das sinnlose Zuwarten. Man fühlte bei steigendem Arbeitermangel die dringende Notwendigkeit des Maschinenbetriebs, man sah Maschinen, welche leisteten, was geleistet werden sollte, aber man hatte sich die Finger genügend verbrannt. Man wollte jedenfalls warten, bis die Maschine billiger und besser geworden, ohne sich klar zu machen, wie sie billiger und was besser werden solle. Man wollte nicht mehr ins Wasser gehen, ehe man schwimmen konnte.

Aber die Not drängte, unzweifelhafte Erfolge lohnte die Kühneren; die Zeit, deren Schattenseite ich hier schildere, geht ihrem Ende entgegen. In großen Gauen, in denen die Bodenbearbeitung von jeher musterhaft gewesen war, fand auch die Maschinenarbeit ihren Boden. Die Maschinenfabriken entdeckten die Ursachen der englischen und amerikanischen Erfolge: Beschränkung auf Spezialitäten, Teilnahme am Welthandel, tüchtige Ausführung und Preise, bei denen sich diese liefern ließ. Und nun regte sich auch der eigene Erfindungs- und Schaffenstrieb, an dem es den Deutschen nicht fehlt. Das Ausländische hat aufgehört, die allein herrschende Rolle zu spielen. Die eigenen

Kräfte streben vorwärts, und in allen Richtungen sehen wir hoffnungsvolle Keime, die nunmehr unabhängig von fremdem Einfluß auf heimischem Boden gepflegt werden und gedeihen können.

Nicht ohne Einfluß auf diese Wendung der Dinge dürften die Gründung der Deutschen Landwirtschafts-Gesellschaft und ihre Wanderausstellungen sein. Die englischen Verhältnisse haben bewiesen, welche Wirkung durch dieses Mittel ausgeübt werden kann, wie die Zersplitterung des landwirtschaftlichen Arbeitens und auch der landwirtschaftlichen Intelligenz das Eingreifen der Technik erschwert, wie unbedingt notwendig für dieselbe eine Veranstaltung ist, welche sie in regelmäßig wiederkehrender Weise mit der Landwirtschaft im allgemeinen in Berührung bringt, und wie auf diese Weise die Beziehungen gefördert werden, welche die Dorfschmiede in die Fabrik umgewandelt haben und dieser den Weg in die weite Welt öffnen. — —

Und nun sind wir an dem Punkte angelangt, der uns einen Blick in die nächste Zukunft nahelegt. Das Prophezeien ist eine gewagte Sache in unsern Tagen. Wir ahnen, nach den Erfahrungen der letzten fünfzig Jahre, welch unberechenbare Möglichkeiten im Schoß der Zeiten ruhen; wir wissen, daß die Natur für das Streben der Menschen auch auf engem Gebiet keine Grenzen hat. Und doch ist es nicht ohne Nutzen, uns soweit als tunlich klar zu machen, was die Zukunft bringen und was sie von uns fordern kann.

Daß die augenblickliche Lage der Landwirtschaft, die in England auf einen Rückgang des intensiven Betriebs hinwirkt, uns nicht in diese Richtung drängen wird, ist mit Sicherheit anzunehmen. Die politischen Bedürfnisse Deutschlands, die sozialen Verhältnisse unserer landwirtschaftlichen Bevölkerung, die natürlichen Hilfsmittel unseres Bodens und Klimas und die Leistungen unserer Wissenschaft wirken alle zusammen, dies zu verhindern. Der intensive Betrieb wird bei uns fortfahren zuzunehmen und deshalb auf mechanischem wie auf chemischem Gebiete in steigendem Maße die Hilfsmittel verlangen, auf denen er beruht. Die möglichst beste Bodenbearbeitung, sowohl in bezug auf Tiefe als Regelmäßigkeit, wird mehr und mehr Regel werden und größere Kräfte als bisher und Instrumente erfordern, mit denen sie sich rascher und billiger ausführen läßt. Der Arbeitermangel, der bei uns noch lange nicht den Höhegrad erreicht hat, an den der Amerikaner gewöhnt ist, die Anforderungen, welche auch der Arbeiter an eine weniger anstrengende Tätigkeit machen wird, muß auf die Herstellung bequem zu handhabender Geräte hindrängen. Die landwirtschaftliche Massenproduktion für den Handel im großen weist im allgemeinen auf einen gesteigerten Maschinenbetrieb hin. Wir haben in dieser Richtung, namentlich in Teilen Deutschlands, wo einesteils der Kleinbetrieb Kräfte und Intelligenz zersplitterte, wo anderenteils der zu ausgedehnte Großbetrieb die Sorge für das einzelne vermissen läßt, nur einen bescheidenen Anfang gemacht.

Der heutige Stand der Technik bietet keine Entschuldigung mehr zurückzuhalten. Die Hauptgeräte haben gewisse feste Formen von erwiesener Brauchbarkeit gefunden. Die Kraftmaschinen, vor allem die Dampfmaschine, der Pflug, einschließlich des Dampfpflugs, Eggen und Walzen, Sä-, Düngerstreu- und Hackmaschinen, die verschiedenen Erntemaschinen, die Dreschmaschinen und die mannigfaltigen Maschinen zur Zubereitung der Früchte für den Gebrauch oder den Markt, sind sämtlich aus dem unruhigen Zustand der Erfindungszeit herausgetreten und werden von guten deutschen Fabriken in einer Weise ausgeführt, die wenig zu bemängeln läßt. Doch bleiben noch manche Wünsche unerfüllt. Ich spreche nicht von dem Allerweltswunsch, daß jede Maschine die Hälfte von dem kosten sollte, was sie kostet. Er wird unerfüllt bleiben; wie alles andere, werden auch die Maschinen von Jahr zu Jahr teurer und besser werden, denn nur das Besserwerdende lebt.

Auf dem Gebiet der Motoren fehlt uns noch immer ein bequemer, leicht beweglicher und leicht zu handhabender kleiner Motor. Die Dampfmaschine hat in dieser Richtung das Gewünschte nicht geboten und wird dies nie tun. Sie ist zu unbeholfen, zu beschwerlich im Betrieb. Der Gasmotor ist für die Landwirtschaft, die selten über Gas verfügt, nicht verwendbar. Kalorische Maschinen kämpfen noch immer mit der Unmöglichkeit, ein haltbares Material zu finden, das ihrer trockenen Hitze standhält. Aussicht auf Erfolg haben Benzin- und Petroleummaschinen. Auch wird die Elektrizität diesem Bedürfnis insofern entgegenkommen, als sie die Mittel bietet, kleine Kraftmengen von einer größeren Kraftquelle bequem abzuzweigen und ohne große Verluste auf weite Entfernungen zu übertragen. Die Elektrizität hat überhaupt für die Landwirtschaft eine hohe Bedeutung. Im landwirtschaftlichen Betrieb scheiterte die Verwendung der Naturkräfte von Wind und Wasser vor allem an der Schwierigkeit des Transports der Kraft. Der Seilbetrieb in größerem Maßstabe führte zu nichts allgemein Brauchbarem. Seit wenigen Jahren besitzen wir in der Elektrizität das Mittel, jede Kraft auf fast jede in der Landwirtschaft erforderliche Entfernung leicht und billig zu übertragen und in kleinen Mengen zu verteilen. Die Dynamos können ebenso leicht in Größen von 100 als von $^1/_{10}$ Pferdekraft hergestellt und bedient werden. Jede Häckselmaschine, jeder Rübenschneider kann seine eigene Kraftmaschine haben, die von einer Zentrale, einem entfernten Wasserrad, einer größeren, ökonomisch angelegten Dampfmaschine gespeist wird.

Wie gewöhnlich haben die eigentlichen Berufstechniker dieses landwirtschaftliche Feld, so groß es ist, noch nicht entdeckt*), sie betreten es immer nur mit einem gewissen Widerwillen, und der Landwirt wartet; in diesem Falle mit Recht.

---

*) Es muß nochmals auf das Datum des Vortrags (Februar 1893) hingewiesen werden.

Auch möchte ich nicht mit einem Worte sein Zuwarten unterbrechen. Hier ist noch viel zu studieren, auf einem Gebiet, das nicht das seine ist, und noch viel Geld zu opfern, ehe sichere Erfolge einzuheimsen sind. Aber es darf fast mit Sicherheit ausgesprochen werden, daß wir in dieser Richtung in absehbarer Zeit vor einer großen Umwälzung stehen.

Ob unserer Zeit ein kleiner Dampfpflug beschieden wird, möchte ich nicht als wahrscheinlich hinstellen. Die Gründe hierfür würden mich zu weit in technische Einzelheiten führen. Bis jetzt sind alle Versuche dieser Art erfolglos geblieben, und es zeigt sich augenblicklich nirgends eine Aussicht, die eine neue Wendung verspräche. Noch immer fehlt aber auch den großen Dampfpflugapparaten die Fähigkeit, die leichtere Bodenbearbeitung, vor allem das leichtere Pflügen billig genug, d. h. in einer der Kraft entsprechenden Menge herzustellen. Daß uns auch hier die Elektrizität zu Hilfe kommen wird, ist nicht ausgeschlossen.

Unter Erntemaschinen wird das Fehlen einer Kartoffelerntemaschine mehr und mehr fühlbar. Das Ausland läßt uns hier im Stich, und wir haben endlich selbst den Mut gefunden, uns ernsthaft an Aufgaben dieser Art zu machen. Daß sie gelöst werden wird, ist so gewiß, als daß der richtige Weg derzeit noch nicht gefunden ist.

Unsere gut ausgeführten Sämaschinen lassen in der Regelmäßigkeit der Aussaat in der Längenrichtung der Saatlinie zu wünschen. Dies hat sich bei den jüngsten Prüfungen der Deutschen Landwirtschafts-Gesellschaft in überraschender Weise gezeigt, und diese selbst haben zum hundertstenmal bewiesen, von welcher Bedeutung sie sogar bei scheinbar wohlbekannten Maschinen sein können, um den Herrn Fabrikanten ad oculos zu demonstrieren, was der Landwirt von dem Geräte verlangt.

Die Einführung des maschinellen Garbenbinders ist bei uns kaum über ihre Anfänge hinausgekommen. Mit der Anwendung des Bindfadens statt des Drahtes ist auch diese Maschine ein durchaus brauchbare geworden. Vorläufig ist es jetzt Aufgabe des Landwirts, sich an die Anwendung dieses kompliziertesten aller landwirtschaftlichen Geräte zu gewöhnen. Solange dies nicht geschieht, wird es dem Fernerstehenden schwer, an die Arbeiternot im Osten und Norden des Reiches zu glauben, so peinlich sie da und dort auftreten mag.

Die Behandlung des Heus hat in der jüngsten Vergangenheit höheres Interesse erregt. Sie steht im Zusammenhang mit einem größeren Problem, die Behandlung der Feldfrüchte bei und nach schlechtem Erntewetter. Diese hochwichtige Frage teilt die Vernachlässigung bei uns mit den Aufgaben der Bewässerung. Eine schlechte Erntezeit bringt die Möglichkeit und Notwendigkeit, daß hier viel geschehen könnte und sollte, jedem zum Bewußtsein. Man berechnet die Millionen, welche der Mangel an geeigneten Trockenvorrichtungen, an praktischen Aufbewahrungs- und Rettungsapparaten verschlungen hat, um im nächsten Jahre mit der Not auch alle guten Vorsätze wieder zu vergessen. Ob große Preisausschreiben, welche neuerdings vorgeschlagen werden, zu einem praktischen Ziele führen würden, möchte ich bezweifeln. Große Gedanken und fleißiges Arbeiten im kleinen, denn um diese zwei Gegensätze handelt es sich hier, sind durch Preisausschreiben nicht in Bewegung zu setzen.

Wichtige Aufgaben der Zukunft liegen auf dem Gebiete des landwirtschaftlichen Transportwesens, sowohl auf dem eigenen Gute als vom Gute nach dem näher oder ferner liegenden Markte. Welche Bedeutung das letztere in der amerikanischen Landwirtschaft gefunden hat, ist bekannt, erfüllt uns aber noch immer mit Erstaunen, wenn wir diesen Verhältnissen nähertreten. Für uns liegen dieselben nicht so einfach und so großartig. Eine um so regere Sorgsamkeit der einzelnen ist deshalb erforderlich, um vorwärts zu kommen. Mit Feldbahnen ist nur ein Anfang gemacht. Unsere Tertiärbahnen bestehen bis jetzt meist in Plänen und Hoffnungen. Dies wird in nicht ferner Zukunft anders werden; auf seiten der Technik wenigstens wird eifrig daran gearbeitet, dem fast instinktiv empfundenen Bedürfnis entgegenzukommen.

Eine sehr schwache Seite unserer landwirtschaftlichen Technik ist, wie erwähnt, das Bewässerungswesen. Wenn man sieht, mit welcher Intelligenz in halb barbarischen Ländern von Kalifornien und Peru bis Indien und China mit dem Wasser gewirtschaftet wird, so ist der Zustand in Deutschland wahrhaft beschämend. Deshalb berührt auch dieses Kapitel bei uns das Gerätewesen fast noch nicht, während in Ägypten z. B. Tausende von Maschinen, die großartigsten Dampfpumpen und die merkwürdigsten Schöpfwerke, in Kalifornien die wunderbarsten Maschinen zur Herstellung von Dämmen und Bewässerungskanälen in Tätigkeit sind. Bei uns kennt man nahezu weder das eine noch das andere. Die Zeit muß und wird kommen, in der auch der deutsche Landwirt die Wasserfrage nicht mehr bald hoffnungsvoll, bald hoffnungslos der Natur überläßt.

Auf die Bedeutung der Sicherheitsvorrichtungen nicht als Anhängsel, sondern als integrierende Teile aller Maschinen habe ich bereits hingewiesen. In dieser Richtung muß noch sehr viel geschehen, und gerade hier ist die Mitwirkung der Landwirte von besonderer Bedeutung und, wie es scheint, besonders schwer zu erhalten. Technik und Landwirtschaft streiten sich, an wem die Schuld liegt. Jene behauptet, der Landwirt ziehe die billigere Maschine ohne Sicherheitsvorrichtungen schon beim Kauf vor; diese erzählt, es sei nicht zu verhindern, daß die Arbeiter die Sicherheitsvorrichtungen in den nächsten Winkel werfen, weil sie meist den Betrieb hindern. Beides beweist zum mindesten, daß wir alle hier auf gutem Wege, aber noch weit vom Ziele sind. — —

Sie dürften mich fragen, m. H., was nun das Endergebnis dieses notgedrungen flüchtigen Blickes ist, den wir über das Gesamtgebiet des Gerätewesens warfen. Sie sind gewohnt, an dieser Stelle praktisch verwertbares Wissen, positive Regeln zu finden. Was bleibt uns, nach diesem Spaziergang durch drei große Länder?

Zunächst ist es bei den heutigen Verhältnissen, welche die deutsche Landwirtschaft in täglichem Kampfe mit der Produktion aller Weltteile sieht, keine platonische Spielerei, sich klar zu machen, welche Hilfsmittel unsern Gegnern zur Verfügung stehen. Hierbei spielt, wie wir sahen, das Maschinenwesen eine Rolle, deren Bedeutung bei uns kaum genügend erkannt wird. Es ist dies ein schwacher Punkt der deutschen Landwirtschaft gewesen und ist es bis zu einem gewissen Grade noch. Die Schwäche wäre mit jedem Jahre, in welchem sich die unaufhaltsamen sozialen Veränderungen des Lebens unserer Zeit weiter entwickeln, gefährlicher geworden, wenn nicht auch bei uns endlich energisch darauf hingearbeitet würde, das Mangelnde nachzuholen.

Der deutsche Landwirt ist kein Mechaniker. Das ganze Gebiet ist ihm nicht sympathisch. Manche verachten es, viele fürchten es. Trotzdem muß er sich sagen, daß das landwirtschaftliche Maschinenwesen eine unabweisliche, wachsende Notwendigkeit geworden ist. Es ist eine neue, ernste Pflicht an den Landwirt herangetreten, welche Kopf und Hand, nicht bloß des Arbeiters, sondern auch des Herrn und Besitzers erfordert. Es handelt sich nicht um das Kaufen von Maschinen, sondern um deren Gebrauch. Hundertmal begegnen wir bei sonst tüchtigen Rittergutsbesitzern der Überzeugung, daß mit dem Kauf die Sache abgemacht sei. Nun soll die Maschine gehen; wenn sie nicht geht, ist es ein infamer Schwindel. Sie könnten ebensogut erwarten, daß nach dem Ankauf eines Pianos der ganze Haushalt Walzer und Trauermärsche spiele. Es gilt nicht nur, den Gebrauch des Instruments zu erlernen, sondern oft genug auch, bei der Mannigfaltigkeit der landwirtschaftlichen Verhältnisse, die Vorbedingungen seines Erfolges zu schaffen. Und nebenbei kommt die Aufgabe, zu der häufig nicht wenig Geduld gehört, diejenigen Arbeiter zu entdecken, die die ungewohnte Hantierung, die neuen Sorgen und Verantwortlichkeiten zu übernehmen imstande sind. All das sind keine unlöslichen Aufgaben. Aber es bedarf nicht nur einer neuen Gattung von Kenntnissen, sondern eines neuen Triebes und Instinktes, den wir uns zu erwerben haben, während er den Engländern und Amerikanern angeboren ist.

Handelt es sich um Neues — und wenn wir hinter unserer Zeit nicht zurückbleiben wollen, so werden wir alljährlich auf Neues stoßen — so müssen wir begreifen lernen, daß die Technik dem Landwirt nichts Fertiges bieten kann. Das beliebte Prinzip, zu warten, bis dies geschieht, heißt, zu warten, bis bei einem andern geistig regeren und mutigeren Volke jenes notwendige Zusammenwirken von Landwirtschaft und Technik die Aufgabe gelöst hat, die auch uns vorlag. Es ist dies eine unwürdige Situation, die zur Folge hatte, daß wir mit all unserem sprichwörtlichen Fleiß und Wissen auf diesem Gebiete zwanzig Jahre hinter unseren Nachbarländern dreintrabten. Dies muß aufhören und hat bis zu einem gewissen Grad aufgehört. Die neuesten Probleme suchen auch bei uns da und dort eine selbständige Lösung, deutsche Geräte haben angefangen, auch im Ausland ihre Eigentümlichkeiten zur Geltung zu bringen. — Ich will damit gewiß nicht sagen, daß der Landwirt sich leichtfertig auf unbekannte Gebiete begeben oder jeder entstehenden halbfertigen Schöpfung seine Kraft und seine Mittel zur Verfügung stellen soll. Es gibt in diesen Dingen, wie überall, einen vernünftigen Mittelweg. Wo er diesen einschlägt, hat er auch das Recht, sich einen Teil der Vorteile zu sichern, die das Gelingen eines neuen Gedankens bringen kann. Das Erfinden ist an keinen zünftigen Beruf gebunden. Der erste Gedanke ist dessen leichterer Teil, der schwerere die Arbeit der Verwirklichung, das mutige Anpacken unvorhergesehener Schwierigkeit, die Ausdauer vorübergehenden Mißerfolgen gegenüber. Hier ist der Landwirt der gleichberechtigte Mitarbeiter des Technikers, und diese Mitarbeit an der Produktion seiner eigenen Geräte hat dem deutschen Gerätewesen bisher hauptsächlich gefehlt.

Lassen Sie diese Bemerkungen als Ersatz für die positiven Tatsachen auf dem Gebiete der Spezialität gelten, die Sie bei dem raschen Überblick, den ich Ihnen bieten konnte, vermißt haben mögen: als die Moral der Geschichte unseres Gerätewesens, welche vielleicht da und dort auch Ihnen, und wenn Ihnen, dann sicher durch Sie Ihren Berufsgenossen und der deutschen Landwirtschaft im allgemeinen zugute kommen wird.

IV. Mathematik und Naturwissenschaft der Cheopspyramide.

Vortrag, gehalten im Verein für Mathematik und Naturwissenschaft zu Ulm am 14. Januar 1901.

Wenn ich mir erlaube, Sie heute auf ein Feld zu führen, das sozusagen an der Grenze des Gebiets liegt, welches uns der Name unseres Vereins anweist, so bin ich in mehr als gewöhnlichem Grade verpflichtet, mit einer Erklärung und Entschuldigung zu beginnen. Es ist nicht zu leugnen, daß die Männer der orthodoxen Wissenschaft das Studium und die Erforschung der altägyptischen Pyramidenbauten in der Richtung, die uns beschäftigen wird, im allgemeinen vermieden, und wenn sie es berührten, mit ausgesprochenem Kopfschütteln weitergingen. Doch finden sich auch Ausnahmen. Sir John Herschel, der Astronom, hat sich eingehend mit den diesbezüglichen Fragen beschäftigt. Piazzi Smyth, der Staatsastronom von Schottland, tat dies mit einem Enthusiasmus, dem wir kaum zu folgen vermögen. In England und Amerika, wo das Erforschen unbekannter und rätselhafter Gebiete weniger als bei uns an das zünftige Wissen der Schulen gebunden ist, haben eine beträchtliche Anzahl ernster, gebildeter Männer, Mathematiker, Astronomen, Ingenieure und Ägyptologen, die Ideen Smyths und seiner Anhänger geprüft und weitergeführt, so daß es, was man auch von den Schlüssen denken mag, zu denen diese Herren gekommen sind, immerhin nicht ohne Interesse ist, sich ein Bild von dem Stand ihrer Entdeckungen und Spekulationen zu machen. Ich selbst kam dadurch in Berührung mit der Sache, daß ich im Jahre 1865 die persönliche Bekanntschaft von Piazzi Smyth machte, als derselbe mehrere Monate in Ägypten zubrachte, um seine theoretischen, auf die Messungen anderer gestützten Folgerungen an Ort und Stelle nachzuprüfen. Hieraus ergab sich naturgemäß, daß ich später seine Veröffentlichungen und die Reden und Streitschriften, die für und gegen ihn erschienen, mit Interesse verfolgte. Es war dies um so verzeihlicher, als ich vier Jahre lang nur wenige Meilen von der Cheopspyramide entfernt wohnte, sie täglich vor Augen hatte und ihr Inneres und Äußeres gründlicher kennen lernte, als dies der Mehrzahl der Reisenden, die Ägypten vorübergehend besuchen, möglich sein dürfte.

Gleichzeitig möchte ich mich jedoch mit aller Entschiedenheit dagegen verwahren, als ein gläubiger Jünger Piazzi Smyths angesehen zu werden. Ich beabsichtige, Ihnen einiges von den Ergebnissen seiner Forschungen mitzuteilen, soweit sie sich auf nachweisliche Tatsachen mathematischer, astronomischer oder physikalischer Natur stützen. Diese Tatsachen sind in der Tat so überraschend, so wunderlich, daß sie immerhin unsere Beachtung verdienen, selbst wenn wir sie nur als ein unerklärliches Spiel der Natur betrachten sollten, wie etwa eine Tropfsteinbildung, die die Gestalt einer griechischen Statue anzunehmen droht. Endlich aber möchte ich Sie bitten, hinter jedem meiner Sätze, die Ihnen allzu wunderlich erscheinen mögen, in meinem Namen beizufügen: „Also spricht Piazzi Smyth, der Staatsastronom von Schottland," eine Redewendung, die ja heutzutage nichts Ungewohntes hat. Wenn ich es selbst unterlasse, sie häufig zu gebrauchen, so geschieht dies nur, weil ich fürchten müßte, allzu monoton zu werden. — —

Bekanntlich treffen wir im Niltal von Nubien bis zur südlichen Spitze des Deltas auf Pyramiden, jene der ältesten Zeit Ägyptens eigentümlichen Bauwerke, teils vereinzelt, teils in Gruppen. Es sind deren gegen 130, eine übrigens schwer genau festzustellende Zahl, weil viele so zerfallen sind, daß sie kaum mehr als Pyramiden erkannt werden. Ihr Hauptdistrikt ist die Strecke im nördlichsten Niltal, westlich vom Fluß, von Daschur bis Gise und hier in hervorragendstem Grade das Pyramidenfeld von Gise selbst 14 Kilometer von Kairo.

Dort, auf der Begräbnisstätte des ältesten Memphis — die Stadt rückte später mehr nach Süden — stehen 35 Pyramiden, von denen die höchste, gewöhnlich schlechthin die große genannt, dem zweiten Pharao der vierten Dynastie Cheops oder Chufu zugeschrieben wird, welcher nach den frühesten Überlieferungen der erste Pyramidenbauer war. Nachweislich ist auch heute noch keine der übrigen Pyramiden älteren Ursprungs. Überhaupt findet sich kein Bauwerk in Ägypten, das ein höheres Alter beanspruchen könnte, wenn auch bezüglich der Staffelpyramide von Sakkara Vermutungen in diesem Sinn aufgestellt wurden, die von anderer Seite entschieden verworfen werden.

Seit den ältesten Zeiten bis auf den heutigen Tag ist die Cheopspyramide ein Wunder und ein Rätsel geblieben. Ein Wunder zunächst durch ihre erstaunliche Größe. Wenn sie auch 4000 Jahre nach ihrer Erbauung von zwei Bauwerken unserer Zeit — dem Kölner Dom und dem Ulmer Münster an Höhe, jedoch kaum merklich, übertroffen wird — den Eiffelturm zu den Bauwerken zu zählen, erregte seinerzeit den entrüsteten Widerspruch unseres verstorbenen Münsterbaumeisters — so steht sie doch, was ihre Massenhaftigkeit anbelangt, heute noch einzig in der Welt da.

Sodann ist sie noch heute unübertroffen in der Vollkommenheit ihrer Ausführung, was wir im einzelnen später sehen werden. Die Fugen der riesigen Steinblöcke, welche Decke, Boden und Wände der Innenräume bilden, die Flächen, welche diese Räume einschließen, die Wahl und das Herbeischaffen des Baumaterials könnten in unsern Tagen, mit unsern Hilfsmitteln der Technik nicht vollkommener durchgeführt werden.

Nun aber berühren wir die rätselhafte Seite der großen Pyramide. Neben der überwältigenden Größe, neben der musterhaften Technik ist in dem ganzen Riesenbau nicht die Spur eines Bildwerks, nicht ein Versuch der rohesten Inschrift zu entdecken. Stumm und sprachlos, aber vollkommen in seiner Art, steht dieses Denkmal an der Schwelle der Geschichte der Menschheit, und noch heute fragen wir, wie Herodot vor 2500 Jahren, nach seinem Werden und seinem Zweck, und wie er, wenn wir es eingestehen wollen, vergebens.

Daß alle späteren Bauten der gleichen Gattung mißverstandene und minderwertige Nachahmungen der großen Pyramide sind, ist augenfällig. Sie waren Totenmale und Gebäude zur Aufbewahrung königlicher Mumien; darüber ist kein Zweifel. Das zeigt ihre Einrichtung im Innern, sowie die Art ihrer Konstruktion, welche Lepsius mit überzeugender Deutlichkeit zu erklären wußte. Der herrschende Pharao begann seine Bautätigkeit mit der Herstellung der üblichen unterirdischen Totenkammer, über welche im Laufe seiner Regierungszeit die Pyramide wuchs, wie die Jahresringe eines Baumes, bis sein Tod dem Weiterbau ein Ende machte. Dies hatte den praktischen Vorteil, daß die Pyramide jederzeit als ein nahezu fertiges Bauwerk dastand und, nachdem die Mumie beigesetzt war, nichts zu tun übrig blieb, als die Verschalung der treppenförmigen Außenseite herzustellen. So, ohne eigentlichen Plan, von innen herauswachsend, entstanden die späteren Pyramiden. Anders war es mit der des Cheops. Ihre unterirdische Totenkammer ist noch heute ein unvollendetes Felsenloch, alles über der Felsenplattform, auf der der Bau steht, deutet darauf hin, daß sie nach einem bestimmten Plane ausgeführt wurde, dem ein leitender Gedanke zugrunde lag.

Das auf den ersten Blick Unerklärlichste ist und bleibt der in der Kulturgeschichte einzig dastehende Fall, daß in einer ganzen Reihe von Bauwerken, die eine Zeitperiode und einen Stil charakterisieren, das großartigste und vollkommenste seiner Gattung auch das erste und älteste ist, und alle späteren nur den stetigen Niedergang dieser Richtung menschlichen Schaffens darstellen. Bei jedem anderen Baustil sehen wir die allmähliche Entwicklung des Grundgedankens zu immer größeren und vollkommeneren Formen, bis er seinen Höhepunkt erreicht hat. Es brauchte Jahrhunderte, bis die Säulenbauten Ägyptens und Kleinasiens sich zum griechischen Tempel auswuchsen, bis sich die ersten Spitzbogen arabischer Moscheen zum Kölner Dom, zum Ulmer Münster umgestalteten, und wir können diese Entwicklung Schritt für Schritt verfolgen. Anders hier. Nichts zeigt uns das Entstehen der altägyptischen Baukunst, die schließlich zur Cheopspyramide geführt hätte. Riesig und technisch vollkommen steht dieses erste Bauwerk seiner Art am Uranfang der Geschichte des rätselhaften Volkes; wie aus dem Nichts geboren und nie mehr erreicht, trotz der 130 Nachahmungen, die landauf, landab zwischen Strom und Wüste in Trümmern liegen.

Es ist die natürlichste Sache der Welt, daß eine Reihe so unerklärlicher Tatsachen, wie sie die große Pyramide auch bei der oberflächlichsten Betrachtung darbietet, die Frage nach Bedeutung und Zweck des riesenhaften Bauwerks immer wieder belebte. Herodot, unsere älteste sichere Quelle, der übrigens das Innere der Pyramide nie gesehen hat, notierte gläubig die Erzählungen der Priester seiner Zeit, die über die Urgeschichte ihres eigenen Volkes schlecht genug unterrichtet waren oder den Fremdling vielleicht absichtlich irre führten. Er hielt die Pyramide für das tatsächliche Grabdenkmal des Pharaos Cheops, was um so erklärlicher ist, als allgemein bekannt war, daß alle späteren Pyramiden einem derartigen Zweck dienten, und gibt eine Beschreibung des Innern, die sich als der barste Unsinn erwiesen hat. Allerdings berichtet er auch, daß Cheops nie in seiner Pyramide begraben wurde, und merkwürdigerweise findet sich ein Grab auf dem Totenfeld von Memphis, das, ohne mit einer Pyramide in Verbindung zu stehen, in auffallender Weise der herodotischen Beschreibung von dem See im Innern und der Toteninsel für die Mumie entspricht. Durch das ganze Altertum behielt trotzdem die Erzählung

Herodots Geltung und wurde mit geringen Variationen von späteren Schriftstellern abgeschrieben. Auch bei den Arabern blieb die Pyramide das Grab des großen Pharao, doch wurde es in ihrer Phantasie mehr und mehr die von Geistern aller Art bewachte Schatzkammer der alten Ägypter. Dies veranlaßte den gewaltsamen Versuch des Kalifen Al Mamun, ums Jahr 820, in das Innere zu dringen, dessen Spuren wir heute noch sehen, und von dem arabische Schriftsteller eine ausführliche und sichtlich im wesentlichen wahrheitsgetreue Beschreibung hinterließen. Die eigentlichen Gänge wurden durch einen Zufall entdeckt. Von einer Schatzkammer fand sich nichts. Der Kalif ließ nach monatelangen Bohr- und Sprengarbeiten in dem kompakten Gestein selbst Gold und Edelsteine in der Pyramide verstecken, um das Fehlschlagen des Versuchs vor seinen Höflingen und seinem Volk zu verbergen. Der sogenannte Sarkophag in der vermeintlichen Grabkammer war eine granitne Truhe, leer und ohne Deckel, ein ebenso unerklärliches Ding, als die Pyramide selbst, in der man nicht die Spur einer Inschrift oder einer bildlichen Darstellung vorfand, die in so überreicher Menge alle andern Grabmonumente des alten Ägyptens schmücken. Spätere Araber berichten allerdings von einem Deckel, auf dem in arabischer Schrift geschrieben gestanden hätte, daß die Pyramide in 80 Tagen von Adam erbaut worden sei. Heute ist dieser Deckel jedenfalls spurlos verschwunden.

In der Mitte des 16. Jahrhunderts beginnen mit Bellonius bestimmte Nachrichten europäischen Ursprungs bekannt zu werden. Zu den ältesten und zuverlässigsten gehören die von dem Oxforder Professor Greaves vom Jahre 1638. Von jener Zeit an tauchten auch immer wieder Zweifel und Hypothesen bezüglich des Zwecks der Pyramide auf, denn abgesehen von der Tatsache, daß nie eine Mumie gefunden worden war und die deckellose Truhe dem üblichen, wohlverschlossenen und buntverzierten ägyptischen Sarkophag so unähnlich als möglich war, schien es fast undenkbar, daß ein so riesiges Bauwerk allein dem

Zweck dienen sollte, die Leiche eines einziges Menschen, wäre er auch der größte Pharao gewesen, zu bergen. Man suchte nach anderen Möglichkeiten und fand die scharf- und unsinnigsten Erklärungen, meist ohne große Rücksicht auf die bestehenden Verhältnisse zu nehmen. Die Pyramide sollte ein Riesentrinkwasserbehälter für Memphis, ein Sonnen- oder Mondtempel, ein Schatzhaus des Pharao, eine Kornkammer für ganz Ägypten, ein astronomisches Observatorium, ein Schutzbau gegen den fliegenden Sand der Wüste sein. Als nach der französischen Expedition von 1799 eine genauere Kenntnis ihrer Abmessungen und des Innenbaus nach Europa drang, wurde hiermit den phantastischeren Torheiten dieser Art ein Ende gemacht, und man kam im allgemeinen wieder auf die Ansicht Herodots und seiner Priester zurück, die zwischen den ersten und den späteren Pyramiden keinen Unterschied gesehen hatten. Die sehr zuverlässigen Aufnahmen und Ausgrabungen des englischen Obersten Howard-Vyse in den Jahren 1836 und 1837, sowie die gelehrten Forschungen unseres Lepsius, der übrigens bekanntlich mehr Geschichtsforscher als Geometer, Bautechniker und Mathematiker war, änderten hieran nichts, obgleich eine unbehagliche Verwunderung über die Eigentümlichkeiten der großen Pyramide sich durch all diese Forschungen hinzog und nicht zur Ruhe kommen wollte.

Mitte der 50er Jahre begann ein Privatmann, wie dies in England so häufig der Fall ist, der Verlagsbuchhändler der Universität von London, John Taylor, eine Reihe der eingehendsten Studien, über die er 1859 sein erstes, 1863 sein zweites Werk veröffentlichte. Diese Arbeiten wurden von dem königlichen Staatsastronomen für Schottland, Piazzi Smyth, mit unermüdlicher Ausdauer fortgesetzt. Seine Ergebnisse erschienen nach eingehender Nachprüfung ihrer Grundlagen an Ort und Stelle in einem größeren Werke „Our inheritance in the Great Pyramid“ 1880. Spätere, und namentlich eingehendere und gewissenhaftere Forschungen sind mir nicht bekannt, obgleich in unseren Tagen Tausende vor der großen Pyramide stehen und Hunderte in Reisebeschreibungen und Zeitungsartikeln ihre Eindrücke und sogenannten Beobachtungen niedergelegt haben, von denen weitaus die meisten den Stempel des oberflächlichsten Dilettantismus an der Stirn tragen und sich nur damit erklären lassen, daß nicht einer unter Hunderten eine Ahnung davon hat, wieviel auf diesem Felde von Gise schon gemessen, gerechnet und geschrieben wurde.

Ehe ich jedoch näher auf die Ergebnisse der Studien von Piazzi Smyth und seinen Anhängern eingehe, wird eine kurze Beschreibung der großen Pyramide am Platze sein.

Die Cheopspyramide ist die nördlichste der eigentlichen Gisegruppe, welche 9 große und kleinere Pyramiden zählt, von denen gewöhnlich nur 3 beachtet werden; neben der erwähnten die von Chephren und die bedeutend kleinere von Menkaura. Die andern erscheinen wie Zwerge neben zwei Riesen und einem Riesenkinde.

Die Gruppe steht auf einem fast horizontal gelagerten Höhenzug aus numultischem Kalk auf der westlichen Seite des Nils, am nördlichsten Ende des Niltals und somit an der südlichsten Spitze des Deltas unter dem 30. Breitengrad (genau unter 29° 58′ 51″). Der Fuß der großen Pyramide (siehe Fig. 1) liegt 65,6 m über der Meereshöhe, 41 m über der benachbarten Talsohle. Ihre Höhe ist 147,80 m, die Seite ihrer quadratischen Grundfläche 232,16 m.

Sie besteht in ihrer Masse aus rechteckigen Blöcken von numultischem Kalk, die von der entgegengesetzten Niltalseite, aus den Bergen von Tura stammen und in horizontalen Schichten nebeneinander gelegt sind, so daß ein treppenförmiger Kern entsteht, der 210 Stufen bildet. Die Höhe dieser Stufen schwankt zwischen 2 m am Fuß und 0,5 m gegen den Gipfel in ziemlich regelloser Weise. Vermutlich 6 der obersten Stufen sind verschwunden, so daß der Gipfel heute eine Plattform von etwa 10 m im Gevierte bildet. Eine glatte Oberfläche war ursprünglich dadurch hergestellt, daß die Stufen durch im vertikalen Querschnitt dreieckige Steine ausgefüllt waren (siehe Fig. 2), die aus einem fast weißen, bedeutend härteren Kalkstein bestanden, der in einem südöstlich gelegenen Teil der arabischen Wüste gefunden wird. Derselbe Stein kam zur Verwendung, um sämtliche Wände der inneren Gänge zu verkleiden, während für die wichtigsten Teile, wie in der sogenannten

Vertikalschnitt der Cheopspyramide.

Fig. 3. Fig. 1. Fig. 2.

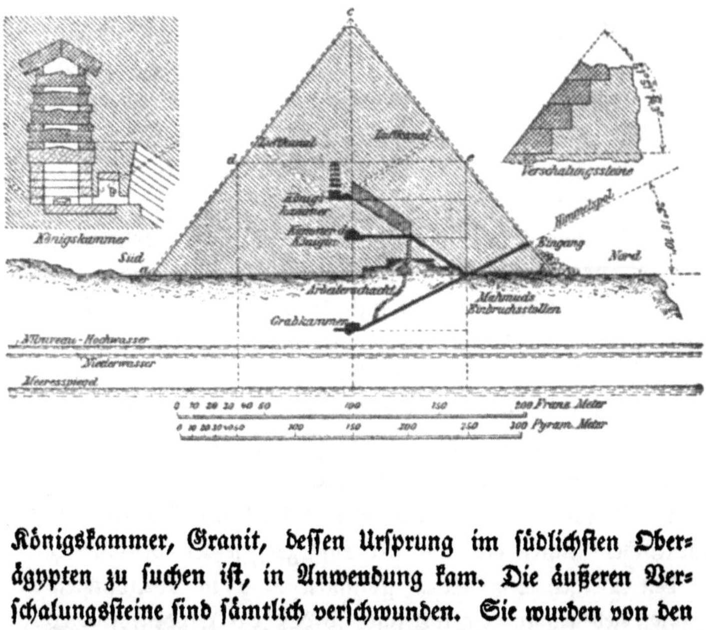

Königskammer, Granit, dessen Ursprung im südlichsten Oberägypten zu suchen ist, in Anwendung kam. Die äußeren Verschalungssteine sind sämtlich verschwunden. Sie wurden von den Arabern zum Bau ihrer Paläste und Moscheen in Gise und Kairo gestohlen. Nur zwei dieser Steine wurden 1836 noch von Howard-Vyse gefunden. Sie befinden sich in London und zeigen noch heute die erstaunliche Genauigkeit, mit der die alten Steinmetzen mit Winkel und Richtschnur umzugehen verstanden. Ein dritter wurde 1869 entdeckt und liegt in einem Glaskasten in dem Amtszimmer des Staatsastronomen von Schottland, zu Edinburg.

Das Innere der Pyramide ist eine kompakte Masse Felsgestein mit verhältnismäßig kleinen Hohlräumen und den erforderlichen Gängen, die sie verbinden und heutzutage von außen zugänglich machen. Diese Hohlräume sind, von oben nach unten zählend, die sogenannte Königskammer, die Kammer der Königin (zwei willkürlich später erfundene Namen) und die unterirdische, unvollendete, eigentliche Grabkammer.

Der gewaltsam erbrochene Eingang macht eher den Eindruck eines verlassenen Steinbruchs, als des Portals eines mächtigen Gebäudes. Er liegt auf der Nordseite 26,5 m über der Sohle und 7,5 m seitlich und zwar östlich von der Mittellinie des Baus. Hier findet man in der senkrechten Mauerwand ein einfaches viereckiges Loch, von dem aus ein Gang von 120 cm Höhe und $105\frac{1}{2}$ cm Breite unter dem steilen Neigungswinkel von 26° 18′ nach unten führt. Derselbe erreicht nach 25 m den Felsboden. Dort setzt er sich in dem gewachsenen Felsen 86,8 m fort und endet in der erwähnten unfertigen Grabkammer von 14 m Länge und 8,3 m Breite, die zwar eine horizontale Decke, aber einen völlig unbearbeiteten Boden hat, so daß ihre Höhe zwischen 4 und 1 m schwankt; ein überzeugender Beweis, daß sie niemals zum Begräbnis eines Pharao gebraucht wurde.

An dem erwähnten Punkte, wo der abwärts geneigte Gang in den gewachsenen Felsen eintritt, mündet in denselben ein nach oben führender Kanal vom gleichen Querschnitt, der mit Granitblöcken verschlossen war, die durch einen gewaltsamen seitlichen Durchbruch umgangen sind. Nach 39,2 m des Aufstieges unter dem gleichen Winkel von 26° 18′ erreicht derselbe eine hohe, noch immer steil ansteigende Galerie. An dieser Stelle zweigt ein horizontaler Gang nach der Kammer der Königin ab, die nach $27\frac{1}{2}$ m erreicht wird. Sie ist ein $5\frac{3}{4}$ m langes, $5\frac{1}{4}$ m breites Gemach, dessen Dach durch giebelförmig gestellte Felsblöcke hergestellt ist, die ihm eine Maximalhöhe von $6^1/_4$ m geben. Die immer unter dem gleichen Winkel von 26° 18′ nach oben führende Galerie ist 208 cm breit und 864 cm hoch und schließt nach einer Länge von 47,85 m mit einer Steinstufe von fast 1 m Höhe und einer etwas überhängenden Wand ab (siehe Fig. 3). Diese ist am Boden von einem nur 83 cm hohen viereckigen Loch durchbrochen, das in die kleine Vorhalle der Königskammer führt. Von hier an sind Wände, Boden und Decke der Hohlräume aus Granit. Unter einer eigentümlichen, senkrecht gestellten, quer durch die kleine Kammer gelegten Granittafel kriecht man weiter und kommt dann durch einen zweiten nur 1,09 m hohen kurzen Gang in die Königskammer. Bis hierher laufen sämtliche Gänge in einer Vertikalebene von Nord nach Süd, und zwar nicht in der Mittellinie des Baus, sondern 7,5 m östlich von derselben. Die Königskammer ist ein absolut schmuckloses viereckiges Gemach von 10,48 m Länge in der Richtung von Ost nach West, 5,24 m Breite und 5,86 m Höhe. Die Wände bestehen aus fünf Reihen gewaltiger, wunderbar genau aneinanderstoßender Granitblöcke von $1^1/_4$ m Höhe, die Decke wird aus 12 riesigen, die ganze Kammer durchquerenden Quadern gebildet. Man betritt die Kammer in ihrer nordöstlichen Ecke. Am westlichen Ende, entlang der Wand, steht der sogenannte Sarkophag, eine oben offene, ganz unverzierte Truhe aus schwarzem poliertem Granit, äußerlich 1,978 m lang, 0,676 m breit und 0,880 m hoch, der einzige Gegenstand, der, soweit Urkunden reichen, je in der Pyramide gefunden wurde.

Je zwei Luftkanäle, der eine nach Norden, der andere nach Süden gerichtet, führen von der Königskammer und der Kammer der Königin nach oben und außen. Ihre innere Beschaffenheit konnte bis jetzt nicht genau untersucht werden, da sie nicht geradlinig verlaufen und zum Durchschlüpfen zu eng sind. Ferner befinden sich zur Entlastung des Dachs der Königskammer über derselben fünf übereinander liegende höhlenartige Räume, von denen die vier untern mittels horizontaler Felsblöcke abgedeckt wurden, während im obersten die Felsblöcke giebelartig gestellt sind. Diese Hohlräume sind durch einen senkrechten Schacht zugänglich, dessen untere Mündung in der oberen Ecke der großen Galerie entdeckt wurde. Endlich führt ein fast senkrechter schlauchartiger Schacht, dessen Wände unbearbeitet sind, vom untern Ende der großen Galerie in den den gewachsenen Fels durchbrechenden Gang nach der Grabkammer. Der Zweck desselben war offenbar, für die Arbeiter, welche das untere Ende des aufsteigenden Ganges mit Granitblöcken verschließen mußten, einen Ausweg herzustellen. Der Vollständigkeit wegen möge noch der horizontale Tunnel erwähnt werden, durch den am Fuß der Pyramide der Kalif Al Mamun in das Innere einzudringen suchte, bis seine Arbeiter durch einen Zufall die wirklichen Gänge der Pyramide entdeckten und dann von innen heraus den heutigen Eingang erbrachen.

Hiermit haben wir sämtliche zurzeit bekannten und aller Wahrscheinlichkeit nach überhaupt vorhandenen Hohlräume im Innern der Pyramide aufgezählt und stehen nun aufs neue vor dem Rätsel: wozu dieser ungeheure Bau, dessen riesige Masse so völlig außer allem Verhältnis zu den Räumen steht, die von irgendwelcher praktischen Bedeutung sein könnten. Nun erst kommen wir zu unserm eigentlichen Thema, wobei ich mir erlaube zu wiederholen, daß ich Ihnen nicht meine eigenen Ansichten und Beobachtungen mitteile, sondern nur berichte, was Taylor, Smyth und ihre Anhänger in ein System zu bringen versuchten, das für sie die Grundlage einer Hypothese bildet, gegen welche sich der wissenschaftliche Geist unserer Zeit wohl mit Recht sträubt. Ferner muß ich Sie bitten, mir zu gestatten, anfänglich einige Angaben in englischen Maßen zu machen, nicht weil alle Berechnungen von Taylor und Smyth auf englischen Maßen beruhen, sondern weil, wie Sie sehen werden, dies eine innere Bedeutung für ihre Schlußfolgerungen hat. Endlich ist zu erwähnen, daß es zu weit führen würde, wollte ich näher auf die peinlich gewissenhafte Art und Weise eingehen, mit der namentlich Piazzi Smyth die Zahlenangaben der verschiedenen Autoritäten untersucht, um einwandsfreie Unterlagen zu gewinnen, mit denen er sodann weiter operiert. Es ist wahrhaft erstaunlich, wie schwierig es für Gelehrte — und andere — zu sein scheint, eine einfache Länge von wenigen Metern richtig zu messen. Der ausgehöhlte Granitblock in der Königskammer z. B. wurde seit 1553 von 25 europäischen Forschern aufgenommen, darunter die gelehrtesten Mathematiker, Astronomen, Meßkünstler und Ägyptologen ihrer Zeit, und nicht eine der Messungen stimmt mit einer einzigen der 24 übrigen. Smyth arbeitete zunächst mit Durchschnittszahlen, bei deren Aufstellung er die Glaubwürdigkeit der einzelnen Angaben sorgfältig abwog, und war sodann selbst monatelang an und in der Pyramide, um dieselben durch eigene Messungen zu ermitteln. Die Feststellung der Seitenlänge und der Höhe der Pyramide ist allerdings nicht so einfach, als die Abmessung des Granitblocks, schon weil die äußere Verschalung und die ursprüngliche Spitze zertrümmert und verschwunden sind. Glücklicherweise fanden sich in den gewachsenen Felsen eingehauen die Lager der vier Ecksteine der Grundfläche, so daß die Seitenlänge mit absoluter Sicherheit festgestellt werden kann. Da der Fuß der Pyramide jedoch von ganzen Bergen von Schutt und Trümmern bedeckt liegt, so ist auch dies nicht allzu leicht und die zuverlässigsten Angaben — die der französischen Forscher von 1799 und des englischen Obersten Howard-Vyse schwanken zwischen 763,62 und 764,00 englische Fuß, so daß das Mittel 763,81 der Wahrheit nahe kommen wird. Der Neigungswinkel der Seitenflächen hätte ebenfalls nur annähernd bestimmt werden können, wenn nicht wenigstens drei der merkwürdig genau gearbeiteten Verschalungssteine gefunden worden wären. Dieser Winkel, nach den verschiedensten Kontrollmethoden festgestellt, zeigte eine Neigung von 51° 51′ 3″.*)

Dieses ergibt durch Berechnung eine Pyramidenhöhe von 486,2567′.

Hiermit trat die erste Wahrheit zutage, welche Taylor zu seinen weiteren Studien veranlaßte. Der Umfang der Pyramide verhält sich zur doppelten Höhe wie 3,14159:1.**)

Die berühmte Zahl π ist bis in die fünfte Dezimalstelle genau in den Maßen der großen Pyramide verkörpert. Der grandiose Bau ist die steingewordene Lösung der Quadratur des Kreises.

Daß diese Tatsache höchst merkwürdig ist, wird niemand leugnen, der die Geschichte der Zahl π einigermaßen kennt. Ein zufälliges Zusammentreffen zweier zusammenhangloser Zahlen bis über die 6. Stelle hinaus wäre ein größeres Wunder als alles, was unsere Phantasie zu erfassen vermag. Die Wahrscheinlichkeit des Zutreffens wäre $^1/_{1000000}$. Wir müssen als vernünftig denkende Wesen diese Möglichkeit ausschließen. Auf der andern Seite stehen wir ebenfalls vor einer unerklärlichen Tatsache. Die alten Hebräer, die ein gut Teil ihrer semitischen Weisheit aus Ägypten mitgenommen haben mögen, begnügten sich 15 Jahrhunderte nach der Erbauungszeit der großen Pyramide unter Salomo, in der Beschreibung des kreisrunden ehernen Meeres damit, $\pi = 3$ zu setzen. Die Weltweisen Griechenlands kannten π 2000 Jahre nach dem Pyramidenbau nicht annähernd mit der Genauigkeit, die uns hier entgegentritt. Bis 1580 unserer Zeitrechnung begnügte man sich mit einem geringeren Grad der Annäherung. Ob wir uns aber darüber wundern oder nicht, die Tatsache dieser

*) In der 1. Auflage dieses Buches ist dieser Winkel mit 50° 51′ 3″ angegeben. Es hat sich herausgestellt, daß der Winkel tatsächlich, wie oben angegeben, 51° 51′ 3″ beträgt.

**) In der 1. Auflage ist das Verhältnis zwischen Umfang und doppelter Höhe der Pyramide irrtümlich mit 1:3,14159 statt, wie oben, mit 3,14159:1 angegeben.

merkwürdigen Verkörperung der Zahl π steht heute, nach 4000 Jahren, so greifbar vor unseren Augen als zur Zeit des fast mythischen Pharaos der 4. Dynastie, der den Plan der Pyramide entwarf.

Gehen wir nunmehr mit John Taylor und Piazzi Smyth einen Schritt weiter!

Es ist selbstverständlich, daß der Pyramidenbau nicht auf irgend einem unserer modernen Maßsysteme beruht. Der Baumeister jener fernen Zeit hatte sicherlich seinen eigenen Maßstab. Was war die Einheit, die den Abmessungen des Bauwerks zugrunde lag? Um hier weiter zu kommen, war ein genialer Einfall nötig, aber unsere Pyramidenforscher waren der Schwierigkeit gewachsen.

Nach den Berechnungen unserer heutigen Wissenschaft hat das Sonnenjahr 365,2422 Tage. Teilt man die doppelte Seitenlänge der Pyramide oder den Umfang eines Kreises, dessen Durchmesser gleich der Höhe der Pyramide ist, in 365,2422 Teile, d. h. in genau so viele Teile, als unser Jahr Tage zählt, so erhält man eine Länge, die Smyth den Pyramidenmeter nennt. Es ist kaum möglich, daran zu zweifeln, meint er, daß diese Länge dem Baumeister bei der Festlegung aller Hauptdimensionen seines Werkes als Maßeinheit diente, denn alle Maße der Gänge und Kammern ergeben die merkwürdigsten Verhältnisse und Beziehungen, wenn sie mit diesem Maßstabe gemessen werden.

Man hat sich ferner den Pyramidenmeter in 25 Teile eingeteilt zu denken. So erhält man den Pyramidenzoll. Die Einteilung in 25, d. h. in 5 mal 5 Teile entspricht der Tatsache, daß sich die Zahl 5 in allen Formen und Maßverhältnissen der Pyramide in auffallender Weise wiederholt. Die Pyramide hat 5 Seiten und 5 Ecken — wobei beim gewissenhaften Zählen die Grundfläche und die Spitze nicht vergessen ist, wie wir dies im gewöhnlichen Leben zu tun pflegen. Die Königskammer liegt auf der 50. Schicht des Baues. Ihre

Wände bestehen aus 5 gleich hohen Schichten von Granitblöcken. Die senkrechte Wand über ihrem Eingang in der Vorhalle ist in 5 sonst unerklärliche Steinstreifen eingeteilt usw. Der Zoll selbst, um alle Zweifel zu heben, ist auf der erwähnten Granittafel in der Vorhalle der Königskammer durch einen völlig rätselhaften Knauf dargestellt, der eine Dicke von 1 Pyramidenzoll und einen Durchmesser von genau 5 Zoll hat. Dieser Knauf ist sozusagen der Maßstab auf dem Pyramidenbild.

Der Pyramidenmeter aber, der das Sonnenjahr unserer Erde mit der Seitenlänge der Grundfläche in Verbindung bringt, ist genau der zehnmillionste Teil der halben Polarachse der Erdkugel, soweit uns diese Länge nach den neuesten Berechnungen unserer Astronomen bekannt ist. Ich betone ausdrücklich: soweit wir sie kennen; denn auch heute noch stimmen die Berechnungen der Deutschen, der Franzosen, der Engländer, der Amerikaner nur so weit, daß 500000000 Pyramidenzoll einer auffallend genauen Durchschnittszahl der verschiedenen Angaben für die Länge der Polarachse der Erde gleichkommt.

Hier haben wir somit ein Maßsystem, das auf einer bestimmten geraden Linie von kosmischer Bedeutung beruht, die für das Leben unserer Erde und damit für das Dasein der Menschheit von größter Wichtigkeit ist. Zum erstenmal, vor kaum mehr als 100 Jahren, haben die alles umstürzenden Gelehrten Frankreichs einen ähnlichen Gedanken verfolgt. Sie suchten ihren Meter als den 40000000. Teil des Meridians von Paris zu bestimmen, als den Teil einer gekrümmten Linie, von der man heute noch nicht weiß, ob sie ein Kreis, eine Ellipse oder eine völlig unregelmäßige, mathematisch unbestimmbare, ja vielleicht gar bewegliche Kurve ist. Wie ganz anders, wie viel sicherer in seinen Beziehungen zum großen Weltganzen konnte der Pyramidenbaumeister zu Werke gehen, als ihm sein Maßstab in die Hand gelegt wurde: der gerade Teil einer genau gegebenen geraden Linie.

In etwas anderer Form und kurz zusammengefaßt zeigte sich hiernach, daß der Umfang der Grundfläche der Pyramide 36524,2 Pyramidenzoll ist, was genau den 365,242 Tagen des Sonnenjahres entspricht, während die Achse, um die sich die Erde dreht, 500 Millionen, d. h. 50×10^7 Pyramidenzoll lang ist.

Ich komme nun zu einem Punkt der Smythschen Ausführungen, dessen Darlegung etwas schwieriger ist als alles andere, denn er scheint die ganze Theorie, namentlich für uns Deutsche in unserer heutigen Stimmung, an die Grenze des Komisch-Grotesken zu rücken. Doch handelt es sich auch hier um einfach unbestreitbare Zahlen, gegen die sich als solche nichts einwenden läßt. Der Pyramidenmeter hat eine Länge von 25,025 englische Zoll; der Pyramidenzoll ist somit nur um $^1/_{1000}$ größer als der englische Zoll, jenes urgermanische, arische Maß, das aus den ersten Zeiten stammt, in denen unsere oder wenigstens M. Smyths Vorfahren zu messen begannen. Daß jenes Urmaß, das unerklärlicherweise mit dem Pyramidenmaß fast identisch ist, im Laufe der Jahrhunderte um $^1/_{1000}$ geschwunden ist, findet Smyth natürlich, indem er nachweist, wie sorglos in alten Zeiten Standardmaße aufbewahrt wurden. Von einiger praktischen Bedeutung wurde die ganze Angelegenheit bei den von Zeit zu Zeit sich erneuernden Kämpfen für die Einführung des französischen Meters in England. Hierbei verteidigt die altenglische Partei den Zoll, indem sie unter anderem auch auf den Pyramidenzoll zurückgeht und auf die unzweifelhaft rationellere Grundlage hinweist, die in seiner Beziehung zur Erdachse liegt.

Die Höhe der Pyramide berechnet sich nunmehr auf 5813,01 Pyramidenzoll.

Ungefähr 1500 Jahre nach der Erbauung der großen Pyramide vermuteten die Weltweisen des alten Griechenlands, daß die Entfernung der Sonne von der Erde etwa 10 Meilen betragen dürfte. Diese Entfernung wuchs in der Achtung der Menschheit in den folgenden Jahrhunderten langsam auf 10000 und noch langsamer auf 25000 englische Meilen. Es lohnt sich kaum der Mühe, diese Angaben in ein anderes Maßsystem umzurechnen. Nach mehr als 2000 Jahren schätzte sie Keppler auf 36 Millionen. Unter Louis XIV. fand sie der Abbé La Caille auf Grund von transäquatorialen Beobachtungen in Südafrika 78000000. Erst um den Beginn des vorigen Jahrhunderts (1800) stellten deutsche Gelehrte die Zahl 95233000 als das Richtige auf. Bis in die 70er Jahre blieb dieselbe unbezweifelt. Dann aber, nach dem Venusdurchgang von 1874 und 1878, entbrannte ein heftiger Streit. Es war klar, daß die bisher angenommene Zahl zu hoch war, und das Ergebnis der neuesten Beobachtungen war eine meines Wissens noch nicht geklärte Meinungsverschiedenheit. Die eine Ansicht hält an einer Entfernung von 91 bis $91^1/_2$ Millionen Meilen, die andere an der von 92 bis $93^1/_2$ Millionen fest.

Multipliziert man nun aber die oben angegebene Pyramidenhöhe mit 10^9, so erhält man 91840000 Meilen, eine Zahl, die dem Durchschnitt der Angaben unserer streitenden Herren Gelehrten so nahe kommt, daß für absehbare Zeiten gesagt werden kann, die Entfernung der Sonne von der Erde komme der 10^9fachen Pyramidenhöhe gleich. Und selbst diese 9 und 10 findet Smyth in dem äußeren Pyramidenbau angedeutet. Die nach oben, nach der Sonne weisenden vier Kantenlinien der Pyramide machen einen Winkel mit der horizontalen Grundfläche, welchem eine Neigung von genau 9 in 10 entspricht.

Kehren wir zu einfacheren, näher liegenden Dingen zurück! Schon die französischen Gelehrten von 1799 erkannten mit Bewunderung, wie genau die große Pyramide orientiert, d. h. den Himmelsrichtungen entsprechend gestellt ist. Sie fanden eine Abweichung von der mathematischen Süd- und Nordrichtung gleich 19′ 53″, bemerkten jedoch, daß sie nur die in Trümmern liegende Außenseite des Bauwerks als Richtlinie benützen konnten. Die heutigen Messungen, welche die inneren Gänge als maßgebend zugrunde legen, zeigen die minimale Abweichung von 4′ 30″, einen Fehler, der bei einem so riesigen Gebäude in der richtungslosen Wüste selbst mit den besten Instrumenten unserer heutigen Baumeister kaum zu vermeiden gewesen wäre. Wer weiß überdies, ob die Stellung des Pols seit 4000 Jahren völlig unverändert geblieben ist, so daß auch dieser minimale Fehler verschwände? Alle späteren Pyramiden zeigen grobe Abweichungen, obgleich sie sich sichtlich die Cheopspyramide zum Vorbild genommen haben; noch jüngere Bauten aus der Glanzzeit Ägyptens sind ohne jede Rücksicht auf die Himmelsrichtung gestellt. Auch in dieser Hinsicht ist die große Pyramide einzig in ihrer Art.

In rein geographischem Sinne steht sie ferner auf einem merkwürdigen Punkt an der südlichen Spitze des dreieckigen Nildeltas, in dem sich drei Weltteile berühren, fast genau unter dem für das normale Leben der Menschheit geeignetsten 30. Breitengrad. Es ist sozusagen der Schwerpunkt der menschenbewohnten Erde. Sowohl der Breiten- als auch der Längengrad, den man durch die Pyramide zieht, durchschneidet mehr Land, als irgend ein anderer Breiten- und Längengrad. Der Punkt kann, wenn irgend einer, als der Mittelpunkt unserer Erdoberfläche angesehen werden, den die Griechen zu Delphi, die Römer in ihrem Stolze zu Rom, die Franzosen in ihrer Ville lumière in Paris, das große Handelsvolk unserer Zeit in London, die Yankees in Boston sehen, und — wer weiß — die Deutschen in Berlin suchen werden. — —

Treten wir nunmehr in das Innere der Pyramide.

Alle seitherigen Theorien bezüglich ihres Hauptzwecks, der doch wohl im Innern gesucht werden muß, zerstieben wie Luftgebilde, sagt Smyth, wenn wir in diese Riesenmasse kompakten Gesteins und seine wenigen, in ewige Nacht gehüllten Kammern und Gänge eindringen. Sie zeigen uns nur eine greifbare Tatsache: eine beschränkte Anzahl einfacher Maße und Richtlinien, die in unzerstörbarer Weise im Raum festgelegt, noch nach vier Jahrtausenden dieselbe Bedeutung erkennen lassen, die sie am Tag ihrer Ausführung gehabt haben müssen. Nichts hat sich in diesem Innern geändert, nichts wird und kann sich ändern, bis der festeste Bau unserer Erde mit den Felsen, auf denen er steht, in Staub zerfällt. Nach Taylor, Smyth und ihren Anhängern ist die Erhaltung dieser Maße und Linien der Zweck der großen Pyramide, das Verständnis derselben unsere Aufgabe.

Die einzige der landläufigen Hypothesen, die zurückzuweisen dem schottischen Astronomen der Mühe wert erscheint, ist die des Grabdenkmals. Sie war naheliegend und wurde deshalb die verbreitetste, weil alle Nachahmungen der Cheopspyramide in späterer Zeit diesem Zweck gedient haben und man übersah oder noch nicht wußte, was diese erste Pyramide von allen nachfolgenden unterscheidet. Bestärkt wurde die Nachwelt in ihrem Irrtum durch die Auffindung des sogenannten Sarkophags in der sogenannten Königskammer, d. h. eine Granittruhe, die allerdings nie anders als leer gesehen worden ist. Die Lage der Königskammer hoch über der Erde, der rohe, unvollendete Zustand der unterirdischen Grabkammer, die möglicherweise zur Bestattung einer Mumie hätte benutzt werden sollen, der Sarkophag ohne Deckel und Inschrift, der somit eine andere Form und Gestalt hatte, als irgend ein anderer Sarkophag, der je in der Welt gefunden wurde, die physische Unmöglichkeit der nachträglichen gewaltsamen Entfernung des fehlenden Deckels, da hierfür die Gänge zu eng sind, das Fehlen aller Berichte über etwaige Funde in der Pyramide, die ausführliche Erzählung des geraden Gegenteils: all das sind ebenso viele Beweise, daß die große Pyramide einen anderen Zweck gehabt haben mußte als alle späteren. Was dieser Zweck war, lassen die merkwürdigen mathematischen Verhältnisse ahnen, welche die äußere Form des Bauwerks verkörpert. Auch im Innern müssen wir darauf gefaßt sein, ähnliche Entdeckungen zu machen.

Der in das Innere steil nach abwärts führende Gang hat eine Richtung, die allerdings mit der merklichen Abweichung von 3° 30′ 31″ auf den Himmelspol hinweist. Die durch den Neigungswinkel von 20° 18′ festgelegte Sehlinie des Ganges, der wie ein unbewegliches steinernes Riesenteleskop gebraucht werden kann, trifft dagegen genau die untere Kulmination des Sternes δ im kleinen Bären, des heutigen Polarsterns. Smyth sieht darin eine Andeutung, welche Bedeutung unsere Zeit für die Pyramide hat, die Zeit, in der sie nach 4000 Jahren des Schweigens ihre Geheimnisse zu enthüllen beginnt.

Infolge der Präzession der Tag- und Nachtgleichen, jener langsamen Bewegung der Himmelsuhr, die der Grieche Hipparchus 1900 Jahre nach dem Bau der Pyramide zuerst geahnt hat, und deren Kreislauf erst die Astronomen des letzten Jahrhunderts annähernd festzustellen vermochten, war der berühmte Stern im kleinen Bären nicht immer in dieser Stellung dem Pol und der Pyramide gegenüber. Ein anderer bedeutender Stern — α im Drachen — befand sich nach Herschels Berechnungen im Jahre 2160 v. Chr. in derselben Lage, d. h. er war der Polarstern seiner Zeit und stand in seiner untern Kulmination täglich einmal in der Mittellinie des Eintrittsgangs der großen Pyramide. Dieser Gang mit seinem Neigungswinkel von 26° 18′ deutet deshalb auf das Jahr 2160 v. Chr. als ein für die Pyramide ähnlich bedeutungsvolles hin. — Weshalb, wenn all dies Absicht war, wählt aber der Pyramidenbauer die untere und nicht die obere Kulmination dieser Sterne für seine Richtlinie? Wir verdanken Herschel eine Antwort auch auf diese Frage. Im gleichen Jahre 2160 und zu gleicher Tagesstunde kreuzte ein anderer berühmter Stern den Meridian oberhalb des Pols, und zwar die Alcyone, ein Hauptstern der den Alten so wohl bekannten Pleiaden, heutzutage der Stern η im Stier. Es ist dies ein Zusammentreffen zweier bedeutender Sterne, das in 25827 Jahren — der Zeitdauer eines vollständigen Kreislaufs der Präzession der Tag-

und Nachtgleichen — nicht wiederkehrt, und bezeichnet deshalb für die Pyramide, die das Himmelsereignis in dem Winkel ihres Eintrittsganges verewigt, ein Jahr von der höchsten Bedeutung. Es war das Jahr ihrer Erbauung.

Was sagen die Ägyptologen hierzu, jene gelehrten Herren, die uns alle 25 Jahre eine andere Zeitrechnung für das alte Ägypten vorlegen, welche nun aber gewiß die richtige, die letzte, die endgültige bleiben müsse. Noch vor einem Jahrhundert hielt man sich an biblische Berechnungen und die bescheidenen Zahlen, die sich zur Not mit den mosaischen Angaben vereinigen lassen. Dann kam, mit der französischen Invasion, zu Anfang des 19. Jahrhunderts der Taumel mit ungezählten Jahrtausenden, die man hauptsächlich aus dem mißverstandenen Nilschlamm herauslas. Heute setzen dieselben Franzosen — Lesueur, Mariette, Renan — die Zeit der ersten Pyramidenbauer um 4950 v. Chr., Lepsius, Bunsen, Ferguson um 3125, Wilkinson, Rawlinson um 2440 und der jüngste W. Osburn um 2228. Die großen Zahlen schwinden mehr und mehr, wie wir sehen, und schließlich dürfte die Pyramide mit ihren 2160 Jahren recht behalten. Sie sollte, meint Smyth, am besten wissen, wann sie gebaut wurde.

Treten wir nunmehr, ohne weiteren Aufenthalt und vieles sehr Bemerkenswerte übergehend, in die Königskammer und vor den gewaltigen Block aus edelstem Granit, der seinerzeit von den südlichsten Grenzen Ägyptens mit unsäglicher Mühe bis hierher, in das Herz des Landes gebracht worden war. Daß und warum er kein Sarkophag sein kann, hätte selbst der zünftige Ägyptologe auf den ersten Blick erkennen müssen. Wo ist der Deckel, ohne den kein Sarkophag denkbar ist, wo sind die Götterbilder, die auch den ärmsten Toten begleiteten, wo die ruhmredigen Inschriften, ohne die sich kein König zum ewigen Schlaf niederlegte?

Dagegen finden wir Zeichen einer andern Art, die direkt mit diesem Block zusammenhängen, in Menge. Er ist in jeder

Richtung rechtwinklig; seine 5 äußeren, sowie seine 5 inneren Flächen sind glatt poliert. Der äußere Kubikinhalt ist genau das Doppelte des inneren Hohlraums. Die Fläche des Fußbodens der Königskammer, ein fast mathematisch genaues Rechteck, multipliziert mit der Höhe der ersten, die Wände bildenden Quaderschicht, ist genau das 50fache desselben Hohlraums, und auch sonst wiederholt sich in den Abmessungen der Pyramide das Maß dieses Hohlraums in mancherlei Form und Gestalt, so daß seine quantitative Größe nicht verloren wäre, selbst wenn der Pseudo-Sarkophag im Lauf der Jahrtausende zertrümmert würde.

Dieser Block gibt uns das Hohlmaß der Urzeit, ein Maß, auf dem das Gewicht und Volumen unserer Erde beruht, gleichzeitig aber auch das erste Maß, das die Menschen bedurften, als sie aus dem Zustand der Kindheit heraustraten und zu messen begannen — es ist ein Getreidemaß.

Solche Behauptungen sind mehr als verblüffend, doch ist Piazzi Smyth mit seinen Beweisen bereit.

Der Hohlraum ist 77,85 Pyramidenzoll lang, 26,70 Zoll breit und 34,31 Zoll tief. Sein Inhalt wäre hiernach 71 317 Kubikpyramidenzoll. Trotzdem glaubt P. Smyth, daß der wirklich beabsichtigte Inhalt des Hohlraums 71 250 Kubikzoll betragt und erhält diese Zahl in folgender Weise:

Nahe der oberen schwerverletzten Kante des Hohlraums, die keine sehr genauen Maße zu nehmen erlaubt, befindet sich eine scharfe Kerbe. Wird diese als die Tiefe der Kiste bestimmend, gewissermaßen als eine Art Eichstrich, betrachtet, so ergibt sich ein Inhalt von **71 258** Kubikzoll.

Es zeigte sich ferner, daß der zweifache Hohlraum der Kiste mit merkwürdiger Genauigkeit gleich dem Kubikinhalt der Außenmaße des Granitblocks ist. Nimmt man dies als gewollt an, so berechnet sich aus diesen Außenmaßen der Inhalt des Hohlraums auf **71 160** Kubikzoll.

Endlich sind die den Hohlraum begrenzenden Flächen nicht mathematisch genaue Ebenen. Mit Berücksichtigung ihrer Unregelmäßigkeit — einer meßbaren Ausbauchung — ergibt sich ein Inhalt von **71266** Kubikzoll.

Aus diesen vier Arten der Berechnung des Inhalts nimmt nun Piazzi Smyth als einen der Wahrheit nächstliegenden Mittelwert die Zahl **71250**. Die genaue Richtigstellung dieser Zahlen war um so dringender erforderlich, als sich keine derselben mit den sonstigen Maßen der Pyramide in irgendwelche rationelle Verbindung bringen ließ. Diese unangenehme Tatsache beschäftigte Piazzi Smyth, wie er erzählt, zehn Jahre lang unablässig. Endlich sah er Licht. Der Inhalt der Granittruhe ist gleich einem Kubikpyramidenmeter multipliziert mit 5,7, dem spezifischen Gewicht des Erdballs.

Wie verhält sich die gelehrte Welt zu dieser Zahl, die für die Stellung unseres Planeten im Weltall, für das Leben der Organismen auf seiner Oberfläche von einer Bedeutung ist wie kaum eine zweite? Bis in das 17. Jahrhundert beschäftigte sich kaum irgend einer der zünftigen Physiker ernstlich mit der Frage, nachdem Newton die Vermutung ausgesprochen hatte, daß die Erdkugel 5 bis 6 mal schwerer sein dürfte, als wenn sie aus Wasser wäre. Vom Jahr 1772 an, nach den Versuchen von Dr. Masklyne wurde 4,8 als die richtige Zahl angenommen. Experimente von Roß Clarke in Schottland ergaben im Jahr 1855 die Zahl 5,316. Sir G. B. Airy zu Greenwich fand 6,565. Die Ergebnisse späterer Versuche ließen uns die Wahl zwischen 5,316, 5,675 und 6,565. Das war unser Wissen von gestern. Heute schwanken die Angaben unserer Gelehrten in noch engeren Grenzen um die Zahl 5,7. Smyths mit großer Gewissenhaftigkeit und ermüdender Ausführlichkeit durchgeführte Untersuchungen zeigen somit, daß das Pyramidenhohlmaß eines der wichtigsten — für uns Erdbewohner das wichtigste Gewichtsverhältnis zum Ausdruck bringt.

Mit einem gewissen Recht nennt nun der Entdecker dieser Tatsache das Gewicht des mit Wasser gefüllten Hohlmaßes die Pyramidentonne, und findet sodann ein nicht weniger eigentümliches Gewichtsverhältnis zwischen der Erdkugel und der Pyramide. Mit sorgfältiger Berücksichtigung ihrer Hohlräume und der verschiedenen spezifischen Gewichte der Hauptsteinmasse, der Verschalungssteine und des verwendeten Granits berechnet sich das Gesamtgewicht der Pyramide auf 5,273 Millionen Tonnen, das Gewicht des Erdballs auf 5,273 Quadrillionen Tonnen. Das Gewicht der Pyramide steht zu dem Gewicht der Erde in dem einfachen Verhältnis von 1 zu 10^{15} oder $10^{3 \times 5}$.

Kehren wir zurück zu den uns näher liegenden Beziehungen, indem wir die Granittruhe als Getreidemaß betrachten.

Die älteste und größte angelsächsische Maßeinheit ist das Quarter, zu deutsch Viertel, das heute zwar nicht mehr als ein im praktischen Leben gebräuchliches körperliches Hohlmaß vorkommt, dagegen noch immer in der Aufstellung von Berechnungen seine Anwendung findet. Im täglichen Marktverkehr ist der Bushel die übliche Einheit. 8 Bushel sind ein Quarter. Die Einheit des Quarters, des „Viertels", ist, so weit Menschengedenken reicht, niemals im Gebrauch gewesen, weder in der Praxis, noch in Berechnungen. Es ist heute eine mysteriöse, namenlose Größe, und muß doch einmal eine faßbare Bedeutung gehabt haben, wie hätte sonst der Name Quarter, das Viertel, entstehen können. Der Inhalt der Granittruhe in der Cheopspyramide zu Gise ist nun aber genau viermal so groß wie das englische Quarter. Die Granittruhe ist die vergessene Einheit, die dem uralten, noch heute lebendigen Maße der anglogermanischen Rasse zugrunde liegt.

Hiermit, werden Sie denken, meine Herren, kommt der verrückte Engländer zum endgültigen Durchbruch. Ich selbst habe an mehr als einer Stelle seines erschöpfenden Werkes so gedacht, wenn ich den weiteren Forschungen und Schlüssen Piazzi Smyths folgte, der sich, wie Sie vermuten können, in der tiefsten Zahlenmystik verliert und in der Pyramide noch ganz andere Dinge sieht als die bisher erwähnten. Bis hierher jedoch sind die mitgeteilten Zahlen unleugbar richtig. Wie es sich erklären läßt, daß sie in den Abmessungen der Pyramide auftreten, ist eine andere Frage, deren Beantwortung, sie mag ausfallen wie sie will, nicht in das Gebiet unseres mathematischen und naturwissenschaftlichen Vereins gehört.

Ich schließe deshalb mit dem Wunsch, daß diese gedrängte und schon deshalb lückenhafte Schilderung einer der neuesten und eigentümlichsten Richtungen, welche die Pyramidenforschung genommen hat, Ihnen wenigstens ein Bild der großen Pyramide vorgeführt hat, die eines der merkwürdigsten Bauwerke bleibt, welche der Mensch jemals errichtet hat und voraussichtlich errichten wird.

V. Binnenschiffahrt und Landwirtschaft.

Vortrag, gehalten in der Hauptversammlung des Vereins für Hebung der Fluß- und Kanalschiffahrt in Bayern zu Neu-Ulm am 28. Mai 1899.

Vom fernsten Westen Amerikas bis zum östlichsten Rußland sehen wir seit zwei Jahrzehnten das Streben nach Weiterentwicklung der Binnenschiffahrt; nach einem halben Jahrhundert, in welchem alle Fortschritte des Verkehrswesens, in Europa wenigstens, auf dem Gebiet der Eisenbahnen erwartet und gesucht wurden. Wie aber jede plötzliche Strömung in ruhigen Gewässern sofort ihren Gegenstrom erzeugt, der oft in der unerwartetsten Richtung einsetzt, so macht sich auch hier energischer Widerstand gegen diese neue oder, richtiger gesagt, gegen das Wiedererscheinen einer alten Bewegung geltend, die man jahrzehntelang für unzeitgemäß, für überwunden erachtet hatte. Wir sehen dies in dem Kampf um den norddeutschen Mittelland-Kanal, das gewaltigste und aussichtsvollste Unternehmen, das bis heute in Deutschland ins Auge gefaßt wurde. In erster Linie ist jede Verkehrserleichterung, somit auch der Ausbau unserer Wasserstraßen, ein Förderungsmittel der nationalen Gewerbstätigkeit. Das scheint so klar, daß man sich schämt, es auszusprechen. Und was sehen wir in diesem Falle? Ganz Schlesien, vor allem die ganze Steinkohlenindustrie der Provinz, setzt dem Unternehmen durch Resolutionen, Eingaben und Proteste den heftigsten Widerstand entgegen; die Braunkohlen-Industriellen der Provinzen Sachsen und Hannover, welche die geplante Wasserstraße durchschneiden würde, sehen murrend und besorgt die geplante Verkehrserleichterung kommen. Unsere größte Handels- und Seestadt Hamburg steht dem großen Unternehmen kühl bis ans Herz gegenüber, denn sie fürchtet bei all ihrer gerühmten Weitsichtigkeit, daß der Kanal dem Seehafen der Weser, Bremen, größere Vorteile bringen müsse als dem der Elbe. — Ein noch wunderlicheres Beispiel bietet das Projekt des Großschiffahrts-Kanals Berlin-Stettin, das unzweifelhaft der Industrie und der Schiffahrt zwischen der Reichshauptstadt und ihrem nächsten Seehafen unberechenbare Vorteile verspricht und trotzdem selbst von den Schiffern der jetzigen Wasserstraße, der Oder und des Finow-Kanals, aufs heftigste bekämpft wird. Und wir brauchen nicht an das andere Ende Deutschlands zu gehen, um derartige Beobachtungen machen zu können. Eine der größten Industriestädte Bayerns scheint ein gelinder Schrecken zu ergreifen, so oft von der Schiffbarmachung des Lechs und ihrer Verbindung mit dem größten Mittelland-Kanal Südost-Europas, mit der Donau, die Rede ist.

Wenn in Gewerbe-, Handels- und Schiffereikreisen solche Widerstände gegen den Ausbau unserer Kanäle und Flüsse auftauchen und mit rücksichtsloser Energie zur Geltung gebracht werden, kann es uns wundern, darf es uns ärgern, daß wir in den Kreisen der Landwirtschaft ähnlichen Erscheinungen begegnen? Stimmungen und Gefühlsäußerungen sind in solchen Dingen stets unangebracht. Wir, die wir von dem Nutzen, von der absoluten Notwendigkeit der Entwicklung der deutschen Binnenschiffahrt überzeugt sind, sollten doppelt vorsichtig sein, in ungeduldiger und wegwerfender Weise Ansichten zu bekämpfen, die uns sozusagen im eigenen Lager auf Schritt und Tritt entgegentreten. Es handelt sich vor allem darum, unsere Gegner zu verstehen, ihre Anschauungen durch sachliche Gründe zu widerlegen, sie, wenn möglich, zu überzeugen und zu gewinnen. Das ist für den Augenblick eine der größten Aufgaben der Binnenschiffahrtsfreunde, die unter Umständen wichtiger sein kann als das Studium aller technischen Schwierigkeiten, die diesem oder jenem Projekt entgegenstehen. Denn im Kampfe mit Erde und Wasser werden wir Herr bleiben; dafür bürgen uns die Hilfsmittel unserer Zeit. Mit den Köpfen unserer Gegner sind wir des Sieges nicht so sicher, es sei denn, daß wir auch hier mit der Ausdauer und der Geduld zu Werke gehen, die sich auf technischem Gebiete von selbst verstehen.

Es gab eine Zeit, in der die Binnenschiffahrt von seiten der Landwirtschaft freudig begrüßt wurde. In der Bauperiode des großen französischen Kanalnetzes im achtzehnten Jahrhundert und noch unter Napoleon I., in der Friedericianischen Zeit, in der die ersten preußischen Kanäle entstanden, auch in jenen späteren Tagen, in welchen das damals größte Kanalprojekt Deutschlands, der Ludwigs-Kanal, in Angriff genommen wurde, stand die gesamte Landwirtschaft auf der Seite der Kanalbauer. Damals fühlte sie noch das Elend verkehrsloser Verhältnisse am eigenen Leibe, und der billige Massentransport, der für kein Gewerbe von größerer Bedeutung sein konnte als für sie, schien auf diesem Wege einem erreichbaren Ideal entgegenzugehen.

Es gibt heute noch Länder von allererster landwirtschaftlicher Bedeutung, in denen Ackerbau ohne Binnenschiffahrt kaum existieren, geschweige denn blühen könnte. China, Ägypten, Indien, Holland und vor allem Amerika sind Beispiele dieser Art. Überall dort haben die Wasserstraßen zuerst und dauernd jene hemmende Schranke durchbrochen, die die Landwirtschaft und ihr Erwerbsleben an die Scholle fesselt. Ich spreche hier nicht von dem Segen für die Allgemeinheit, der darin liegt, daß durch den Verkehr auf Flüssen und Kanälen eine Verteilung der notwendigsten Nahrungsmittel über weite Gebiete möglich wurde und die Überfülle eines Bezirks den Mangel eines anderen ausgleichen konnte. Ich fasse nur die Interessen des Landwirts selbst ins Auge, dem eine gleichmäßigere und vollständigere Verwertung seiner Erzeugnisse möglich gemacht war. Denn in den alten verkehrslosen Zeiten litt er in Hungerjahren unter dem kleinlichsten Wucher der Handelsleute so viel als die übrigen Stände, so daß süddeutsche Reichsstädte den Kauf von Getreide zum Zweck des Wiederverkaufs mit der Todesstrafe bedrohten, während in Jahren reichlicher Ernte jeder Handel aufhörte und die übrig gebliebenen Erzeugnisse weggeworfen werden mußten, sobald die nächste Umgebung versorgt war.

Auch heute, wo immer die Landwirtschaft ein wirklich lohnender Erwerbszweig eines Volkes geworden oder geblieben ist, hängt dies aufs engste mit dem Binnenverkehr auf leistungsfähigen Wasserstraßen zusammen. Hier bieten die Vereinigten Staaten Amerikas ein glänzendes Beispiel. Der Getreidebau des amerikanischen Westens wäre unmöglich ohne die gewaltige, vielverzweigte Wasserstraße, die ihn mit der Ostküste des Kontinents verbindet. Die Baumwollkultur des Mississippitales würde mit fast unüberwindlichen Schwierigkeiten kämpfen ohne die Wasserwege, die den riesigen Distrikt durchschneiden. Der Nil, der Ganges, der La Plata haben die landwirtschaftlichen Gaue jener Länder zugänglich gemacht und erhalten ihre landwirtschaftliche Bedeutung auf einer Höhe, die ohne Wasserstraßen nicht zu erreichen wäre. Ähnliches sehen wir in kleinerem Maßstabe in nächster Nähe, wo immer die Landwirtschaft den Weltmarkt berührt. Die Rübenzucker-Industrie Deutschlands benutzt die Elbe in weit höherem Grade, als dies seitens des importierten ausländischen Getreides geschieht und geschehen kann.

Wo die Verhältnisse für natürliche und künstliche Wasserstraßen weniger günstig liegen, ist es die Landwirtschaft, die so laut als irgend ein anderes Gewerbe nach Eisenbahnen, nach Kleinbahnen, nach billigen Frachten ruft. Wo all dies, infolge der Gunst der Verhältnisse, in reichlichem Maße geboten ist, dürfte es nicht leicht, ich sage getrost unmöglich sein, einen Landwirt zu finden, der ernstlich den Wunsch hegte, die alten Zustände mit ihren natürlichen und künstlichen Verkehrshindernissen wieder hergestellt zu sehen. Der Gedanke erscheint so unsinnig, daß man sich auch in landwirtschaftlichen Kreisen nicht ernstlich damit beschäftigen kann. Nur da, wo einem Gau alle diese Vorteile — Eisenbahnen, Wasserstraßen, billige Frachten — versagt sind, tritt der Wunsch zutage, daß wenigstens die anderen all diese ruinösen Einrichtungen auch nicht hätten. Und doch ist es heute die Landwirtschaft, allerdings nur die deutsche Landwirtschaft — denn in Frankreich, in England, in Rußland, geschweige denn in Amerika, weiß man von derartiger Opposition nichts — welche den Widerstand gegen Binnenschiffahrtsstraßen zu einem Feldgeschrei erhoben hat, das, getragen von der ganzen Wucht eines großen, hochwichtigen Standes, der Vorwärtsbewegung, die wir in allen anderen Ländern Platz greifen sehen, ernste und gefährliche Hindernisse bereitet.

Die Einwände gegen die Entwicklung der deutschen Wasserstraße von seiten der Landwirtschaft haben dreierlei Beweggründe: Fürs erste handelt es sich um rein örtliche Interessen, zu deren Gunsten die Erhaltung des status quo verlangt wird, so wenig derselbe andererseits in diesen Tagen der landwirtschaftlichen Notlage zur Zufriedenheit Veranlassung gibt. Sodann ist es das Wohl des ganzen Standes der deutschen Landwirte, das bedroht erscheint. Und endlich sind es parteipolitische Motive, die der großen Frage ihre eigentümliche Färbung geben.

Den letzteren Punkt will und werde ich nicht berühren; er liegt außerhalb des Gebiets unserer heutigen Erörterungen, und den ersten kann ich in kurzen Worten erledigen.

Es gibt keinen Fortschritt in der Welt, der nicht einen Teil der bestehenden Verhältnisse mehr oder weniger unangenehm und selbst schädigend berührt. Man müßte jede Bewegung aufgeben, wollte man dieser Tatsache aus dem Wege gehen. Hunderte von Beispielen in großem und kleinem Maßstabe hat jeder von uns miterlebt; es lohnt sich nicht, auch nur einige derselben aufzuzählen. So muß auch der Bau jedes Kanals, die Schiffbarmachung jedes Flusses, sie mag noch so nützlich und notwendig sein, Verschiebungen hervorrufen, welche vorhandene Verhältnisse, bestehende Erwerbszweige, sogenannte „berechtigte Existenzen" benachteiligen, möglicherweise sogar vernichten. Daß dieselben die Berücksichtigung ihrer Lage verlangen, daß sie sich ihrer Haut wehren, ist vollständig berechtigt. Es fragt sich dann, ob der vorübergehende Schaden, welcher diesen oder jenen bedroht, aufgewogen oder vielmehr übertroffen wird von dem Nutzen, den andere und vor allem das allgemeine Volkswohl sich von dem Unternehmen verspricht. Ist dies der Fall, dann muß in einem gesunden Volke die Kraft liegen, dem Neuen auch über das Alte hinweg Bahn zu brechen. Wo diese Kraft fehlt, ist das Volk im Niedergang begriffen, den nichts aufhalten kann, am wenigsten die Absperrung nach außen, um die es sich in unserem Falle gewöhnlich handelt. — —

Was uns hier eingehender beschäftigen wird, sind die Gesamt-Interessen eines Standes, dessen Wohlergehen zweifellos für unser deutsches Volk von einer Bedeutung ist, die keinem anderen Stande zukommt. Schon die Tatsache, daß er seit anderthalb Jahrtausenden der Grundstock des deutschen Volkes war, daß er heute noch der Zahl nach der größte ist, auf dem die Gesundheit und die Kraft unseres Volkes beruht, gibt dieser Seite der Streitfrage ein ungewöhnliches Gewicht und zwingt uns, mehr als es vielleicht bisher der Fall war, auf die Ansichten und Stimmungen zu achten, die in jenen Kreisen unseren Bestrebungen entgegentreten. Was ist der als berechtigt anzuerkennende Grund ihres Widerstrebens und was haben wir einzuwenden, nicht bloß um unseren Standpunkt zu rechtfertigen, sondern um unsere Gegner zu überzeugen?

Die augenblickliche Notlage der deutschen Landwirtschaft, die zu leugnen wohl niemand mehr töricht genug ist, d. h. die Unmöglichkeit, bei den Weltmarkt-Preisen, wie sie vor kurzer Zeit und teilweise auch heute herrschen, mit Durchschnittsmitteln und Durchschnittsfähigkeiten unter deutschen Durchschnittsverhältnissen als Landwirt eine gesicherte Lebensstellung zu erhalten, schreibt man in landwirtschaftlichen Kreisen kurz und bündig dem modernen Verkehr zu.

Ähnliche Notlagen hat es allerdings auch vor unserer Zeit gegeben. Sie kehrten periodisch wieder und waren in früheren Generationen um so empfindlicher, je weniger damals vom

Massenverkehr und dessen ausgleichender Wirkung die Rede sein konnte.

Zwei Dinge allerdings hat uns dieser moderne Verkehr gebracht, die nicht leicht wieder verschwinden werden und die für den Augenblick der deutschen Landwirtschaft das Leben unerträglich zu machen scheinen: die Weltkonkurrenz von außen, welche die Arbeit unseres Landwirts in eine Reihe stellt mit der Arbeit aller Länder und Zonen des Erdballs, und den Industriestaat, der im Innern unseres Vaterlandes an den alten Sitten und Gewohnheiten des deutschen Volkes rüttelt und eine gewaltige Umwälzung aller Verhältnisse anbahnt.

Solch große Dinge werden nicht künstlich gemacht. Der Eigennutz oder der Idealismus einzelner, die Sinnesrichtung und Liebhaberei ganzer Volksgruppen sind machtlos, sie zu fördern oder aufzuhalten. Sie entstehen und wachsen, sie brechen über uns herein wie Naturkräfte, denen der Mensch fast hilflos gegenübersteht. Alles was er tun kann, ist zu versuchen, sie zu verstehen und dann sich ihnen anzupassen, so gut es gehen will. Darin liegt für ihn die Rettung, aber oft auch mehr als Rettung: der Weg zu neuem, wenn auch anders gestaltetem Gedeihen.

Sehen wir zunächst, wie das alles gekommen ist, und wo wir stehen.

Seit einem Jahrhundert, wie nie zuvor in der Geschichte der Menschheit, wurden zahllose Mittel entdeckt, welche alle darauf abzielen, die Hindernisse zu beseitigen, die uns Zeit und Raum in den Weg legen. Mit der Dampfmaschine und der Kraft in der Kohle fing die Bewegung an, mit der Elektrizität und der Schnelligkeit des Blitzes sind wir schwerlich am Ende dessen angelangt, was noch erreicht werden wird. Das hat unseren Bewegungen, unserer Arbeit, unserem ganzen Leben eine Beschleunigung gegeben, die vor hundert Jahren kein Mensch voraussehen konnte. Es hat die Völker näher zusammengerückt und den Einfluß, den sie aufeinander ausüben, fast bis zur Peinlichkeit gesteigert. Nichts ist imstande, dies zu ändern oder zu hindern. Diese Wendung der Dinge brachte aber auch unendlich viel Gutes: Kraft und Arbeit, einen allgemeinen Aufschwung für Millionen, und das deutsche Volk steht unter den ersten mit an der Spitze dieser großen weltgeschichtlichen Umgestaltung.

Inmitten eines frisch pulsierenden Lebens, das seine Wirkung in allen Richtungen äußert, hat die Bevölkerung Deutschlands die Zahl von 52 280 000 Seelen erreicht und nimmt in gesundem, stetigem Wachsen jährlich um 1,2 Proz., d. h. um rund 600 000 zu.

Das Erste und Unentbehrlichste, was sie bedarf, ist Nahrung. Aber schon seit einer Reihe von Jahren hat die deutsche Landwirtschaft die erforderliche Menge von Nahrungsstoff nicht mehr zu schaffen vermocht. Getreide, Fleisch, Obst, Gemüse, Eier müssen eingeführt werden. Fast auf allen Gebieten der landwirtschaftlichen Produktion sind wir genötigt, in ganz erheblichem Grade das Ausland zu unserer Hilfe heranzuziehen.

Die Gesamteinfuhr des Deutschen Reiches bewertet sich heute auf die riesige Summe von rund 4 1/2 Milliarden Mark jährlich. Davon kamen im Jahre 1897 1190 Mill. auf Stoffe, welche die Industrie zur Verarbeitung bedarf, 1065 Mill. auf verarbeitete Gegenstände, 750 Mill. auf landwirtschaftliche Erzeugnisse für Bekleidungszwecke (Flachs, Hanf, Schafwolle, Seide*) und 1893 Mill. auf Verzehrungsgegenstände.

Die letztere, für die Landwirtschaft besonders wichtige Summe verteilt sich wie folgt:

Vieh, lebende Tiere, Eier	276	Mill.
Getreide, Gemüse, Obst, Heu, Stroh	789	"
somit eigentlich einheimische landwirtschaftliche Gegenstände . . .	1065	"

---

*) Baumwolle ist hier ausgeschlossen, als in unserem Klima nicht erzeugbar.

Unsere Ausfuhr in der entsprechenden Gruppe beträgt 158 Mill., so daß der Überschuß unserer Einfuhr landwirtschaftlicher Erzeugnisse für Ernährungszwecke sich auf 907 Mill. jährlich bewertet.

Von Spezereien, Tabak, Kaffee, Tee, Fleischwaren fuhren wir ein 828 Mill. und wieder aus 428 Mill., so daß in dieser Gruppe ein Überschuß der Einfuhr von 400 Mill. entsteht, von denen jedoch nur ein kleiner Teil für die heimische Landwirtschaft in Betracht kommt.

Im ganzen beträgt somit der Bedarf an Stoffen für Ernährung und Bekleidung, welche der deutsche Boden nach seinen klimatischen und landwirtschaftlichen Verhältnissen erzeugen könnte, die wir aber trotzdem vom Ausland beziehen müssen, $1\frac{1}{2}$ Milliarden jährlich.

Um einen weiteren Einblick in diese Verhältnisse zu gewinnen, beschränke ich mich im folgenden auf die wichtigsten Getreidearten: Weizen, Roggen, Gerste und Hafer. In den drei Jahren 1894—1897 betrug im Durchschnitt jährlich

die gesamte Getreideernte Deutschlands	17455	Mill. Tonnen
das Mehr der Einfuhr über die Ausfuhr	3187	" "
somit die verfügbare Jahresmenge . .	20642	" "
die erforderliche Menge des Saatguts .	2234	" "
somit die für Nahrungszwecke erforderliche Menge	18407	" "

Es wurden demnach 3,187 Millionen Tonnen, fast genau ein Sechstel des zur Ernährung des Volks erforderlichen Getreidebedarfs eingeführt, d. h. in anderen Worten: von den 52 Millionen Einwohnern müssen $8\frac{2}{3}$ Millionen, für die kein Halm in Deutschland wächst, vom Auslande ernährt werden, und diese erschreckende Menschenmenge wächst alljährlich um 600000 Köpfe, ohne daß die heimische Produktion mit den wachsenden Bedürfnissen Schritt zu halten vermöchte.

Darüber streitet man sich. Von landwirtschaftlicher Seite wird mit Recht darauf hingewiesen, daß die Ausnutzung von brachliegenden Geländen, eine intensivere Kultur, die hervorragenden wissenschaftlichen Fortschritte der neuesten Zeit eine ganz wesentliche Ertragssteigerung unseres Bodens voraussehen lasse und tatsächlich in den letzten 20 Jahren ergeben habe. Dies ist in erfreulicher Weise der Fall. Die Getreideproduktion ist sogar rascher gestiegen, als die Bevölkerung, und dennoch ist auch der Fehlbetrag mit jedem Jahre stetig gewachsen. Dies erklärt sich aus der Tatsache, daß die wachsende Wohlhabenheit des ganzen Volkes auch an seine Ernährung höhere Ansprüche stellt als früher und daß, mit diesem Maßstabe gemessen, die deutsche Landwirtschaft den tatsächlichen Bedürfnissen des Volks von Jahr zu Jahr weniger zu genügen vermochte.

Erst vor wenigen Wochen hatte ich Gelegenheit, einer Erörterung dieser Frage in norddeutschen Kreisen beizuwohnen. Ein hervorragender Landwirt aus Hannover teilte mit berechtigtem Stolze mit, daß er die Erträge eines großen, aber vernachlässigten Gutes im Laufe von 10 Jahren um 45 Proz. gesteigert habe. Ich selbst hege nicht den geringsten Zweifel, daß die Erträge einer deutschen Durchschnittswirtschaft durch intensivere Kultur um 17 Proz., vielleicht um mehr noch erhöht werden könnten, daß damit also mit einem Schlage der Fehlbetrag gedeckt wäre, den unsere Landwirtschaft aufweist. Aber es ist ein großer Schritt von diesem „Könnten“ zum Können. Zu dem „Können“, wie wir es hier brauchen, gehört nicht allein der nötige Boden mit seiner latenten Fruchtbarkeit, den wir heute noch haben, es gehören dazu die nötigen Mittel, das nötige Wissen, der nötige Fleiß und der nötige Wille, dies alles zu dem einen Zweck in Bewegung zu setzen. Alle diese Faktoren nicht bei einem einzelnen intelligenten Landwirt, sondern bei den Millionen der landwirtschaftlichen Durchschnittsbevölkerung in aller Geschwindigkeit um 17 Proz. zu steigern, dazu sind wir insgesamt unfähig.

Der Beweis liegt auf der Hand. Nirgends geschieht mehr für die Hebung des landwirtschaftlichen Wissens und Könnens — namentlich des Wissens — durch Schulen, durch Vereine, durch Regierungsmaßregeln aller Art, als in Deutschland. Dabei bin ich noch nie einem Landwirt begegnet, der aus Bosheit die Erträgnisse seines Gutes um 17 Proz. oder auch nur 1 Proz. zurückgehalten hätte. Jeder tut, was seine geistigen und physischen Mittel ihm zu tun gestatten, und dennoch bleiben wir um die öfters genannten 17 Proz. unter der für die Gesamtheit erforderlichen Erntemenge. Mit dieser Tatsache müssen wir rechnen, wenn wir uns nicht Selbsttäuschungen hingeben wollen, die niemand, auch nicht der Landwirtschaft, irgendwelchen Nutzen bringen können.

So erfreulich demnach, im Gegensatz zu den Verhältnissen in weiten Distrikten des Auslandes, vornehmlich in Rußland und Amerika, das Anwachsen der Ertragsfähigkeit unseres deutschen Bodens ist, wird es doch überflügelt von den Bedürfnissen unserer wachsenden und anspruchsvolleren Bevölkerung. Das zeigt die steigende Einfuhr landwirtschaftlicher Erzeugnisse aller Art. Sie ist ein untrüglicher Maßstab, wenn sie eine gewisse Stetigkeit der Bewegung angenommen hat. Denn die Massenerzeugnisse der Landwirtschaft haben in dieser Beziehung einen eigentümlichen, von gewerblichen Erzeugnissen durchaus verschiedenen Charakter. Bei letzteren ist der Konsum nicht vom unmittelbaren Bedürfnis allein abhängig, er kann gesteigert werden durch die Billigkeit der Ware, durch die plötzlich steigende Wohlhabenheit weiter Schichten der Bevölkerung und andere oft künstlich herbeigeführte Ursachen. In Industriebezirken steigt in geschäftigen Zeiten sofort der Konsum von Bier und Spirituosen, ja selbst der Handel mit Sofas und Pianos. Niemand aber ißt ein Stück Brot, wenn er satt ist, er mag noch soviel Geld in der Tasche haben oder das Getreide noch so billig sein. Kein Bäcker bäckt mehr als er verkaufen kann, kein Müller malt mehr als er an den Bäcker abzusetzen vermag. So ist mit geringfügigen Schwankungen die Menge der Einfuhr landwirtschaftlicher Erzeugnisse, die nicht dem Luxus dienen, durch das physische Bedürfnis bestimmt, und es beruht auf einem Irrtum, von der

Überschwemmung eines Landes mit Getreide als etwas Dauerndem zu sprechen. Wer hätte den Nutzen davon? Händler und Spekulanten verrechnen sich zuweilen, aber sie wären die größten Toren, wenn sie in ein Land Getreide bringen wollten, in dem sich der Vorrat, den es bedarf, bereits findet.

Ähnlich wie im Deutschen Reich als Ganzem verhalten sich die Dinge in Bayern, das uns heute besonders interessiert, um so mehr, als wir Bayern mehr als andere Teile Deutschlands als ein Agrikulturland zu betrachten gewohnt sind. Auch hier ist die Bevölkerung über die landwirtschaftliche Produktionskraft hinausgewachsen; auch hier verschlimmert sich dieses Verhältnis mit jedem Jahre. Seine Bevölkerung ist heute 5932000. Ihr stetiges Wachstum betrug in den letzten 10 Jahren 0,63 bis 0,78 Proz., heute jährlich etwa 46000 Seelen. Schon in den Jahren 1881—86 war der Überschuß der Einfuhr von Getreide (Weizen, Roggen, Gerste und Hafer) über die Ausfuhr im Durchschnitt 116200 t. In den letzten drei Jahren (1896, 97, 98) betrug er mehr als das Doppelte, nämlich 276800 t (Weizen 76364, Roggen 26041, Gerste 166610 und Hafer 7800 t). Diese Zahlen sind insofern etwas zu niedrig, als nicht berücksichtigt werden konnte, was auf den Landstraßen die Grenze überschritt. Die gesamte Getreideernte Bayerns betrug nun in der gleichen Periode

jährlich	2170000 t
die erforderliche Saatmenge	278000 „
dies ließ für den Konsum eigenes Produkt . .	1892000 „
plus den eingeführten	276800 „
zusammen	2168800 t

Hiernach wurden von den für den Konsum erforderlichen 2168800 t 276800 t, d. h. rund 13 Prozent eingeführt. In anderen Worten: von den 5932000 Einwohnern Bayerns sind heutzutage 771000 auf fremdes Getreide angewiesen, eine Zahl, die sich jährlich um 46000 vermehrt. Damit ist erwiesen, daß die bayerischen Verhältnisse denen des Reiches im wesentlichen gleichkommen.

Aus dem Gesagten ergibt sich, daß wir gezwungen sind, einen gewissen Prozentsatz fremden Getreides in Deutschland wie auch in Bayern aufzunehmen, um die wachsende Bevölkerung ernähren zu können. Dagegen hätte kein vernünftiger Landwirt etwas einzuwenden, wenn nicht die Preisbildung des inländischen Getreides durch den Eintritt des fremden beeinflußt würde. Die Weltkonkurrenz, auch auf dem deutschen Markte, ist damit unvermeidlich geworden, und unsere Getreidepreise können nur durch den Schutzzoll und durch die mehr oder weniger großen Schwierigkeiten des Transports auf einer Höhe gehalten werden, die dem deutschen Bauern den Anbau von Brotfrüchten möglich macht. Bis zu welchem Grade dies wahr ist, ist eine heute noch ungelöste Streitfrage. Ganz im allgemeinen aber muß zugegeben werden, daß der deutsche Landwirt unter Verhältnissen arbeitet, die sich mit großen Länderstrecken anderer Weltteile auch nicht entfernt in eine Linie stellen lassen. Wir haben ein Klima, das sich mit den halbtropischen und tropischen Gegenden Kaliforniens, Argentiniens, Indiens, Australiens an Fruchtbarkeit nicht vergleichen läßt. Wir haben einen Boden, an dem seit tausend Jahren Millionen saugen, gegenüber der jungfräulichen Scholle Amerikas, Sibiriens, Australiens, die, rücksichtslos ausgebeutet, für den Augenblick wenigstens unvergleichlich mehr leistet als die unsere. Wir haben soziale Verhältnisse, welche eine bestimmte Lebensführung unerbittlich verlangen, gegenüber der ackerbauenden Bevölkerung heißer Länder, die kaum Wohnung und Kleidung und ein Minimum von Nahrung bedürfen. Wir haben endlich ein Staatswesen zu erhalten, das Ansprüche an den Grundbesitz stellt, von denen man in Amerika, in Indien und Australien keine Ahnung hat. Ohne lange Berechnungen ergibt sich aus all dem, daß unter solchen Umständen völlig freie Konkurrenz gleichbedeutend ist mit dem Ruin von Millionen, mit der Vernichtung unserer bäuerlichen Bevölkerung, in der heute das deutsche

Volk mit vollem Recht noch immer sein gesundes Blut, sein Mark und seine Knochen sieht. Auch der rücksichtsloseste Freihändler muß zaudern, hier seinen Lieblingstheorien starr zu folgen, wenn er sich ihre unausbleiblichen Folgen klar macht. Deutschland kann nicht, wie England, ohne seinen Bauernstand existieren; denn wir sind kein Kolonialreich, wir haben den Welthandel nicht in der Hand, wir beherrschen nicht die See; und existieren wollen wir, Agrarier wie Manchesterleute, selbst wenn wir für jeden Bissen Brot, den wir genießen, einen hundertstel Pfennig über den Weltmarktpreis bezahlen müssen. Darin liegt die Berechtigung der deutschen Getreidezölle, deren Höhe zu bemessen ist, nicht um einen Stand auf Kosten anderer zu bereichern, sondern so, daß der deutsche Landbau weiter arbeiten kann als eine Notwendigkeit für die Erhaltung des ganzen Volkes. Wenn das ganze Volk hierfür bezahlt, so bezahlt es nur für sein eigenes Weiterleben. Diese Überzeugung bricht sich mehr und mehr Bahn und wird ein schwerwiegendes Element in all unseren künftigen Handelsverträgen bilden, wenn die Leiter unserer volkswirtschaftlichen Politik ihre Pflichten erkennen.

So steht nun das vom gefürchteten Weltverkehr herbeigeschleppte fremde Getreide, die vermeintliche Hauptursache der landwirtschaftlichen Notlage, zum Weltpreise, den bis jetzt keine menschliche Macht beherrschen konnte, vor unseren sogenannten Einfallstoren und tritt zu dem Preise ein, den unsere Handelsgesetzgebung bestimmt; ein Vorgang, der, wie wir zeigten, eine Naturnotwendigkeit geworden ist, vor der sich auch die landwirtschaftlichen Interessen beugen. Soweit fühlen wir uns in völliger Übereinstimmung mit den berechtigten Forderungen unserer deutschen Landwirtschaft. Nun aber kommen kleine Differenzen.

Zunächst die Einfallstore.

Sie sind ein unnötiges, häßliches Schlagwort geworden und haben nicht entfernt die Bedeutung, die man ihnen beimißt. Aber alle denkbaren Ansichten werden auf diesem Gebiete leichtfertig ausgesprochen, gedruckt und nachgeplappert, ehe jemand ernstlich daran geht, zu untersuchen, was denn Wahres an der fraglichen Behauptung sein mag. Schon das Wort fordert jeden Denkenden zum Widerspruch heraus. Ein Reich von 50 Millionen arbeitsfreudigen Menschen mit einer belagerten Festung zu vergleichen, ist an sich eine Gedankenlosigkeit. Chinesische Mauern, mit ihren Ein- und Ausfallstoren, sind in unserer Zeit selbst in China sinn- und wertlos geworden.

Die Menge der eingeführten Nährstoffe ist, wie wir zeigten, eine durch den Bedarf der Bevölkerung fest gegebene. Diese Menge brauchen wir, ob Einfallstore offen sind oder nicht. Wenn heute sämtliche Seehäfen der Nord- und Ostsee geschlossen wären, so würde uns das erforderliche Getreide auf allen Eisenbahnlinien zugeführt werden, was bekanntlich teilweise jetzt schon geschieht. Und ebenso ist es nahezu gleichgültig, ob noch ein weiteres oder noch 50 weitere Einfallstore geöffnet werden. Die erforderliche Brotfruchtmenge würde sich auf die verschiedenen Tore etwas anders verteilen, ihr Gesamtquantum aber im wesentlichen dasselbe bleiben und damit auch ihr Einfluß auf den Durchschnittspreis des inländischen Getreides. Wenn wir auf der Donau ungarisches und rumänisches Getreide zurückdrängen, so wird das amerikanische vom Rhein herauf das fehlende auch in Bayern ersetzen. Das Überschwemmen mit fremdem Getreide ist ein gelegentlicher Fehlgriff des Handels, den niemand mehr bereut als der Handel selbst. Er kann aber bei drei Toren ebenso leicht vorkommen wie bei dreißig.

Sodann sind unsere Seehäfen, um das unstatthafte Bild beizubehalten, für die Landwirtschaft ebensogut Ausfalls- als Einfallstore. Das wurde kürzlich durch die eingehenden Arbeiten eines namhaften Forschers auf diesem Gebiete, des Major Kurs, ziffernmäßig festgestellt. Die weitaus größte Masse fremden Getreides führen uns die nichtdeutschen Seehäfen von Belgien und Holland zu. Sämtliche deutsche Häfen östlich der Weser, einschließlich Bremens, führen dem Geldwerte nach mehr landwirtschaftliche Produkte aus als ein. Sie dem Verkehr zu schließen, würde der deutschen Landwirtschaft einen weitaus größeren direkten Schaden zufügen, als der Landwirtschaft des Auslandes. Kurz, die Furcht, die die Einfallstore einflößen, ist eine unbegründete und unvernünftige. Sie sind eine Tatsache, mit der wir rechnen müssen, eine Notwendigkeit, der sich auch der Landwirt, bei allem berechtigten Streben, seine eigenen Interessen zu wahren, beugen muß, aber sie sind, nach Lage und Anzahl, ohne maßgebenden Einfluß auf die allgemeinen Zustände der Landwirtschaft im Innern des Reichs.

Jetzt erst hinter den Einfallstoren beschäftigt uns der Binnenverkehr und damit die uns vor allem interessierende Frage der Binnenschiffahrt.

Es ist eine in hohem Grade bedeutsame, von Major Kurs erwiesene Tatsache, daß in Norddeutschland, auf der Seite also, von der die Haupt-Getreideeinfuhr Deutschlands stattfindet, die deutschen Ströme und Kanäle weit mehr von der inländischen Landwirtschaft zur Ausfuhr und zum Binnenverkehr, als von der fremdländischen zur Einfuhr benutzt werden. Bremen mit der Weser, Hamburg mit der Elbe, Stettin mit der Oder, Königsberg mit dem Pregel zeigen alle die gleiche Erscheinung. Es ist dies auch kaum überraschend. Das Sechstel fremdländischer Erzeugnisse kann nicht ins Gewicht fallen gegenüber den fünf Sechsteln der heimischen Produkte, von denen ein großer Teil in Bewegung ist, ehe er den geeigneten Markt erreicht. Die billigeren Frachten des Wasserverkehrs kommen deshalb der heimischen Landwirtschaft weit mehr zugute als der fremden. Wäre es nicht widersinnig, wenn die deutsche Landwirtschaft darauf beharrte, sich dieser Verkehrsmittel zu berauben, nur damit die Fremden sie auch nicht benutzen können!

Überblicken wir das ausgedehntere landwirtschaftliche Bild, das uns Norddeutschland bietet, so ist unverkennbar, daß sich in denjenigen Distrikten, denen Verkehrsmittel in reichlicherem Maße zur Verfügung stehen, auch die Landwirtschaft in ver=

hältnismäßig erträglicherer Lage befindet. Die Provinz Sachsen mit der sie durchziehenden Elbe, Hannover und Oldenburg mit der Weser, selbst das sandige Brandenburg mit den weitverzweigten Wasserstraßen von Spree und Havel sind ungleich weniger gedrückt als der Osten, mit seinen weniger entwickelten Verkehrsmitteln. Das reger pulsierende Leben, das der erleichterte Verkehr mit sich bringt, übt auch auf die Landwirtschaft seinen belebenden Einfluß und ersetzt reichlich den Schaden, den die billigere Einfuhr von fremdem Getreide verursacht. Selbst am Niederrhein, an der großen Weltverkehrsstraße, ist dies sichtbar, wenn auch dort die Verhältnisse eines allzu zerstückelten Kleinbesitzes der Entwicklung intensiver Bewirtschaftung große Hindernisse entgegenstellen.

In Bayern ist die Landwirtschaft von irgendwelcher Beeinflussung durch die Binnenschiffahrt, man möchte sagen, in idealer Weise bewahrt geblieben. Die Ströme, welche die großen Verkehrsadern des Landes sein könnten, die Donau und der Main, haben bis heute in dieser Beziehung eine kaum nominelle Bedeutung erlangt. Wir wissen und beklagen alle, wie hierdurch die Verbindung von Donau und Main, der Ludwigs-Kanal, trotz des kühnen und gesunden Gedankens, der seinen Bau veranlaßte, ein totgeborenes Kind bleiben mußte, und wie die natürlichen Verkehrswege des Landes im Laufe der letzten 50 Jahre den künstlichen, d. h. den Eisenbahnen, geopfert wurden.

Der Widerstand gegen die Neubelebung der Binnenschiffahrt Bayerns — denn auch sie hatte einst ihre volkswirtschaftliche Bedeutung — gründet sich deshalb mehr als anderwärts auf Befürchtungen und Vermutungen, deren Wert zu prüfen unsere Aufgabe ist. Alles dreht sich hierbei in erster Linie um den Einfluß, den die billigeren Frachten des Wassertransportes auf die Preise der Hauptprodukte der Landwirtschaft ausüben, die wir heute in verschiedenen Landesteilen vorfinden.

Um hierüber ins Klare zu kommen, habe ich für einen bestimmten Zeitraum die Schrannenpreise der verschiedenen Fruchtarten zusammengestellt, und gebe der Übersichtlichkeit wegen in Tabelle I, II, III und IV (Seite 162—163) die Monatsmittelpreise von Mannheim, Frankfurt, Nürnberg, Straubing, München und Ulm. Der beobachtete Zeitraum erstreckt sich vom 1. Oktober 1897 bis zum 1. Oktober 1898. Die Durchschnittspreise sind aus den Einzelpreisen der verschiedenen Getreidesorten so zusammengestellt, daß das Produkt als landesübliche mittlere Qualität angesehen werden kann, wo die Angaben der Schrannenberichte nicht selbst schon einen mittleren Preis bieten. Für Mannheim resp. Ludwigshafen z. B. wurde als Mittelpreis vom Weizen der Durchschnitt vom pfälzer, norddeutschen und Taganrog genommen, für Roggen der vom pfälzer und russischen, für Gerste die pfälzer, für Hafer der Durchschnitt aus russischem und amerikanischem.

Es würde viel zu weit führen, die Ergebnisse dieser Untersuchungen hier zu analysieren. Ich greife nur einige Tatsachen heraus, um die endgültigen Schlußfolgerungen andeutungsweise zu begründen. Weizen ergab in Mannheim, am Ende der offenen Weltverkehrswasserstraße, einen Durchschnittspreis von 21,307 M. für 100 kg, in Ulm 20,753, in Straubing 20,592. Es ist deshalb augenscheinlich klar, daß die Verbindung von Main und Donau durch einen brauchbaren Kanal, er mag noch so billig transportieren, an der Wasserstraße der Donau die Preise unmöglich weiter drücken könnte.

Ganz ebenso verhält es sich an diesen Orten mit dem Preis von Gerste und Hafer. Nur für Roggen ist der Preis in Ulm nicht unwesentlich und auch in Straubing etwas höher als in Mannheim.

Zu Weizen zurückkehrend, so sind die Preise in München und Nürnberg allerdings höher als in Mannheim, und zwar bzw. 22,170 und 22,960 gegen den Mannheimer Jahresdurchschnitt von 21,307, was ein Plus für Nürnberg von 1,653, für München von 0,863 M. ergibt. Wenn der Mannheimer Weltpreis von 21,31 M. für München und Nürnberg maß-

Tabelle I: Weizen.

		Mannheim	Frankfurt	Nürnberg	Straubing	München	Ulm
Oktober	1897	20,49	20,46	22,38	19,66	22,04	20,94
November	"	21,11	20,85	22,36	19,81	22,00	20,88
Dezember	"	21,08	20,72	22,32	19.50	21,74	20,44
Januar	1898	21,02	20,84	22,34	18,89	22,02	20,02
Februar	"	21,22	21,01	22,46	19,02	22,17	20,72
März	"	21,56	21,44	22,78	20,33	21,59	21,36
April	"	22,53	22,79	23,88	21,22	23,10	22,00
Mai	"	26,51	25,90	27,32	23,84	25,30	24,32
Juni	"	22,81	21,84	25,22	23,74	22,96	21,69
Juli	"	20,82	20,66	23,12	22,32	23,67	20,97
August	"	18,47	18,69	21,48	20,56	20,99	18,14
September	"	18,07	17,76	19,86	18,21	18,49	17,92
Jahresmittel		21,307	21,080	22,96	20,592	22,17	20,783

Tabelle II: Roggen.

		Mannheim	Frankfurt	Nürnberg	Straubing	München	Ulm
Oktober	1897	15,20	14,83	16,36	15,34	16,53	17,44
November	"	15,63	15,19	16,74	16,03	16,25	16,56
Dezember	"	15,76	15,31	16,74	15,55	15,97	16,52
Januar	1898	15,57	15,27	16,64	15,62	16,05	16,79
Februar	"	15,56	15,41	16,46	15,94	16.16	17,24
März	"	15,73	15,52	16,88	16,55	17,00	19,01
April	"	16,65	16,42	17,58	17,47	17,51	19,19
Mai	"	19,09	18,41	19,90	18,92	19,60	20,22
Juni	"	15,57	15,12	18,48	19,01	18,16	19,49
Juli	"	14,95	14.61	16,74	16,54	17,17	19,32
August	"	14,31	14,10	15,84	14,37	15,53	16,02
September	"	14,29	13,69	15,06	14,41	15,42	18,72
Jahresmittel		15,694	15,322	16,940	16,310	16,78	18,043

Tabelle III: **Gerste.**

		Mannheim	Frankfurt	Nürnberg	Straubing	Mün chen	Ulm
Oktober	1897	18,65	19,17	19,92	15,24	17,21	18,77
November	„	18,87	19,25	20,50	15,64	15,79	18,59
Dezember	„	19,53	19,59	20,64	15,12	17,88	18,50
Januar	1898	19,91	19,87	20,42	15,26	16,23	18,70
Februar	„	19,50	19,90	20,64	16,16	16,32	18,91
März	„	19,50	19,87	20,98	16,22	19,40	19,15
April	„	19,62	—	21,60	16,86	19,46	19,37
Mai	„	20,30	—	—	14,75	16,48	19,40
Juni	„	19,75	—	—	—	17,58	17,77
Juli	„	17,00	—	—	—	15,52	15,91
August	„	16,77	16,56	—	15,09	13,59	14,46
September	„	16,65	16,75	18,00	14,88	14,38	16,04
Jahresmittel		18,838	19,120	20,34	15,722	16,653	17,964

Tabelle IV: **Hafer.**

		Mannheim	Frankfurt	Nürnberg	Straubing	München	Ulm
Oktober	1897	14,57	14,31	15,62	14,26	15,97	13,69
November	„	15,11	14,66	15,78	14,60	15,68	14,13
Dezember	„	15,21	14,81	15,64	14,15	15,72	14,27
Januar	1898	15,23	14,82	15,52	14,63	15,77	14,54
Februar	„	15,21	15,09	15,72	15,27	16,38	15,09
März	„	15,58	15,61	16,24	16,45	17,16	15,75
April	„	16,62	16,71	16,76	16,74	17,53	16,83
Mai	„	18,28	18,42	18,04	16,97	18,61	17,32
Juni	„	16,18	17,01	18,20	17,90	19,28	17,81
Juli	„	15,48	16,56	17,74	17,96	19,21	17,79
August	„	15,45	16,14	17,74	14,94	18,02	16,90
September	„	14,86	14,63	15,82	14,08	15,94	13,25
Jahresmittel		15,648	15,754	16,400	15,639	17,94	15,614

gebend wäre, so sollten bei den gegenwärtigen Eisenbahnfrachtsätzen im Falle Münchens der Preis um die Fracht von 1,79 Mark, in Nürnberg um 1,33 M. höher, d. h. 23,10 und 22,64 M. sein. Er ist aber beziehungsweise 22,170 und 22,96. Dies zeigt, daß auch in München der Weizenpreis relativ niedriger ist als in Mannheim und nur in Nürnberg die dem Weltpreis und der Fracht entsprechende Höhe erreicht und sogar um $^{3}/_{10}$ Pf. für 100 kg überschreitet. Hochbedeutsam aber ist, daß Nürnberg von den in Vergleich gezogenen Punkten derjenige ist, der als ein Mittelpunkt industrieller Entwicklung angesehen werden kann.

Ganz ähnliche Verhältnisse ergeben sich bei den anderen Haupt-Getreidearten, sowie auch, wenn wir statt Mannheim Frankfurt als Endstation der Wasserstraßen des Weltverkehrs betrachten. Es zeigt sich demnach, daß die Getreidepreise in Bayern relativ und teilweise absolut niedriger sind, als an den nächstliegenden Punkten, die der Welteinfuhr auf dem Wasserwege zugänglich sind, obgleich, wie wir wissen, Bayern seit Jahrzehnten ein Getreide importierendes Land ist. Wie erklärt sich dies?

Darüber dürfte mannigfach gestritten werden. Mir will es scheinen, daß die verhältnismäßig geringere Entwicklung des Verkehrslebens, die mit dem Mangel an brauchbaren Wasserstraßen eng zusammenhängt, ihren Einfluß auf die ganze Lebenshaltung der Bevölkerung in dem Sinne äußert, daß Bayern ein verhältnismäßig geldärmeres, ein billigeres Land geblieben ist als die Bezirke am Rhein, und daß sich auch der Import bis zu einem gewissen Grade diesen Verhältnissen anpaßt. Darauf deutet die Tatsache hin, daß in denjenigen Teilen Bayerns, in welchen das gewerbliche Leben ein regeres ist, wie in Nürnberg und München, die Durchschnittsgetreidepreise höher sind als in Ulm und Straubing, obgleich ihre Entfernung von der Weltverkehrsstraße eine geringere ist.

Jedenfalls beweisen diese Zahlen einen für die Binnenschiffahrt Bayerns überaus wichtigen Punkt: es ist schlechterdings unmöglich, daß die Verbindung von Main und Donau, d. h. die Verbilligung der Frachten zwischen den Hauptzentren des bayerischen Getreidehandels und dem Rhein, die heutigen Preise der landwirtschaftlichen Hauptprodukte wesentlich zu drücken vermag. Die bestehenden Verhältnisse deuten vielmehr an, daß eine solche Verbindung als Teil einer durchgreifenden Entwicklung der bayerischen Wasserstraßen in ihren Folgen höchst wahrscheinlich die entgegengesetzte Wirkung haben wird. — —

Nächst der Furcht vor dem Einfluß auf die Getreidepreise, die dem Widerstand der Landwirtschaft gegen die Binnenschiffahrt zugrunde liegt, tritt uns ein zweites Motiv entgegen, das von nicht geringerer Stärke und vielleicht noch tiefer wurzelnd in dem Kampf gegen den Industriestaat zum Ausdruck kommt. Man fühlt instinktiv, daß wir mitten in einer großen Umwandlung begriffen sind. Wie weit dieselbe gediehen ist, ob sie weiter fortschreiten wird, ist nur wenigen völlig klar, aber jeder Schritt weiter auf der abschüssigen Bahn, wie man es zu nennen liebt, erfüllt alles mit unbehaglichem Bangen. Das Agrikulturvolk, wie man vor 100, ja vor 50 Jahren die Deutschen nennen konnte, verliert seinen altbewährten Charakter. Gewerbe, Handel und Industrie wachsen dem Landwirt über den Kopf. Er fühlt sich in der führenden Stellung bedroht, die ihm vor 100 Jahren zustand. Und Industrie und Handel sind es, die in erster Linie von dem Ausbau unserer Fluß- und Kanal-Wirtschaft Vorteile und Förderung erwarten. Die Bestrebungen der Binnenschiffahrtsfreunde erscheinen deshalb als ein weiterer Schritt in der Umwandlung unseres Volkes aus einem landwirtschaftlichen in ein Industrie- und Handelsvolk. Dieser Gedankengang erklärt, wir dürfen sagen berechtigt, das Widerstreben eines ganzen Standes, der noch immer ein volles Drittel unseres Volkes umfaßt und in jeder Weiterung des Verkehrslebens eine Schmälerung seiner Bedeutung, seiner Macht und seines Gedeihens zu sehen glaubt.

Daß diese Umwälzung sich vorbereitet, ist unleugbar. Die Bevölkerung Deutschlands nach großen Erwerbszweigen geordnet zeigt seit Jahren ein stetiges Zunehmen des industriellen und ein Stillstehen, ja eine kleine Abnahme des ackerbautreibenden Teils. Im Jahre 1882 standen von 46045000 Einwohnern des Reichs 21849000 ackerbautreibende, 21459000 gewerbe- und handeltreibehden*) gegenüber. Bei der letzten Volkszählung 1895 ergab sich eine Gesamtbevölkerung von 52280000, wovon 21393000 der Landwirtschaft oblagen und 26140000 Handel und Gewerbe dienten; dort also ein Rückgang um 0,8 Proz., hier eine Zunahme von 2,9 Proz.

Ganz ähnliche Zahlen ergibt auch die bayerische Bevölkerungsstatistik, wo 1882 die landwirtschaftliche Bevölkerung weit überwog, die industrielle aber seitdem in noch rascherem Verhältnis zunahm als im Reich. Das Verhältnis der landwirtschaftlichen zur industriellen Bevölkerung war nämlich im

	Jahr 1882	Jahr 1895
in Deutschland . .	1 : 0,982	1 : 1,222
in Bayern	1 : 0,503	1 : 0,891

so daß demnach das Wachsen der industriellen Bevölkerung gegenüber der landwirtschaftlichen im Reiche im Verhältnis zu Bayern sich wie 124 zu 177 verhält, die bayerischen Verhältnisse sich somit rasch denen des Reiches nähern.

Solche Bewegungen im großen sind nicht die Folgen vorübergehender Volksstimmungen und Neigungen: sie folgen eisernen Naturgesetzen, die wir nicht ändern können, wenn wir die Ursachen nicht zu beeinflussen vermögen. Was sind diese Ursachen? Wie bereits erwähnt, ist die Bevölkerung Deutschlands um rund 17 Proz. über die gegenwärtige landwirtschaftliche Leistungskraft

*) Diese Gruppe umfaßt Bergbau, Hüttenwesen, Industrie, Handel und Verkehr.

unseres Bodens hinausgewachsen und nimmt jährlich um ein weiteres Prozent zu. Wir haben für diese Menschenmenge Brot und Arbeit zu schaffen, wenn sie nicht verhungern und verderben soll. Für ihre Ernährung muß eine Milliarde jährlich an das Ausland gezahlt werden, und diese Summe muß erworben werden. Es gibt hierfür keinen anderen Weg als den gewerblichen Fleiß des Volkes. Wir müßten seit 50 Jahren hoffnungsloser Verarmung entgegengehen, wenn Gewerbe, Industrie und Handel nach außen uns nicht die Mittel verschafften, unsere Bäcker- und Fleischerrechnung zu bezahlen. Wenn der Begriff einer Berufsgruppe der ist, daß sie mehr Waren ihrer Berufstätigkeit produziert, als sie zum eigenen Bedarf nötig hat, so haben wir längst aufgehört, ein Agrikulturvolk zu sein. Das gilt auch in vollem Maße für Bayern, und nur wenige engbegrenzte Teile Deutschlands erzeugen noch einen nennenswerten Überschuß landwirtschaftlicher Produkte.

Damit ist manche alte Wahrheit, die heute noch gedankenlos nachgesprochen wird, zur Lüge geworden, und manche Regel für unser Verhalten muß notgedrungen den neuen Verhältnissen angepaßt werden. „Hat der Bauer Geld, so hat's die ganze Welt" war vor 200 Jahren volkswirtschaftliche Weisheit. Heute ist es ein irreführendes Schlagwort. Der Bauer produziert kein Geld. Er produziert Getreide, Fleisch, Eier, und er hat Geld, wenn er für seine Erzeugnisse einen Markt findet, der reichlich mit Geld versehen ist. Wenn aber diesem Markt das Geld fehlt, so ist es auch mit dem Geld des Bauern aus, und dieser Markt ist das kaufkräftige Volk als Ganzes, welches zuvor das Geld an allen Enden und Ecken der Welt erwerben muß.

In dieser Weise wird die unvermeidlich gewordene enorme Einfuhr durch unsere Ausfuhr einigermaßen ausgeglichen. Allerdings nicht ganz. Die Gesamteinfuhr Deutschlands betrug im vorigen Jahr 4899 Millionen gegen eine Ausfuhr von 3791 Millionen. Trotz dieser Differenz scheinbar zu unseren Ungunsten hat sich Deutschland in den letzten 50 Jahren aus der Armut, für die wir förmlich sprichwörtlich geworden waren, in erstaunlicher Weise herausgearbeitet. Dies erklärt sich, wie in England, wo der Import den Export um jährlich 3000 Millionen übersteigt, daraus, daß unser Handel, unsere Industrie und unsere durch Handel und Industrie erworbenen Kapitalien auch im Ausland für uns arbeiten und gewaltige Summen der alten Heimat zuführen.

Wir müssen den Gedanken aufgeben, ein Agrikulturvolk im alten Sinne des Wortes zu sein. Die einzige Möglichkeit unserer Selbsterhaltung liegt in der gewerblichen Entwicklung unserer Kräfte. Ein reines Agrikulturvolk, das alles und mehr als alles verzehrt, was es hervorbringt, müßte der Vernichtung entgegen gehen. Dies scheint sich aus dem Gesagten mit unerbittlicher Logik zu ergeben.

Ist nun aber dieser Stand der Dinge für die Landwirtschaft als ein so verzweifelter anzusehen? Gerade das Gegenteil ist der Fall. Wir sehen dies in verschiedenen Teilen Deutschlands, wo zurzeit alle erdenklichen Grade industrieller Entwicklung beobachtet werden können.

Reine Industrie-Distrikte entstehen bei uns nur da, wo die Natur das der speziellen Industrie nötige Rohmaterial in reichlicher Menge niedergelegt hat. Dort wird allerdings der Landwirtschaft der Boden entzogen, so daß sie nahezu völlig verschwindet, und der Bezirk von der Industrie mit ihrem Reichtum und ihren mannigfachen Plagen in Besitz genommen wird. Weitaus in den meisten Fällen sind jedoch unsere Industriemittelpunkte umgeben von landwirtschaftlichen Gauen, die, je näher sie jenen liegen, um so mehr in denselben eine reiche Absatzquelle finden.

Am günstigsten scheinen die Verhältnisse dort zu liegen, wo die Industrie, wie im Königreich Sachsen, in Baden und Württemberg, über das Land verteilt, eingesprengt zwischen grünen Feldern und blühenden Gärten sich entwickelt.

Tatsache ist, daß der Landwirt überall, wo er in der Nähe einer arbeitsamen industriellen Bevölkerung wirtschaftet, die Notlage der Zeit weit weniger drückend empfindet, als in den Gegenden von rein landwirtschaftlichem Charakter. Dies läßt sich ziffernmäßig in augenfälliger Weise in Preußen nachweisen: Es beträgt daselbst das Gesamt-Jahreseinkommen des Volkes 3563 Mill. M., wovon das landwirtschaftliche Einkommen 770 Mill. oder rund 20 Proz. ausmacht. Die Schuldenzinsen sind 430 Mill. im ganzen, wovon 137 Mill. oder 33 Proz. auf die Landwirtschaft fallen. Teilen wir nun Preußen in drei charakteristische Teile und nehmen als ersten die Ostprovinzen (Ost- und Westpreußen, Pommern und Posen), d. h. den ausschließlich landwirtschaftlichen Teil der Monarchie, so ist dort der Anteil der Landwirtschaft am Gesamteinkommen 30—36 Proz., ihr Anteil an den Schulden aber 60—66 Proz. In den mittleren Provinzen Sachsen, Schleswig-Holstein, Hannover, wo Industrie und Landwirtschaft nebeneinander bestehen, ist der Anteil der Landwirtschaft

an Einkommen	30—36	Proz.
an den Schulden nur .	32—43	"

In den westlichen Provinzen mit noch mehr vorherrschender Industrie sind die Verhältnisse sehr verschieden.

Es ist der Anteil der Landwirtschaft

in Westfalen am Gesamteinkommen . .	29,6	Proz.
an den Schulden	32,5	"
in Hessen am Gesamteinkommen . . .	7,7	"
an den Schulden	6,6	"
in der Rheinprovinz am Gesamteinkommen	15,8	"
an den Schulden nur	14,6	"

Dies zeigt somit, daß in den industriereichsten Bezirken die Schuldenlast der Landwirtschaft die verhältnismäßig geringste ist, obgleich — und ich glaube sogar, weil diese Gaue dem Weltverkehr und seinen Folgen am zugänglichsten sind. —

Ein Hauptvorwurf, der der Industrie seitens der Landwirtschaft gemacht wird, möge hier besonders hervorgehoben werden: der Arbeitermangel. Ist es nicht eine völlig unnatürliche Erscheinung, daß in einem Lande, dessen Bevölkerung sich seit einem halben Menschenalter jährlich um eine halbe Million Menschen vermehrt, in dem größten Beruf des Volkes ein chronischer Arbeitermangel herrschen soll? Wir leiden natürlich nicht an Arbeitermangel im großen ganzen, sondern an der richtigen Verteilung der Arbeiter. Und da zeigt sich nun abermals, daß dieser Übelstand in den ausschließlich landwirtschaftlichen Gauen des Reiches weit empfindlicher auftritt, als da, wo Industrie und Landwirtschaft nebeneinander hausen, oder was sich dann wie von selbst ergibt, ineinander übergehen. In Sachsen und Hannover, wo die Landwirtschaft vom gewerblichen Geist unserer Zeit erfaßt ist, ist sie fähig, sich ihre Arbeiter zu erhalten. Bei der bekannten Sachsengängerei, welche die ostdeutschen Rittergutsbesitzer zur Verzweiflung bringt, ist es nicht die Industrie, die ihnen die Arbeiter entzieht, sondern die industriell betriebene Landwirtschaft mit ihrem Rübenbau. So dient auch in dieser Hinsicht die Industrie eher zur Erhaltung der Landwirtschaft, nicht, wie man gemeinhin glaubt, zu ihrem Schaden.

Eins aber ist ganz sicher: eine künstliche Rückstauung der großen Bewegung, in deren Mitte das deutsche Volk steht, in einzelnen begrenzten Landesteilen könnte für dieselben nur die verderblichsten Folgen mit sich bringen. Versuche solcher Rückstauungen werden da und dort in unbegreiflicher Verkennung der Verhältnisse gemacht. Erst kürzlich trat in Westpreußen den Bestrebungen der Regierung, die Provinz industriellen Unternehmen zugänglicher zu machen, offener Widerstand entgegen. Die Schwierigkeiten, welche die Weiterentwicklung der Binnenschiffahrt in Bayern findet, gehören zu derselben Erscheinung. Man hofft durch die Erschwerung der Verkehrsmittel, durch das

Fernhalten der gefürchteten Industrie die Preise zu steigern, die landwirtschaftliche Bevölkerung vor der Gefahr zu bewahren, in industrielle Bahnen hineingezogen zu werden. Was man gewinnen würde, wenn diese Richtung die herrschende bliebe, ist Stagnation, Verarmung, niedere Preise und schließlich allgemeine Landflucht, wie wir es in Bezirken sehen, die dieser Richtung zu lange gefolgt sind.

Die zweifellosen Vorteile der Wasserstraßen für die Landwirtschaft müssen mit Recht immer wieder betont werden.

Es ist richtig, daß in rein technischer Beziehung diese Vorteile in Deutschland nicht bedeutend sein können. Für große Bewässerungsanlagen können schiffbare Kanäle in Frage kommen, wo sich, wie in Italien, gewaltige Wassermengen aus Gebirgsländern über eine weite Ebene ergießen. Zur Entwässerung sind sie in großen Flußdeltas von Bedeutung, oder unter Verhältnissen, wie in Holland, wo sie dem allgemeinen Kleinverkehr dienen. Andererseits ist es durchaus falsch, zu glauben, daß die Schiffbarmachung eines Flusses, der Bau eines Kanals den umliegenden Gütern Schaden bringen müsse. Wo dies geschah, wurden grobe Fehler gemacht, die der Schiffahrt so wenig als der Landwirtschaft von Nutzen sein konnten.

Die Hauptbedeutung eines entwickelten Fluß- und Kanalnetzes wird bei uns jedoch auch für die Landwirtschaft in der Verbilligung der Frachten ihrer Erzeugnisse sowohl als ihrer Bedarfsmittel liegen. Kaum ein anderes Gewerbe ist so sehr auf Massentransport angewiesen als die Landwirtschaft, und für den Massentransport ist die Schiffahrt gegenüber den Eisenbahnen in unbestreitbarem Vorteil. Wie sehr dies auch von unserer Landwirtschaft tatsächlich anerkannt wird, und in wie hohem Grade sie Nutzen hieraus zieht, beweisen die von Major Kurs zusammengestellten Zahlen. Er hat die von der Binnenschiffahrt auf den östlichen Strömen Deutschlands beförderten Waren eingeteilt in solche, die der Landwirtschaft schaden, und solche, die ihr nützen. Zu den ersteren rechnet er die vom Auslande eingeführten landwirtschaftlichen Erzeugnisse, zu den letzteren die zur Ausfuhr bestimmten deutschen landwirtschaftlichen Erzeugnisse und die Bedarfsgegenstände der Landwirtschaft. Die in dieser Weise in Rechnung gebrachten landwirtschaftlichen Erzeugnisse sind: Flachs, Hanf, Getreide aller Art, Ölsaaten, Stroh, Heu, Kartoffeln, Obst, Gemüse, Branntwein, Zucker, lebendes Vieh, Wolle und Torf. Die Bedarfsgegenstände sind Düngemittel, Knochenkohle und -mehl, verarbeitetes Eisen, landwirtschaftliche Maschinen, Petroleum, Steinkohlen und Braunkohlen. Die Flüsse, um die es sich handelte, sind Memel, Pregel, Weichsel, Warte, Oder und Elbe. Hierbei ergab sich nun, kurz zusammengefaßt, daß die der Landwirtschaft nützlichen Wassertransporte jährlich 1795 Millionen Kilometertonnen, die schädlichen nur 819 Mill., also weniger als die Hälfte betrugen. Dies zeigt, daß die Binnenschiffahrt in den östlichen und mittleren Provinzen Preußens, d. h. in dem vorwiegend landwirtschaftlichen Teil des Reiches, zweimal so viel zugunsten der Landwirtschaft arbeitet als — wenn man es einmal so nennen will — gegen ihre Interessen.

Gewiß ist auch für die bayerische Landwirtschaft die Verbilligung des Transports ihrer Erzeugnisse und Bedarfsmittel von der höchsten Bedeutung. Sie bedarf Kohle für 3800 Lokomobilen, eine Zahl, die in stetem Wachsen begriffen ist. Ihre Entfernung von den deutschen Kalisalzlagern und den Produktionsstätten der Thomasschlacke ist ohne Zweifel ein Hauptgrund, daß der Verbrauch künstlicher Düngemittel in Bayern noch ein bedauerlich geringer ist. Bezüglich der Ausfuhr möchte ich hier nur auf die Heuproduktion Bayerns hinweisen. Bei der Steigerung, welche dieselbe entlang den wohlbewässerten Gebirgsabhängen der Alpen und der sich anschließenden Hügelländer fähig ist, bei dem Bedürfnis der großen Städte nach frischer, gesunder Milch, das überall in ihrer Mitte Milchwirtschaften hervorruft, die das erforderliche Futter selbst aus der Schweiz beziehen, könnte sich auf diesem Gebiete, bei billigen Frachten und guter Organisation, ein großartiger Handel entwickeln. Es ist falsch, zu glauben, daß weil heute noch der deutschen Landwirtschaft eine gewisse hilflose Unbeweglichkeit anhaftet, dies immer so bleiben müsse. Die amerikanische Produktion wäre uns allerdings nie gefährlich geworden, wenn man dort ebensowenig verstanden hätte, sich von der Scholle loszureißen. Das erste Mittel hierfür war und ist heute noch die Entwicklung der Wasserstraßen des überseeischen Festlandes. Auch wir müssen lernen, das in Masse zu produzieren, was in Masse gebraucht wird, und damit den Markt, er mag noch so fern liegen, aufzusuchen. Der heutige Stand der Dinge darf nicht der Maßstab sein für die Verhältnisse, auf die wir morgen vorbereitet sein müssen. Deshalb sollte auch die deutsche Landwirtschaft nach Wasserstraßen rufen, wie sie jetzt schon nach Kleinbahnen ruft. Beide sind gleichbedeutend mit Verbilligung der Produktion und der Möglichkeit, auch unsere Erzeugnisse dem richtigen Markte zuzuführen.

Wir sind nun in der Lage, zusammenzufassen, was die Stellung der Landwirtschaft zur Binnenschiffahrtsfrage bestimmt oder bestimmen sollte:

Im Laufe der letzten 50 Jahre hat sich die Bevölkerung Deutschlands in einer Weise vermehrt, daß die Grenze überschritten ist, innerhalb deren es der landwirtschaftlichen Produktion in ihrer heutigen Gestalt möglich ist, die Bedürfnisse der Bevölkerung zu befriedigen, und dieses Verhältnis wird sich unzweifelhaft in steigendem Maße verschärfen. Wir haben aufgehört, ein in sich abgeschlossenes Agrikulturvolk zu sein.

Mit zwingender Notwendigkeit mußte deshalb das deutsche Volk den einzigen Weg betreten, auf dem seine Selbsterhaltung möglich ist: es muß durch gewerbliche Tätigkeit die fehlenden Mittel sich verschaffen, sein Leben zu fristen, und es handelt sich hierbei keineswegs allein um das Leben des gewerblich tätigen Teils der Bevölkerung, sondern ganz ebensosehr um die Landwirtschaft selbst. Denn in einem stetig verarmenden Volke müßte auch sie das allgemeine Los teilen und würde viel sicherer zugrunde gehen, als an der Seite einer blühenden, wenn auch in manchen Einzelheiten sie bedrängenden Industrie. Wie rasch dieser Umschwung eingetreten ist, sehen wir an dem großartigen Anwachsen unserer industriellen Ausfuhr, die uns aus der fünften Stelle der ausführenden Nationen innerhalb 30 Jahren in die zweite gerückt hat, eine Stellung, welche wir allerdings heute wieder verloren haben (siehe Tafel). Nur so war es möglich, der unvermeidlichen Verarmung zu entrinnen, der wir entgegen gingen, und selbst einen Grad von Wohlhabenheit zu erreichen, wie er seit den vernichtenden inneren Kämpfen des 17. Jahrhunderts nicht mehr geherrscht hatte.

Das sind so feststehende Tatsachen, daß sie kein Klagen über den Wechsel der Dinge erschüttern und ändern kann, und hiermit muß auch die Landwirtschaft rechnen, die nicht zum wenigsten an dem allgemeinen Aufschwung teilgenommen hat, so sehr sie unter dem vorübergehenden Druck von Erscheinungen leidet, welche mit diesem Umschwung verbunden sind.

Unsere industriellen Erfolge sind jedoch keine unbestrittenen.

Wir können unsere Stellung nur behaupten durch einen unermüdlichen Kampf mit Gegnern, die mit rücksichtsloser Entschlossenheit uns jede zu erringende Stellung streitig machen und aus jeder errungenen zu verdrängen suchen. Es ist dies ein zwar unblutiger Kampf, der aber mit einem wirklichen Krieg viel mehr Ähnlichkeit hat, als man gewöhnlich glaubt.

Zu den Kampfmitteln gehört in erster Linie ein billiger Massenverkehr im Innern des Landes und damit der Ausbau seiner Wasserstraßen. Landwirtschaft und Industrie müssen die Möglichkeit haben, ihre Erzeugnisse, ihre Bedürfnisse und Hilfsmittel so leicht und billig als möglich sowohl im Innern von Ort zu Ort, als auch aus dem Innern nach den Grenzpunkten zu schaffen, wo sie in den Weltverkehr übertreten. Das haben die Amerikaner im höchsten Grade auszunützen gewußt; das erkennt Frankreich in schlagender Weise an, indem es alle Frachtgebühren auf seinem gewaltigen Binnenschiffahrtsnetz abschafft.

Weizen

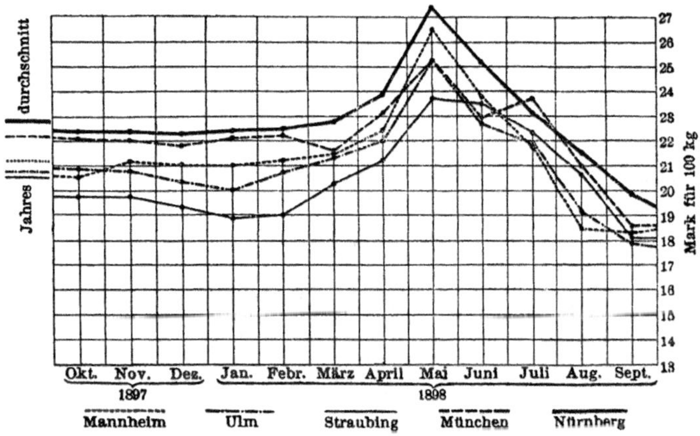

Roggen

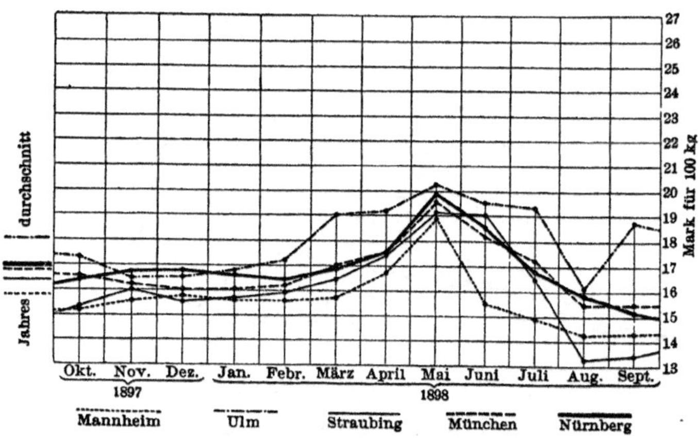

Gerste

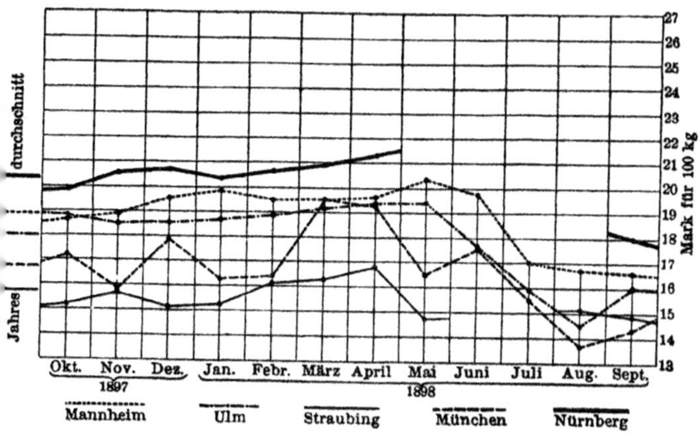

Hafer

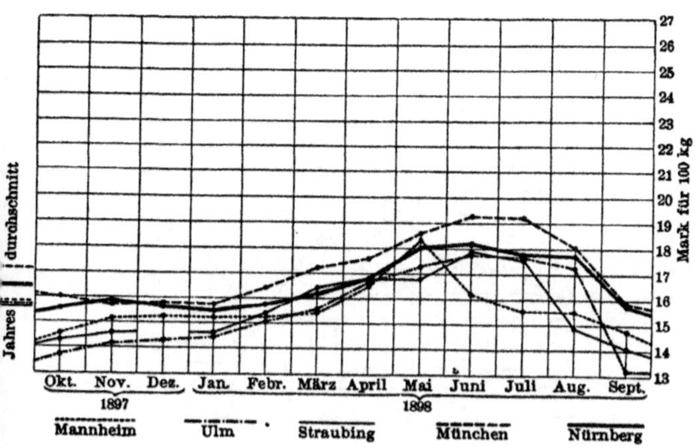

Ausfuhr in Millionen Mark

500 400 300 200

Ein-

1.	Eisen, Stahl
2.	Maschinen
3.	Blei, Kupfer,
4.	Edle Metalle
5.	Stein- u. Bra
6.	Petroleum, A
7.	Chemikalien
8.	Kurzwaren,
9.	Kleider, Sch
10.	Holz u. Holz
11.	Kautschuk
12.	Glas, Porzell
13.	Papier u. Pap
14.	Kunstgegens
15.	Baumwolle
16.	Seide
17.	Häute, Leder
18.	Haare, Feder
19.	Flachs, Hanf
20.	Schafwolle
21.	Vieh, lebend
22.	Getreide, Ge
23.	Spezereien,

usfuhr in Millionen Mark

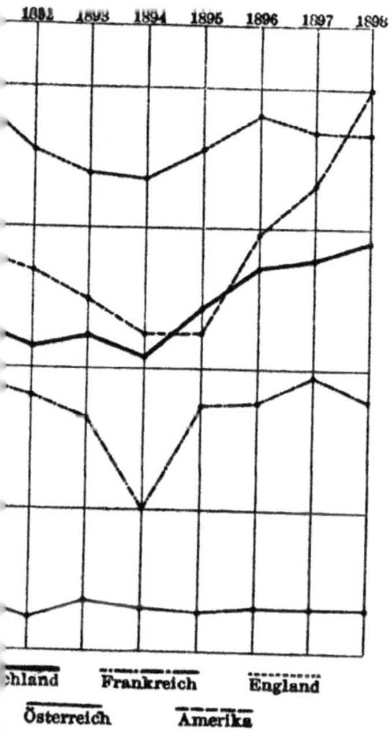

uhr Deutschlands im Jahre 1897

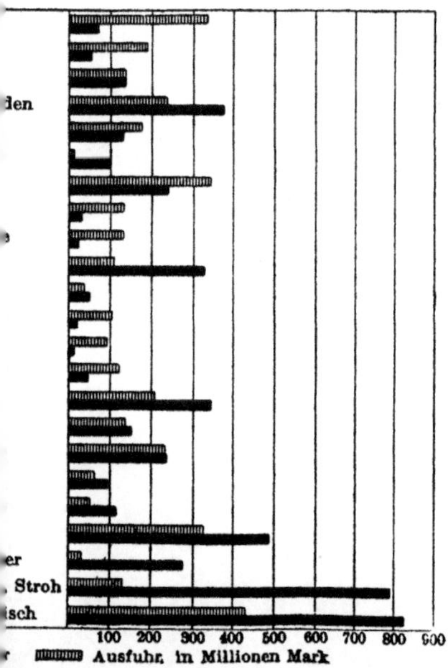

Es ist eine der wichtigsten Waffen in diesem Allerweltskampf, in dem es sich um die ersten Lebensbedingungen zivilisierter Völker handelt: um Arbeit und um Brot.

Wir Deutsche, die wir das verhältnismäßig unfertige System unserer Wasserstraßen vor uns sehen und in dieser Beziehung hinter anderen Völkern zurückgeblieben sind, stehen entsetzt vor den Kosten der künftigen Kanalbauten, und berechnen mühselig, ob und wie sie sich bezahlen werden.

Auch hierbei dürfen wir nicht vergessen, daß es sich um einen Krieg handelt, in welchem unser Dasein auf dem Spiele steht. Wenn in einem wirklichen Krieg der Gegner ein schneller feuerndes Geschütz, ein weitertragendes Gewehr einführt, so bleibt keine Wahl. Es muß eine ähnliche, womöglich eine bessere Waffe eingeführt werden. Wasserstraßen sind eine Waffe dieser Art. Wenn wir uns der Vorteile begeben, welche sich unsere Gegner durch deren Entwicklung verschaffen, so müssen wir die Folgen tragen, und die Folgen sind für die Landwirtschaft so vernichtend als für Handel und Gewerbe, weil in Deutschland keines mehr ohne das andere bestehen kann.

Hierin liegt die Bedeutung des Ringens um den Mittelland-Kanal in Norddeutschland, wie um die Wiederbelebung der alten Schiffahrtsstraßen in Bayern, das seinen Ausfluß nach Norden und Osten ebenso dringend braucht, als irgend ein anderer Teil Deutschlands seine Verbindung mit dem Rest der Welt. Die bayerische Landwirtschaft ist durch ihre verhältnismäßige Abgeschlossenheit der allgemeinen Notlage nicht entgangen, so wenig als dies in den industrielosen Provinzen des preußischen Ostens der Fall war. Dort zeigt sich aufs schärfste die gegenteilige Erscheinung, die mit jedem Jahre unleidlicher werden müßte, je mehr andere Provinzen, andere Länder an der allgemeinen Weltbewegung teilnehmen und in ihr, als Glieder eines großen Ganzen, ihre natürliche Stellung finden.

Dazu ist aber auch Bayern berufen, wie wenige andere Länder. Das Jahrhundert, an dessen Schwelle wir stehen, gehört der Elektrizität. Wie vor hundert Jahren durch die Erfindung der Dampfmaschine eine gewaltige gewerbliche Umwälzung herbeigeführt wurde, welche blühende Industrien zerstörte, um sie an anderen Orten, wo Kohle zu finden oder billig zu erhalten war, in zehnfacher Größe wieder aufzubauen, so wird ohne Zweifel die Elektrizität in ihrer Verbindung mit den natürlichen Wasserkräften eine ähnliche Verschiebung anbahnen. Wo in bergigen, wasserreichen Gegenden, wie den Gebirgsabhängen des südlichen Bayern, Millionen von Pferdekräften unbenützt zu Tal stürzen, da sehen wir heute schon zahlreiche Zeichen dessen, was kommen wird: Elektrische Beleuchtung in Dörfern und Städtchen, Trambahnen, Fabrikanlagen, an die noch vor wenigen Jahren niemand gedacht hatte. Für die Weiterentwicklung in dieser Richtung braucht Bayern seine Wasserstraßen, seinen Handelsweg nach dem Orient, eine offene Gasse nach der Weltstraße des Rheins. Und das braucht die bayerische Landwirtschaft so gut wie die bayerische Industrie, denn auch in Bayern wie anderwärts kann sie nie und nimmer anders gedeihen wie als Teil einer Gesamtheit, die einer gedeihlichen Zukunft entgegengeht, als Beruf eines Volkes, das auf dem Weg ist, durch seiner Hände Arbeit reicher zu werden, als es zuvor war.

Trotz alledem haben sich auch in Bayern große politische Parteien gefunden, die zum Feldgeschrei erhoben haben: Keine Verkehrserleichterung im Interesse des Volkswohls, keine Wasserstraßen im Interesse der Landwirtschaft.

Ich werde, wie ich mir selbst versprach, auf diese, die politische Seite der Sache nicht eingehen. Sie muß auf einer anderen Arena ausgefochten werden.

Nur eins möchte ich jene Führer fragen, die im Namen des Volkswohls zu sprechen glauben: Wo wollt ihr das Land hinführen, wenn rings um euch die Entwicklung unserer Zeit weiter schreitet? Was soll aus dem mit jedem Jahre größer werdenden Überschuß seiner Bevölkerung, auf die wir mit Recht stolz sind, werden? Wie wollt Ihr die Kinder des heutigen Bauern ernähren und beschäftigen?

Wir, die wir den Ausbau der bayerischen Wasserstraßen erstreben, verlangen für sie nichts anderes, als was auch Ihr zu verlangen meint. Versperrt den Weg nicht, der erreichbar macht, was jedes Land haben muß, das hoffnungsfreudig einer gedeihlichen Zukunft entgegensehen will: Arbeit für seine Bürger, Brot für ihre Kinder.

VI. Ein Pharao im Jahrhundert des Dampfes.

Vortrag, gehalten im Verein für Handelsgeographie zu Stuttgart am 26. Februar 1897.

Es gibt zahllose Punkte auf der Erde, von denen man zu sagen pflegt, daß sie unvergeßlich seien, wenn man sie einmal gesehen habe. Es gibt einige wenige, von denen dies wahr ist. Einer dieser seltenen Punkte ist die Höhe des Mokattam, im Südosten von Kairo. Gestatten Sie, daß ich mit Ihnen von der Felsenkante, auf die ich Sie mit diesen Worten führe, einen Blick auf das gewaltige Bild werfe, das sich ringsum zu unseren Füßen ausbreitet.

Hinter uns, gegen Osten, die kahle, steinige Wüste, rot und gelb im Sonnenlicht, blau und violett, wo ein Felsvorsprung ein Fleckchen Schatten in die glühende Einsamkeit wirft. Neben uns das halbzerfallene Grabdenkmal eines vergessenen mohammedanischen Heiligen, Schech Jusef, dessen schlichte, zierliche Formen aus der Kalifenzeit stammen. Vor uns die senkrechte, fast überhängende Wand, an deren Rand wir stehen, und unter uns ein riesiges Blatt der Weltgeschichte.

Als breiter, silberglänzender Spiegel, jeder Perspektive zum Trotz, tritt links im fernsten Süden der Schöpfer von allem, was wir um uns sehen, der königliche Nil, in das Bild. Es ist, als ob hier selbst die Natur etwas von dem Hang zur Symbolik angenommen hätte, der sich durch den Geist des Volkes zieht, welches an diesem Strome groß wurde. Gleich rätselhaft und mit wunderbarer Bestimmtheit gleich plötzlich tauchen Strom und Volk am fernsten Horizont auf, den unser Auge und unser Erkennen erreichen.

Rechts und links an dieses Spiegelbild des leuchtenden Firmamentes schließen sich die gelben Wüsten.

Wir folgen dem Horizont gegen Westen. Wie hingehaucht in den zitternden, lichtdurchtränkten Äther bemerken wir die Pyramiden von Daschur und trotz der Entfernung deutlich erkennbar die Riesenstaffeln der Pyramiden vom Sakara, vielleicht des ältesten Bauwerks des ältesten Kulturvolks der Erde, an dessen Fuß, inmitten des Totenfeldes von Memphis, die heiligen Stiere der alten Ägypter in ihren Felsgewölben ruhen. Weiter nach rechts, im Lichtbraun der Wüste fast verschwindend, die Pyramiden von Abusir; noch weiter, alles beherrschend, starr und gewaltig, wie vor 5000 Jahren, die Pyramidengruppe von Giseh: jene wunderbaren Denk- und Grenzsteine, welche die Zeit des bewußten Lebens der Menschheit trennen von Jahrtausenden, in denen sie in bewußtlosem Traumleben heranreifte. Nunmehr gegen Norden dem Horizont folgend, streift unser Auge eine Reihe von sich verflachenden Hügelzügen. Dann überschreitet der Blick die Grenze, scharfgezeichnet wie die Linie eines Meeresstrandes, welche die Wüste vom Nildelta trennt. Mattblau und grünschillernd, von den Silberfäden des Stroms und seiner Kanäle fächerartig durchzogen, breitet sich ein Teppich vor uns aus, der in bunter Mannigfaltigkeit hier das helle Grün des jungen Zuckerrohrs und des Maises, dort das Braun und Weiß der entblätterten Baumwollstauden, hier das Gelb des reifenden Weizens, dort das dunkle Saftgrün des ägyptischen Klees erkennen läßt.

Vom südlichsten Punkt des Panoramas bis zum nördlichsten, den wir hiermit erreichten, durchzieht den Mittelgrund der Strom, dem das Land sein Leben verdankt. Vor uns und nach Süden hin, so weit das Auge reicht, schuf er an seinen Ufern ein breites grünes Band, an den Seiten von der lybischen und arabischen Wüste scharf begrenzt und da und dort von den dunklen Gruppen der Sykomoren, häufiger noch von Reihen zierlicher Dattelpalmen belebt. Uns zunächst, am Ende dieses

Streifens, liegt das halbzerfallene Alt-Kairo, dessen uralte Koptenkirche kaum mehr an die blühenden Jahrhunderte der christlichen Zeit Ägyptens mahnt. Deutlicher rufen uns die zerfallenen Kalifen- und Mameluckengräber, welche am Rande der südlichen und nördlichen Wüste förmliche Städte von verlassenen Palästen und Moscheen bilden, den Glanz des Islams ins Gedächtnis. Aber vor allem spricht dieser aus den hundert Kuppeln und Minarets, Türmen und Toren der gewaltigen Stadt, die zugleich die Zerrüttung und Ohnmacht dessen vor Augen führt, was an Lebendigem aus jener großen Zeit noch übrig geblieben ist. Im Bau begriffene und gleichzeitig zerfallende Wohnhäuser, verwüstete Gärten mitten im Gewimmel ärmlicher Hütten und halb in Trümmer liegender Paläste, von der im Süden kaum erkennbaren Moschee ibn Tulun, in deren Spitzbögen ein für die Baukunst der ganzen Welt befruchtender Gedanke ins Leben getreten ist, bis zum wuchtigen Bab el Nasir, „dem Siegestor", das trotzig seine doppeltgetürmte Stirne nach Norden kehrt. Unmittelbar unter uns erhebt sich das schönste Werk jener Zeit, die gewaltige Moschee Sultan Hassans, in deren Innerem auf blutgetränkten Steintafeln auch das Ende derselben geschrieben steht: die Vernichtung der Mamelucken durch Mohammed Ali. Uns näher liegt, schon hoch über der Stadt, wenn auch noch immer zu unsern Füßen, die Zitadelle mit der Marmormoschee und den nadelartigen Minarets des großen Vizekönigs, den Anfang eines neuen Zeitabschnitts, oder richtiger gesagt, einer Übergangszeit bezeichnend: denn auch sie ist bereits im Begriff, der neuesten, der Zeit von heute zu erliegen. Schon hat d i e s e bedeutsame Lichter und Schatten in unser Bild des Altertums und des Mittelalters geworfen. Drüben an Giseh und den Pyramiden vorüber gegen Süden und vom nördlichen Ende der Stadt durch das Delta zeigen sich dünne, scharf markierte Linien, denen entlang weiße Wölkchen emsig und lautlos fortziehen. Es sind die Haupteisenbahnlinien Ober- und Unterägyptens. Dort unten, bei Bulak, an dem uns nächstgelegenen Punkte des Nils, liegt ein schmutziger Fleck von Rauch und Dampf über der sonnigen Fläche; dort liegen das geschäftige Arsenal, einige Fabriken, der Landungsplatz der Nildampfer. An diesen Rauchfleck schließt sich eine moderne Villenstadt an, von der aus ein entsetzlich gerader „Boulevard Mohammed Ali" mitten durch die tausend Winkel und Gäßchen der alten Kalifenstadt schneidet. Nach Nordosten hin, der Grenze der Wüste und des Deltas folgend, entdecken wir einen silberglänzenden Strich. Es ist der Kanal, der das Nilwasser nach Ismailia und nach Suez führt und der uns, mit dem äußeren Auge nicht mehr erreichbar, eines der größten Werke unserer Tage zeigt, das zwei Weltteile, Afrika und Asien, getrennt hat, und zwei Welten, die des Abend- und die des Morgenlandes, verbindet.

Wenden wir uns endlich um und sehen in genau entgegengesetzter Richtung nach Südwesten, so fällt ein ähnlicher Blick über den Horizont hinaus, auf das einsame Fayum und die Spuren eines nicht minder großen Werkes jener königlichen Baumeister, die den Mörissee und sein wunderbares Kanalsystem schufen, und damit die Zivilisation vor 5000 Jahren würdig an die Seite der Zivilisation von heute stellten.

Das alles liegt vor uns, fast greifbar, übergossen von dem glühenden Lichte einer halbtropischen Sonne, unter dem tiefblauen Firmament, das selten eine Wolke trübt; die Geschichte der Menschheit, vom ersten Sagenleben des ältesten Volkes bis zu den Gigantenarbeiten unseres 19. Jahrhunderts, in den Wüstensand geschrieben, in Erde gegraben, in Felsen gemeißelt.

Fragen wir nun, wer dieses Bild geschaffen, wer an dieser Stelle das Leben der Menschheit gelebt hat, wodurch allein ein solches Bild entstehen konnte!

Es gehörten zwei dazu.

Hinter uns, neben dem geduldigen Langohr, das uns auf diese Höhe trug, liegt ein brauner Junge, hübsch gewachsen, mit intelligenten, fast weiblichen Zügen, im blauen, losen Hemd, und spielt halb schlafend mit einer Handvoll Nummuliten, die zu Millionen den felsigen Boden bedecken. Er wartet mit der Geduld seines Esels, bis sein Hoage — sein fremder Herr — ausgeschwärmt hat und das gemietete Reittier wieder zu besteigen für gut findet.

Das ist der eine.

Er sagt, er sei von Kaffr Damanur und zeigt auf ein Dörfchen, kaum erkennbar im Grün der Deltaspitze. Er heiße Mohammed Hassan. Fragt man ihn, wie alt er sei, so meint er mit zweifelhafter Miene, ein Engländer habe ihm einmal gesagt, er werde wohl 15 Jahre zählen. Doch finden Sie sein Bild drüben in den Gräbern von Memphis unter 4000jährigen Hieroglyphen: die weichen feingeschnittenen Formen von Mund und Kinn, die etwas volle Nase, die lichtbraune Farbe, zum Sprechen ähnlich. Auch dort auf den Grabhallenbildern läuft er hinter einem Esel her. Aber er hat auch die Pyramiden gebaut und den Suezkanal gegraben, der alte ägyptische Fellah, wie er heute noch leibt und lebt.

Und auch der gewaltsame Geist des andern winkt noch herüber aus den Riesendenkmälern an unserem Horizont. Auch er hat sich durch Jahrtausende erhalten, schuf gestern erst die Paläste und Gärten dort unten auf den Nilinseln bei Giseh und hat wieder einmal fast wie vor 5000 Jahren über denselben eine Art von Pyramide errichtet, die die Welt mit einem Gemisch von Entsetzen und Bewunderung anstaunt und unter deren Last das geduldige Volk, wie damals, anscheinend unrettbar zusammenbrach. Von diesem, wie ich glaube, dem letzten Pharao Ägyptens, gestatten Sie mir, einiges mitzuteilen, da es der Zufall wollte, daß ich am Tage seiner Thronbesteigung zum erstenmal ägyptischen Boden betrat und im Jahr seines Falls, vom Gipfel des Mokkatam, das herrliche und zugleich trostlose Bild vor Augen hatte, dessen blutgestriemte Flecken unter der schimmernden Oberfläche nicht mehr zu verbergen waren.

Es war im Januar 1863, als Ismael Pascha unter dem Donner der Kanonen von Alexandrien mit dem Firman des Sultans Abdul Asis aus Konstantinopel zurückkehrte, der ihn zum Vizekönig von Ägypten machte, als dem fünften und letzten unter dem von seinem Großvater Mohammed Ali erkämpften Erbfolgegesetz der Familie. Dieses Gesetz, das sich mehr auf alte Sitten als auf Sprüche des Korans stützt, bestimmt, daß in mohammedanischen Herrscherfamilien der Älteste des ganzen Stammes, also nicht der erstgeborene Sohn des regierenden Fürsten, dessen Nachfolger wird, und ist in die Verträge von 1840/41 übergegangen, die das Verhältnis zwischen dem Sultan und seinem mächtigen Vasallen am Nil festlegten. Es möge dies schon hier erwähnt sein, denn wie in der Familie der Sultane zu Stambul war auch in Kairo seine Beseitigung der leitende Gedanke jedes Vizekönigs von Ägypten und hatte hier wie dort mehr als einmal nach orientalischer Art Dolch und Gift und nach europäischer Millionen in Bewegung gesetzt.

Gestatten Sie eine kurze Schilderung der Verhältnisse, in die Ismael eintrat:

Der Gründer der vizeköniglichen Familie Mohammed Ali, der Sohn eines kleinen arnautischen Polizeibeamten, hatte nach dem napoleonischen Einfall zu Anfang des Jahrhunderts dem türkischen Paschalik Ägypten nahezu die Unabhängigkeit, sich selbst und seiner Familie die Erblichkeit der Stellung des Walis der Provinz erkämpft und im Innern die Macht des ungezügelten Landesadels, der Mameluden, gebrochen, als er 1849 im Irrsinn starb: ein Mann, dessen Genialität und Charakterstärke ihn zu einem der ersten Herrscher stempelt, die dem Orient seine heutige Gestalt gegeben haben; dem ersten, der mit verhältnismäßigem Erfolg die Kultur des Westens in Verhältnisse zu verpflanzen begann, die sie bisher mit fanatischem Stolz zurückgestoßen hatten. Ihm folgte, noch zu seinen Lebzeiten, sein kriegerischer Sohn — wenn es sein Sohn war

— Ibrahim und starb noch vor dem Tode Mohammed Alis schon nach 10 Monaten, im November 1848, wie man glaubt, an Gift. Sein Nachfolger Abbas, ein Enkel des großen Paschas, regierte als orientalischer Barbar, der die Laster unserer Kultur nachzuahmen versuchte, und wurde 1854 zu Benah, man sagt auf Anstiften seiner eigenen Schwester, ermordet. Auf ihn folgte der dritte Sohn Mohammed Alis und einer tscherkessischen Mutter, der blonde, gutmütige Said. — Nun — 1863 — sprang die Erbfolge wieder über auf den zweiten Sohn Ibrahim Paschas, auf Ismael, da sein älterer Bruder Achmed kurze Zeit zuvor im Nil ertrunken oder ertränkt worden war. Ein Versuch des jüngeren Bruders Mustapha Fasils, sich durch eine Harems-intrige als den älteren auszuweisen und das Erbrecht für sich in Anspruch zu nehmen, wurde im Keim erstickt. Der Zwischenfall gab gleichzeitig den Ansprüchen Mustaphas auf die künftige Thronfolge einen schweren Stoß, so daß der jüngste noch lebende Sohn Mohammed Alis und einer arabischen Mutter, Halim, als legitimer Nachfolger Ismaels angesehen wurde. Es war dies der Pascha, in dessen Diensten ich als Ingenieur durch eine Reihe von Jahren die merkwürdige Entwicklung Ägyptens unter dem neuen Herrscher miterlebt habe.

Sie würden einem Ingenieur wohl verzeihen, wenn er diese Entwicklung vorzugsweise nach ihrer technischen, land- und volkswirtschaftlichen Seite zu schildern versuchte. Aber es hätte dies auch aus anderen Gründen seine Berechtigung. Denn es gibt kaum ein Land, in dem gerade diese Seite für Fürst und Volk von größerer Bedeutung gewesen wäre. Das zeigt sich im Leben der alten Pharaonen, dieser königlichen Ingenieure, die den Josephskanal und den Mörissee gruben, die mit rätselhafter Geschicklichkeit Kolosse und Obelisken von einem Ende des Landes nach dem andern schleppten und in ihren Pyramiden die gewaltigsten Bauwerke der Welt herstellten. Das zeigt sich 5000 Jahre später auch im Leben Mohammed Alis, so oft er Zeit fand, die Waffen niederzulegen, und dasselbe charakterisiert, wenn wir gerecht sein wollen, — soviel des Lärms auch Politiker, Finanzleute, Weltenbummler und Zeitungsschreiber über Ismaels Regierungszeit in anderem Sinne zu machen wußten — vor allem auch das Ringen und Schaffen dieses Fürsten der Ägypter.

Daran ist die Natur des Landes schuld, dessen einziger, aber auch unerschöpflicher Reichtum in seinem Boden liegt: dem schmalen, tiefgründigen Streifen zwischen den toten Wüsten, den der Nil von Assuan bis an die Meeresküste niedergelegt hat und alljährlich mit seinen Überschwemmungen aus dem Innern Afrikas heraus befruchtet und vermehrt; ein Reichtum, der nicht mühelos gewonnen wird, denn die Beherrschung des Wassers, aus dem alles Leben Ägyptens entspringt, hat schon in den frühesten Zeiten die Kraft und Kunst des Volkes jahraus jahrein in Anspruch genommen, bildet heute noch die tägliche Arbeit des Fellahs und seines Ochsen und fordert von den Ingenieuren unserer Zeit die Lösung der schwierigsten Aufgaben. Dafür ist der Nil auch dankbar wie kein zweiter Strom der Erde. Während ringsumher die alten Kulturstätten — Cyrene, Karthago, Palästina, Syrien — erstarrt und erstorben liegen, schenkt das Nilland einem nicht zu ertötenden Volke noch heute, wie vor Jahrtausenden, Weizen und Mais, Rinder und Kamele und nebenher so ziemlich alles, was der Mensch von der Mutter Erde verlangt. Wenn Sie trotzdem bei einem Ritt durch die grünen Gefilde des Deltas immer und immer wieder auf die ärmlichsten Lehmhütten stoßen, den kaum in Lumpen gekleideten Fellachin, der Not und dem Mangel an den notwendigsten Lebensbedürfnissen begegnen, so sehen Sie die Kehrseite des Pharaonentums, dessen Ende, wenn es gekommen sein sollte, kein Mensch mit einem menschlichen Herzen ernstlich beklagen kann.

Ismael Pascha fand beim Antritt seiner Regierung Land und Volk in verhältnismäßig erträglicher Verfassung und an der Schwelle eines der glänzendsten Zeitabschnitte, die seit

Menschengedenken eingetreten waren. Der gutmütige Said hatte sich mit einem halb orientalischen, halb europäischen Hof umgeben, an dem sich englischer und französischer Einfluß mit schwankendem Erfolge bekämpften, wobei jedoch seit Lesseps' Erscheinen die französische Seite das entschiedene Übergewicht gewonnen hatte, und regierte ohne den Ehrgeiz seines großen Vaters, aber auch ohne die sinnlose Grausamkeit seines Neffen und Vorgängers Abbas. Der Vizekönig wurde bestohlen, die Fellachin bedrückt, die Vertreter der europäischen Mächte beschäftigen sich damit, ihn und sich untereinander zu überlisten. Das war der normale Zustand der Dinge geworden, bei dem sich niemand allzu unglücklich fühlte. Dabei drang die Kulturarbeit des Westens langsam vor und trat, wie nirgends anderswo, in merkwürdige Verbindung mit den mittelalterlich orientalischen Zuständen, die ihre Lebenskraft noch nicht verloren hatten.

Kein Mensch z. B. wäre imstande gewesen, die Rechtsgrenze von Macht und Besitz zwischen dem Staat und dem Regenten zu ziehen, deren Notwendigkeit man jedoch zu vermuten begann. Die Steuern flossen in die Staatskasse. Niemand hätte jedoch gewagt, den Vizekönig zu verhindern, jederzeit und zu jedem Zweck mit beiden Händen in diese Kasse zu greifen. Das Gefühl, daß dies nicht ganz in der Ordnung war, entstand wohl erst in dem Augenblick, als Said die entzückende Entdeckung machte, daß Ägypten neben anderen europäischen Errungenschaften unmerklich auch die Kunst des Staatsschuldenmachens erworben hatte.

Für den Landbesitz hatten sich, ohne wesentliche Änderung dessen, was Mohammed Ali vorfand, Verhältnisse herausgebildet, die denjenigen glichen, welche der große Staatsminister Joseph ben Jakob für seinen Pharao 1800 Jahre v. Chr. mit so entsetzlichem Scharfsinn durchführte. Das Land gehörte dem herrschenden Fürsten. Als Privateigentum besaß seine Familie etwa $1/4$ der bebaubaren und eingedämmten Fläche. Diesen Teil, ungefähr 750000 ha, nennt man Schiflik. Was übrig ist, heißt Miriland und ist an die Fellachin verpachtet, die hierfür eine Grundsteuer bezahlen und zu Frondiensten für Staat und Vizekönig verpflichtet sind. Die Grundsteuer betrug in der ägyptischen Kalifenzeit für Moslems $^1/_{10}$ des Ertrages, für Ungläubige das Doppelte, was erklärt, daß der geringe christlich gebliebene Teil der Bevölkerung, die Kopten, dem Landbau völlig entfremdet wurden. Erst unter Said Pascha bestimmte ein Gesetz, daß der Fellah das von ihm gepachtete und bebaute Land, natürlich mit den darauf ruhenden Verpflichtungen, vererben durfte. Ich übergehe der Kürze halber die Besitzverhältnisse anderer Art, wie die der Moscheen, der wenigen Großgrundbesitzer und der anbaufähigen Brachländereien, welche den zwei erwähnten Gattungen des Grundbesitzes gegenüber nicht ins Gewicht fallen.

Das Schiflik, das Land der vizeköniglichen Familie, war durch die Konfiskation der Besitzungen des alten Landadels, der in dem berühmten Blutbad von 1811 sein gräßliches, aber kaum unverdientes Ende gefunden hatte, in Mohammed Alis Hände gelangt und seinen Söhnen und Enkeln zugeteilt worden, wobei die komplizierten Familienverhältnisse der 48 Kinder seines Harems, die Willkür der regierenden Paschas, Tod und Verbannung einzelner Mitglieder fortwährende Verschiebungen mit sich brachten. Die kleinen, nicht der Familie des Vizekönigs angehörigen Paschas und Beys, die hohen Beamten, Mafetische und Mudirs entstehen und verschwinden durch die Gunst des Vizekönigs, die sie auf Jahre und Jahrzehnte zu reichen Leuten und morgen zu Bettlern macht. Auf dieser schwankenden Grundlage beruhte auch unter Said und Ismael der Reichtum der angesehensten Besitzer im Lande.

Das alles aber hing am Nil. Durch den Strom war Ägypten jahrhundertelang die Kornkammer des Orients geblieben, war jedoch unter der verwildernden Mameluckenherrschaft so weit gesunken, daß es nur noch seine eigene Bevölkerung ernährte. Mohammed Alis genialer Blick hatte die Bedeutung von Wasser und Erde in seinem Reich sofort erkannt. Der greise Arnaute, der durch zwei Generationen Dolch und Pistole emsig gehandhabt hatte, gründete in seinen alten Tagen zu Schubra, bei Kairo, eine landwirtschaftliche Versuchsstation, verschrieb Baumwolle von Ostindien, Zuckerrohr aus Amerika, pflanzte Indigo und Pfeffer, ließ alte versumpfte Kanäle wieder ausheben und Tausende von Brunnen graben, arbeitete persönlich am Bau des großen Nilstauwerks bei Kaliub mit und errichtete die erste Dampfpumpe des Landes angesichts seines letzten Harems. Mächtig gefördert von dem weitsichtigen Despoten drang die europäische Kultur in das Pharaonenland ein. Abbas Paschas rückschrittliche Regierungsweise konnte die Bewegung nur auf kurze Zeit hemmen. Unter Said, der ihr mit naiver Freudigkeit entgegenkam und auf vergoldeten Lokomotiven zwischen Kairo und Alexandrien hin und her fuhr, wurde Alexandrien eine europäische Stadt, begannen Dampfer vor den Toren Kairos zu rauchen und Bahnzüge statt der Karawanen zwischen dem Nil und dem Roten Meer zu verkehren. Auf dem Isthmus hatten 20000 Fellachin, wie übrigens schon einmal unter Necho 2500 Jahre zuvor, in einem gewaltigen Kanalbett zu wühlen angefangen, die erste Staatsschuld von 70 Millionen Franks war erfolgreich aufgenommen worden. „Civilisation et progrès“ war das dritte Wort in jedem Satz, der sich auf Ägypten bezog, kurz das 19. Jahrhundert, mit seiner Tatkraft und mit seinem Schwindel, pochte laut an den Toren des wiedererwachenden Pharaonenlandes.

Die Art, wie dies geschah, diente keineswegs überall zum Heil der Ägypter. Jedes Konsulat bildete eine kleine Souveränität für sich und glaubte seine erste Aufgabe zu erfüllen, wenn es seinen Einfluß auf den Vizekönig zum Schaden der andern ausbeutete. Neben den Konsuln war es die wachsende Kolonie der europäischen Kaufleute, Techniker und Industriellen, deren Tätigkeit sich nach allen Richtungen im Volksleben fühlbar machte, und auch hier kam der Kampf zwischen Engländern und Franzosen nicht zur Ruhe. Der Suezkanalvertrag, den Lesseps' Begeisterung und Schlauheit dem gutmütigen Said aufoktroyiert hatte, war für die Franzosen ein gewaltiger Sieg. Die Bedingung namentlich, daß Ägypten 20000 Fellachin zu kostenloser Fronarbeit stellen mußte, schnitt tief in andere Verhältnisse des Volkes ein und wurde als die schwerste Last empfunden, die der verstorbene Pascha dem Lande aufgebürdet hatte. Die Kanalaktien im Betrag von 70 Millionen, die Said gleichzeitig nehmen mußte, und die 40 Proz. des Gesamtkapitals der Gesellschaft ausmachten, fielen augenblicklich weniger ins Gewicht, obgleich sie den Anfang und den Kern der riesigen Staatsschuld bildeten, unter der 16 Jahre später Ismael Pascha erdrückt wurde.

Trotz mancher dunklen Punkte machte sonach das Land beim Tode Saids den Eindruck, als sei es auf dem besten Wege einer raschen fortschrittlichen Entwicklung. Die Bewässerungsanlagen, dieses wichtigste Element der landwirtschaftlichen Verwertung des Bodens, hatten manche Verbesserung erfahren, wenn auch das große Stauwerk bei Kaliub in den Händen der Franzosen mißglückt war. Eine Anzahl gewaltiger Dampfmaschinen war bereits da und dort an die Stelle der alten Sakien*) getreten. Eine kleine Flotte von Dampfern vermittelte den Verkehr auf dem Nil bis nach Esne und Assuan hinauf, die Eisenbahnlinien von Alexandrien nach Kairo, von Kairo nach Suez und eine kleine Zweigbahn im Delta nach Sagasig, zusammen 400 km, waren im Betrieb. Der Fellah war nicht gedrückter, als er es von jeher gewesen war, und baute seinen Klee, seinen Mais und sein Getreide auf dem unerschöpflichen Boden mit dem alten, mäßigen Erfolg. Da und dort sah man kleine Zuckerrohr- und Baumwollfelder als Beweis, daß die Bemühungen Mohammed Alis nicht ganz

*) Von Ochsen betriebene Schöpfwerke.

umsonst gewesen waren. Kamele, Rinder, Ziegen und Esel mehrten sich. Ein friedlicher, bescheidener Wohlstand hätte aus all dem erblühen müssen, wenn die herrschende Klasse, die kleinen Paschas und das Heer der Effendis, die dem Fellah sein zweifelhaftes Eigentum streitig machten, ihn hätten gewähren lassen.

Ismael Pascha, der einen Teil seiner Erziehung in Paris erhalten und bis jetzt ein einfaches Leben auf seinen Gütern bei Kairo geführt hatte, bezeichnete nach europäischer Art seinen Regierungsantritt mit einer Proklamation, in der er dies auch für die Zukunft versprach und vieles andere beifügte. Recht und Gerechtigkeit sollten von nun an in Ägypten herrschen, der Fellah seines Eigentums sicher, seines Leibes eigener Herr sein. Die Steuern sollten ehrlich eingezogen werden und in die Staatskasse fließen, Civilisation et progrès müßte zwar die Losung des Tages bleiben, ihre Wohltaten aber nicht bloß den Reichen, sondern auch dem Fellah zugute kommen durch die Hebung der Landwirtschaft, durch die Entwicklung des Handels und der Industrie. Namentlich aber wollte der Vizekönig sich eine bescheidene Zivilliste aussetzen und sie nie überschreiten. Ordnung in den Finanzen, Gerechtigkeit in der Justiz, Unbestechlichkeit überall, Friede nach außen, Wohlhabenheit im Innern! — Der Fellah und sein Schech el Belled*) verstanden nicht alles, begrüßten staunend das schöne Manifest und illuminierten das ganze Land, so gut sie konnten.

Ismaels bisherige ruhige, fast allzu sparsame Lebensführung ließ vermuten, daß die Zukunft diesen Versprechungen wenigstens teilweise entsprechen werde. Aber nun geschah etwas, das an die Wunder der alten Pharaonenzeit erinnert. Wie damals griffen die Kräfte einer anderen Welt in das Leben des Volks und seines Herrschers ein; allerdings nach Art *unserer* Tage, in denen wir die Wunder in ihrem Entstehen verfolgen können. Sie sind deshalb kaum weniger staunenswert.

*) Dorfschulz.

Im Jahre 1861 war der Bürgerkrieg in den Vereinigten Staaten ausgebrochen, und im folgenden Jahre wurden die Häfen der Südstaaten blockiert. Damit war die Baumwollausfuhr nach Europa mit einem Schlage zu Ende und in England begannen die Schrecken der berühmten Baumwollhungersnot von 1863—65, die den Preis der Wolle von 60 bis 80 Pfennig das Kilo auf 4 bis 5 Mark hinauftrieb. Überall, wo man hoffen konnte, Baumwolle zur Reife zu bringen: in Chili, am Kap, in Kleinasien, in der Krim, in Ungarn wurden damals Versuche gemacht, an der Goldernte teilzunehmen, die ein leidlich gesundes Baumwollfeld versprach.

In Ägypten war die im Altertum blühende Baumwollkultur unter der Mameluckenherrschaft völlig in Vergessenheit geraten. Mit gewohnter Energie hatte Mohammed Ali versucht, sie wieder zu beleben, und in Schubra Felder mit amerikanischem und indischem Samen anpflanzen lassen. Halim Pascha erzählte mir eine die Schwierigkeiten derartiger Anfänge bezeichnende Anekdote: Die Körner, die in langen Reihen am Rande tiefer, zur Bewässerung erforderlicher Furchen gesteckt wurden, gingen munter auf; bald aber begannen die Pflänzchen in unerklärlicher Weise zu kränkeln und abzusterben. Selbst die afrikanischen Samen zeigten dieselbe Erscheinung. Man war im Begriff, die Sache als hoffnungslos aufzugeben, als eines Abends spät ein gewisser Rames Bey an den Baumwollfeldern entlang ging und einen Fellahjungen mit einem Topf Suppe antraf. — Was er hier mache? — Er bringe seinem Vater zu essen. — Was sein Vater hier mache? — Er habe Nachtdienst. Und nun entdeckte Rames Bey, versteckt in den Bewässerungsfurchen liegend, ein Dutzend Fellachin, die auf dem Bauche kriechend jede Nacht sorgfältig die jungen Baumwollpflänzchen aus dem Boden hoben, ohne sie ganz herauszuziehen, so daß sie langsam und in unerklärlicher Weise abstarben. Denn die Leute sahen voraus, daß die Baumwollkultur, wenn sie glückte, ihnen viel nutzlose Mühe bereiten werde, und suchten in dieser Weise dem Unheil vorzubeugen. — Am andern Morgen erfüllte Heulen und Zähneklappern das liebliche Schubra; die Baumwolle aber gedieh von diesem Tage an in einer alle Erwartungen übertreffenden Weise.

Die Fellachin hatten nicht ganz unrecht; ohne beträchtliche Mühe und Arbeit läßt sich auch in Ägypten der Baumwollbau nicht durchführen. Allzu sandiger Boden, wie er sich am Rande der Wüste vielfach findet, ist der Pflanze nicht günstig. Die beste Nilerde muß auf eine dem Fellahpflug ungewohnte Tiefe von 30—36 cm aufgewühlt werden, und zwar in einer Jahreszeit, in der sie von der Sonne schon steinhart gebacken ist. Dies ist mit dem aus der Pharaonenzeit stammenden Geräte nur möglich, indem dasselbe acht- bis zehnmal in kreuz und quer über das Feld kratzt. Dann werden in einer Entfernung von 1 m Furchen gezogen und mit der Hacke vertieft. Am Rande dieser Furchen werden im Februar und März die Körner gepflanzt. Nun beginnt die größte Arbeit aller ägyptischen Landwirtschaft: das Bewässern. Die Furchen werden unter Wasser gesetzt, wobei für jeden Hektar 2—300 cbm Wasser erforderlich sind. Die kleinen Pflänzchen beginnen sich zu zeigen und wachsen bald als holzreiche Stauden empor, die je nach der Häufigkeit der Bewässerung eine Höhe von $^3/_4$ bis zu $2^1/_2$ m erreichen. Im August und September bedecken sie sich über und über mit gelben Blüten, die im Oktober und November welken und die Baumwollkapseln zurücklassen. Das Reifen und Aufspringen derselben ist ein sehr unregelmäßiges und erstreckt sich über die zwei folgenden Monate. Ist die Kapsel aufgesprungen, so kann nach wenigen Tagen der Wind die herausquellende Wolle, die die Samenkörner einhüllt, in alle Weite tragen. Hunderte von Mädchen und Jungen sind deshalb vom Dezember bis in den Februar damit beschäftigt, die reifen Wollflocken abzulesen und nach den Ginfabriken zu schaffen, wo die Trennung der Samenkörner von der Wolle und das Pressen und Verpacken der letzteren stattfindet.

Ohne Bewässerung würde der Baumwollsamen nicht aufgehen, bei späterem Wassermangel die Staude verdorren. Eine dreimalige Überschwemmung des Feldes während des Wachstums ist das erforderliche Minimum, eine sechs- bis siebenmalige von größtem Nutzen. So bewässerte Ländereien können bis zu 1000 kg Wolle auf dem Hektar liefern, während der Ertrag bei schlechter Bewässerung auf 150 bis 200 kg sinken kann. Künstliche Bewässerung war deshalb für den Baumwollbau Ägyptens das erste Erfordernis.

Gleich unerläßlich war es aber auch, das Baumwollfeld vor der regelmäßigen Nilüberschwemmung vom August bis Oktober zu schützen. Da die Entwicklungs- und Erntezeit der Pflanze die Zeit von Februar bis zu Februar des folgenden Jahres in Anspruch nimmt, konnte der Baumwollbau nur auf sorgfältig eingedämmten Ländereien betrieben werden.

All das: das Eindämmen des Landes, das gründliche Pflügen, das reichliche und geregelte Bewässern und das sogenannte Picken (das Einsammeln) der Baumwolle in der Erntezeit stellte in großen Betrieben gewaltige Anforderungen an die verfügbaren Kräfte der ägyptischen Landwirtschaft; der Lohn aber erschien, gegen die Mitte der 60er Jahre, auch ein fast märchenhafter. Die ägyptische Wolle erzielte die höchsten Preise auf dem verhungernden Weltmarkt: 5—5½ Mark das Kilogramm, so daß der Bruttoertrag von einem Hektar besten Baumwollandes 5000 Mark sein konnte und die Ernte eines Gutes von 1000 ha — keine ungewöhnliche Größe im Delta — 5 Millionen wert war. Etwas ähnliches hatte Ägypten auch in der Zeit der sieben fetten Kühe nicht erlebt. Selbst einem alten Pharao hätten solche Verhältnisse den Goldschweiß auf die Stirne treiben können.

Alles baute Baumwolle: der Fellah um seine Lehmhütte herum, der Nilfischer an den Dämmen des Stroms, der Eunuche im Haremsgarten seiner Damen, vor allem und in nie dagewesenem Maßstab die königlichen Prinzen und der Vizekönig.

Das ging nun allerdings mit den üblichen Mitteln und Kräften nicht. Aber der Geist der Pharaonen regte sich mächtig. Das Land stöhnte und schuf Wunder.

Der verhältnismäßig kleine Privatbesitz Ismael Paschas hatte sich plötzlich verdoppelt und bald verzehnfacht. Ein krankhafter Landhunger bemächtigte sich des hohen Herrn, vor dem weder Jugendfreunde noch Verwandte, weder Fellachin noch Paschas sicher waren. Riesenflächen in Ober- und Unterägypten, zahllose Dörfer befanden sich mit einemmal in der Gewalt der vizeköniglichen Daira (Verwaltung). Wollte der Verkauf eines besonders wünschenswerten Stückes am Eigensinn des derzeitigen Besitzers scheitern, so fand derselbe plötzlich, daß seine Fellachin verschwanden, daß der Kanal, von dem sein Leben abhing, vertrocknete. Das machte den Hartnäckigsten mürbe.

Tausende von Fellachin waren damit beschäftigt, neue Landstrecken einzudämmen: eine überaus segensreiche Arbeit. Aber so ganz klar wurde dies den armen Leuten nicht, denn sie bekamen buchstäblich nichts dafür als Schläge, und wurden erst durch neue Scharen ersetzt, wenn das Brot, das sie mitzubringen hatten, verzehrt war. Dabei wurde in allen europäischen Zeitungen die Abschaffung der Frone laut gepriesen. Es sollte den ersten Schritt auf dem Wege von „Civilisation et progrès" bedeuten, auf dem Ägypten unter Ismael hinfort wandle, der es durchaus notwendig mache, den Vertrag mit Lesseps umzugestalten und die 20000 Suezkanalsklaven — sie waren kaum etwas anderes — zu befreien.

Dies mehr als alles, was auf der Oberfläche schwamm, war der Kernpunkt des großen Streites zwischen Ägypten und der Kanalgesellschaft, der die Arbeit der letzteren auf kurze Zeit völlig zum Stillstand brachte und von Napoleon III. als Schiedsrichter entschieden wurde. Die sehr französische Entscheidung des Kaisers kostete Ägypten 67200000 Mark. Doch schien in jenem Jahre selbst dieser Preis für 20000 Feldarbeiter auf den vizeköniglichen Gütern nicht unerschwinglich, um so mehr, als das Land es war, das den Preis bezahlte, und der Vizekönig, der die Arbeiter brauchte.

Die nächste Aufgabe war die Vermehrung der Bewässerungsanlagen. Die Fellachin und ihre mit Lehm ausgestrichenen Strohkörbchen, die Sakien, jene uralten Schöpfwerke aus Strickleitern und Tontöpfen, die ein Ochse in Bewegung setzt und von denen im Delta allein 50000 sieben Monate des Jahres in Bewegung waren, konnten den Anforderungen der Zeit auch nicht entfernt mehr genügen. Ein Hauptwerk Mohammed Alis auf diesem Gebiete, welches der greise Pascha mit dem Feuer der Jugend zu verwirklichen strebte, das von dem Franzosen Mougel erbaute Stauwerk des Nils bei Kaliub, sollte den Strom an dem Punkte, an dem er sich an der Spitze des Deltas in den Rosetta- und Damiettearm spaltet, 4—5 m hoch aufstauen, d. h. nahezu bis zur Überschwemmungshöhe, und auf diese Weise sämtliche Kanäle des Deltas, die sonst jährlich nur 5—6 Monate lang Wasser führen, das ganze Jahr hindurch speisen. Die Arbeiten begannen im Jahre 1845. Zwei Riesenbrücken von 132 Bögen, zwischen deren Pfeiler ebenso viele Schleusentore geschlossen werden konnten, sollten den mächtigen Strom sperren. 1853 hatte das scheinbar vollendete Werk 50 Millionen und die selbstverständlich unbezahlte Fellaharbeit gekostet und zeigte bei dem ersten Versuch der Stauung seine Unfähigkeit, den beabsichtigten Zweck zu erfüllen. Das Wasser drang in tausend kleinen Strömen unter der Fundierung der Brücke durch und drohte den ganzen herrlichen Bau mitzunehmen. Mitte der Fünfziger war sodann die erste Dampfpumpe, eine cornische Bergwerksmaschine von 100 Pferdekräften, an den Ufern des Nils bei Schubra errichtet worden, ursprünglich um das Wasser für einen der Paläste Abbas Paschas nach der Wüste zu pumpen, später, um als erste Dampfpumpe des Landes für landwirtschaftliche Zwecke das schöne Gut von Schubra zu bewässern, das Halim Pascha von seinem Vater geerbt hatte.

So standen die Dinge zu Anfang des Baumwollfiebers. Die Zeit des Dampfes war für Ägypten angebrochen. Die alte Pumpe zu Schubra keuchte ermunternd vor den Mauern Kairos. Es war insofern kein Glück, als der Typus dieser Maschine, welcher riesige Fundamente in der stets beweglichen Nilerde erfordert, für die Verhältnisse völlig ungeeignet war. Das wußte damals jedoch kein europäischer Ingenieur. Der Vizekönig bestellte Anlage über Anlage. Zuerst in England, bis eine große Explosion von acht Kesseln, bei der 40 Fellachin in die Luft flogen, die englischen Fabriken für den Augenblick diskreditierte. Die 40 Fellachin hatten der Wärme wegen auf den Kesseln Platz genommen und dann geheizt, ohne an das Speisewasser zu denken. Es gingen deshalb die nächsten Bestellungen nach Frankreich; dann, weil eine große französische Maschine so aufgestellt worden war, daß ihr kein Wasser zulief, das sie hätte pumpen können, wieder nach England. Der Kampf zwischen Franzosen und Engländern war, wie Sie sehen, auch hier in vollem Gange. Von Damiette bis Edfu, namentlich aber in Mittelägypten, vom Bibe bis Siut, erhoben sich mächtige Schornsteine und trieben, wenn sie fertig wurden, was nicht immer der Fall war, wenigstens Wolken von Kohlenstaub in die Wüste hinaus. Denn hier schon zeigten sich die Folgen des unverständigen Drängens, das für Ismael so verhängnisvoll wurde. Die Pumpwerke kamen massenhaft in Alexandrien an, Kessel und Zylinder, Kolben und Gestänge wurden den Nil hinaufgeschafft und, wenn es das Glück wollte, an dem Bestimmungsort ans Ufer geworfen. Auch die Ingenieure und Monteure erschienen mit der Zeit. Dann aber begann auch die Not. Ich kenne eine große Pumpenanlage, die eine halbe Million gekostet hat, bei deren Aufbau die europäischen Monteure dreimal in Verzweiflung davonliefen und dreimal durch neuen Nachschub ersetzt werden mußten. Als die Anlage endlich fertig war, hatte der Nil, der seine eigenen Ideen hat, wie wenige Flüsse, einen anderen

Weg eingeschlagen und das arme Pumpwerk saß auf dem Trockenen.

Eine passendere Wendung nahm die Sache durch die Einführung der von Lokomobilen betriebenen Zentrifugalpumpen, deren erste ich 1864 in Schubra aufstellte. Die Beweglichkeit der Anlage entsprach der Beweglichkeit von Land und Wasser, mit der sie es zu tun hatte. Sie wurde im nächsten Jahre das Pumpwerk des kleinen Mannes wie der Paschas; Hunderte und Hunderte wurden in Alexandrien ans Land gesetzt und wanderten auf Dampfschiffen, auf Nilbooten und auf Kamelsrücken nach allen Richtungen. Einen speziellen Typus derselben, zum Saugen aus den ägyptischen Brunnenschachten, führte ich im folgenden Jahre ein und hatte das Vergnugen, die Dorfschechs von nah und fern kommen zu sehen, um sich die kleinen vierpferdigen Maschinen mitzunehmen, fast wie sie auf dem Jahrmarkt zu Tanta ihre Wasserkrüge holten. Ging's dann ans Bezahlen, so pflegten die Herren die Turbane vom Kopfe zu nehmen, aus denen die englischen Pfunde, das Ergebnis des letzten Wollverkaufs, klingend zu Boden rollten. Bezeichnend für den Eifer, der das ganze Land erfaßt hatte, war eine Äußerung Halim Paschas, der, während wir zusammen am Nilufer eine neue Pumpenanlage planten, zu mir sagte: Wenn ich einmal Vizekönig bin — damals war er eines Zieles noch sicher, das er nie erreichen sollte — darf kein Tropfen des Nils mehr in das Meer fließen! Das war ein Mann, der wußte, was Wasserwirtschaft ist; ein Wissen, das uns in Europa und vor allem in Deutschland noch in bedauerlicher Weise fehlt.

Für Ismael waren die Tausende von Pumpen, die in das Land strömten, nicht mehr genug. Gleichzeitig hatte die monatliche Kohlenrechnung eine bedrohliche Höhe erreicht. Für seine wichtigsten Ländereien in Oberägypten sollte deshalb ein neuer Kanal, der Ibrahimiya, das Problem der Bewässerung lösen. Der Plan war der folgende:

Ganz Oberägypten, d. h. der lange schmale, bebaubare Landstreifen zwischen Assuan und Kairo, liegt 6—8 m über dem niederen Wasserstand des Nils und hat in der Richtung des Stromlaufs einen regelmäßigen sanften Fall von 11 cm im Kilometer. Gräbt man nun einen Kanal von irgend einem hoch oben im Lande gelegenen Punkte des Nilufers tief genug, um das Wasser beim niedrigsten Nilstande aufzunehmen, und gibt ihm ein Gefäll beispielsweise von 4 cm, so steigt derselbe gegenüber den ihn einfassenden Ufern, die ein Gefäll von 11 cm haben, in jedem Kilometer um 7 cm. Er wird somit nach 90 km um 6,2 m gestiegen sein, und das in ihm fließende Nilwasser wird nun ohne alles künstliche Heben das umliegende Feld überschwemmen können. In dieser Weise entnimmt der Ibrahimiya bei Siut auch beim niedrigsten Wasserstand das Nilwasser und führt es in einem tiefen Einschnitt 100 km weit langsam nach oben. Bei Rhoda hat es die kultivierte Oberfläche des Landes erreicht und sollte nun die Distrikte von Minieh, Megagga, Feschna, Bibe und Beni Suif in einer ungefähren Länge von 240 km und einer Breite von 6—12 km bewässern. Die kostbaren Pumpwerke des Distrikts wurden eingestellt und der Versandung überlassen, als im Anfang der 70er Jahre dieses große Werk beendet war. Doch verlief die Lebensgeschichte des Kanals nicht so glatt, als man gehofft hatte. Die Geschwindigkeit des Wassers, das er führt, ist infolge seines geringeren Gefälles geringer als die des offenen Nils. Das Wasser setzt deshalb in den oberen 10—20 km seines Laufes ungeheure Massen Schlamm ab, die in dem rascher fließenden Strom schwimmend erhalten wurden. Deshalb verstopfte sich die obere Mündung fortwährend und Tausende von Fellachin waren erforderlich, sie offen zu halten. Daß dies und andere ausgedehnte Kanalarbeiten im Delta sowie die großen Pumpenanlagen Millionen verschlangen, machte wohl niemand Sorge, solange das Pfund Baumwolle in England 27 statt 5 Pennies kostete. „Civilisation et progrès" machten trotzdem stürmische Fortschritte.

Nächst der Bewässerung stellte die Bodenbearbeitung für den Baumwollbau dem Fellah und seinem Meister eine Aufgabe, welcher der altägyptische Pflug nicht gewachsen war. Es war allerdings leicht, vom Diwan*) in Kairo aus jedem Dorfschech die Zahl der Hektare zu diktieren, die er für Seine Hoheit gepflügt haben müsse. Wohl arbeitete dann der Stock emsig auf Menschen und Tieren, und entlang den Strecken, die der Vizekönig zu besuchen drohte, nicht ohne Erfolg. Das Endergebnis blieb gleichwohl stets weit hinter den Anforderungen zurück, namentlich als vom Jahre 1864 an die Rinderpest sämtliches Vieh Ägyptens hinwegfegte. Halim Pascha hatte schon zwei Jahre zuvor in Schubra den ersten Dampfpflug Ägyptens in Bewegung gesetzt, der nach den üblichen Unglücksfällen und den für nicht Beteiligte erheiternden Abenteuern nicht nur selbst in befriedigender Tätigkeit war, sondern bereits mehrere weitere Apparate auf die Besitzungen des Paschas nachgezogen hatte. In Schubra hatte ich eine förmliche Schule für arabische Dampfpflüger und in Thalia und Teranis, in El Mutana und Kaffr Schech rauchten die Fowlerschen Doppelmaschinen in hoffnungsvoller Weise. Dies erregte die Aufmerksamkeit des Vizekönigs, dem ich Leute und Maschinen vorführte und der nun in seiner Weise in die Sache eintrat. Zunächst wurden ein paar Dampfpflüge bestellt. Wenige Wochen später, als jammervolle Berichte von Oberägypten eintrafen und im Nil die Leichen der in den Fluß geworfenen Rinder wimmelten, begann ein fieberhaftes Telegraphieren zwischen Kairo, London und Leeds. Wann kann Fowler 150 Dampfpflüge liefern? — Antwort: In einem Jahr. Anspannung aller Kräfte garantiert. — Das genügt nicht. 150 Dampfpflüge müssen bis zum Frühjahr in Alexandrien landen! — Antwort: Unmöglich! — Die Fowlersche Fabrik in ihrer damaligen Größe konnte nämlich kaum 3 Dampfpflugapparate in der Woche fertigstellen. Dabei ist zu beachten, daß ein Apparat dieser Art

*) Diwan heißen in Ägypten alle Verwaltungsstellen.

50000 M. kostete, daß es sich also um eine Bestellung im Betrage von 7½ Millionen handelte. — Nächstes Telegramm Ismael Paschas: Was die sofortige Vergrößerung der Fabrik koste? Der Vizekönig sei bereit, das Geld hierfür anweisen zu lassen. Sie können sich denken, daß man in Leeds das Eisen schmiedete, solange es heiß war. Aber auch andere Fabriken in England und in Frankreich wurden veranlaßt, Dampfpflüge zu liefern. Das Arsenal in Alexandrien, die Landungsstelle der vizeköniglichen Güter, füllte sich haushoch mit Kesseln, Rädern, Trommeln, Drahtseilen, Kisten und Kasten aller Art, und die Gasthöfe zweiten Ranges in Kairo mit frischgebackenen Dampfpflügern, die man aus Schlossern und Schmieden, aus Bauernburschen und hoffnungsvollen jungen Männern, die zu allem und nichts fähig waren, in aller Eile zugestutzt hatte. Denn auf jedem dieser Dampfpflüge mußte doch mindestens e i n sachverständiger Pionier der Zivilisation sitzen. Alles das schickten die Effendis von Alexandrien in wirren Massen nach dem Innern, nur um Platz zu gewinnen, so daß wenigstens das ankommende nächste Schiff seine Ladung ausspeien konnte. Man macht sich keinen Begriff davon, wie all dies an seinem Bestimmungsort oder vielmehr an jedem andern als seinem Bestimmungsort ankam. Hier lagen zehn Kessel am Nilufer, 10 Meilen davon die dazu gehörigen Maschinen, hier ein kleines Gebirge von Drahtseilen, zwanzig Stunden weiter oben die Windetrommeln für die Seile. Hier saß ein englischer Monteur hungernd und verzweifelnd auf einem Berg französischer Kisten, dort ergab sich ein anderer hoffnungslos dem heimischen Trunk. Effendis und Katibs rannten — Allah um Hilfe anrufend — zwischen Siut und Alexandrien hin und her und fertigten endlose Listen von Dingen an, von deren Namen sie keine Ahnung hatten. Und doch kam schließlich auch ein Teil dieser Apparate in Bewegung. Der Dampfpflug rauchte in Oberägypten. Civilisation et progrès hatten abermals einen Schritt weiter getan.

Wie ernst dies alles dem Vizekönig war, beweist ein kleines Erlebnis aus jener Zeit: Die Trommeln der damaligen Apparate, welche das den Pflug ziehende Drahtseil aufwinden, waren zu leicht konstruiert, so daß dieser wesentliche Maschinenteil häufig brach, und, wo sich die Leute nicht zu helfen wußten, den monatelangen Stillstand der Dampfpflügerei zur Folge hatte. Ich schlug Ismael Pascha vor, diese Trommeln, die aus Gußeisen waren, in Zukunft aus Bessemerstahl gießen zu lassen. In dieser Weise kosteten sie allerdings (damals) dreimal soviel, mußte ich ihm gleichzeitig mitteilen. Machen Sie die Trommeln aus Gold, Monsieur Eyth, aber machen Sie sie so, daß sie ein Jahr lang halten, war seine Antwort. — Ein gewissenhafter Ingenieur läßt sich dies nicht zweimal sagen.

Die dritte Gattung von Maschinen, die die Gebirge am Hafen von Alexandrien erhöhten, waren die Bestandteile der Ginfabriken — die Apparate, die das Entkörnen der Wolle, und Pressen, die das Packen derselben ausführen. Eine derartige kleine Fabrik mußte auf jedem großen Gute errichtet werden, und Dutzende von Engländern, Franzosen, Italienern und Griechen errichteten größere Anlagen dieser Art in den Städten des Deltas, um die Baumwolle, welche die Fellachin brachten, zu entkörnen und für Europa zurecht zu machen. Sagasig, Tanta, Samanud und andere Deltaorte begannen zu rauchen wie englische Fabrikstädte. Das Baumwollfieber hatte das ganze Land ergriffen. Die kleinsten Paschas wurden sichtbar fetter, die Fellachin versteckten Gold in ihren Lumpen, große Vermögen rollten durch die Banken von Alexandrien und Kairo. Das goldene Kalb schien seit langen, langen Jahrhunderten am Nil wieder auf die Beine gekommen zu sein, und die ganze ägyptische Welt bis herab zu den Derwischen umtanzte es; das Volk Israels nicht ausgeschlossen.

Da, wie mit einem furchtbaren Schlag, war in wenigen Wochen die Herrlichkeit zu Ende. Am 9. April 1865 hatte General Lee mit den Resten der konföderierten Armee bei

Appomatox Court House die Waffen gestreckt. Der große Bürgerkrieg in Amerika war zu Ende. Die Häfen von Luisiana, Alabama und Georgia standen wieder offen, und Tausende von Baumwollballen waren sofort auf dem Wege nach Europa. In wenigen Tagen fiel der Preis der Wolle von 27 Pence das Pfund auf 15, 12 und schließlich 6 Pence. Millionen wurden in Liverpool, Marseille und Alexandrien verloren. Bankerotte in allen Richtungen! Kaum angefangene Baumwollen-Ginfabriken blieben plötzlich im Boden stecken; Schornsteine, denen nur noch der schmucke maurische Kranz fehlte, zerfielen. Ägypten machte noch eine große Baumwollernte, die 1/5 von dem brachte, was jedermann erwartet hatte. Dann begann das Land sich wieder zu erinnern, daß es Mais und Weizen brauche für sein Volk und Klee für seine Esel und Kamele.

Dies war an sich kein Schaden. Mit seinem Malisch! (Macht nichts!) und Inschallah! (Wenn Gott es will!) kehrte der Fellah zu seinem natürlichen Landbau zurück, ohne sich zu sehr zu grämen. Die plötzlich reich werdenden Herren aus der Levante und weiterher, die wie Frösche und Heuschrecken das Land überzogen hatten, verschwanden ebenso plötzlich. Nur der Vizekönig blieb übrig mit seinem riesig angewachsenen Landbesitz, mit den versandeten Pumpwerken, den halbfertigen Kanälen, den Dampfpflügen, für die keine Kohle mehr ankam; und daneben mit einer anschwellenden Schuldenlast, die berechtigt erschien, solange der amerikanische Krieg Erfolge vorspiegelte, die der amerikanische Friede vernichtet hatte, vor allem aber mit einer in dieser Zeit erwachten Lust an phantastischen Unternehmungen, welche alles bisher in der Welt Bestehende übertrumpfen sollte. Dieser Trieb, den die Franzosen seiner Umgebungen durch prachtvolle Wortgemälde anzufeuern wußten, und dem die scheinbar ruhigeren Engländer zu dienen stets bereit waren, drückte den folgenden zehn Jahren ihren verhängnisvollen Stempel auf. Der Zusammenbruch der Baumwollperiode hätte einem ruhigeren, weitsichtigeren Regenten

Einhalt geboten. Für den Vizekönig war er ein Sporn statt einer Warnung. Was einmal fast gelang, konnte das zweitemal ganz gelingen. Der moderne Pharao hatte seine Pyramide zu bauen begonnen, Europa mochte staunend den Kopf schütteln, der Fellah unter den Steinblöcken erliegen, die er herbeischaffen mußte. Es war kein Halten mehr.

Baumwolle natürlich war ausgespielt. Aber man wußte, daß namentlich oberhalb Kairos der ägyptische Boden, wenn gut gepflügt und bewässert, ein vorzügliches Zuckerrohr hervorbringt. Eingehende Berechnungen zeigten glänzende Ergebnisse. Man mußte nur die natürlichen Vorteile der Nilländer mit den wissenschaftlichen und technischen Errungenschaften des Westens zu verbinden wissen. Wenn das herrliche Land bis hoch hinauf nach Nubien, das im Begriff war, eine geordnete ägyptische Provinz zu werden, in ein riesiges Zuckerfeld verwandelt würde, so wäre von Kairo aus der Zuckermarkt Europas zu beherrschen. Es galt ja nur, Westindien und die Südstaaten zu bekämpfen, die ihre Sklavenarbeit verloren hatten, und in Europa die schwerfällige, unreine Zuckerrübe, die alle Chemiker der Welt nicht in ein Zuckerrohr verwandeln können! Das war das argumentum ad hominem oder vielmehr ad pharaonem, das der Gedankengang, welcher um 1867 einen Plan zur Halbreife brachte, der um 1869 die technische Welt Frankreichs und Englands in lebhafte Bewegung versetzte und die Landwirtschaft Ägyptens zum zweitenmal auf den Kopf zu stellen drohte.

Einige größere Zuckerfabriken bestanden schon seit etlichen Jahren in Mittelägypten. Einige kleinere im Delta hatten bewiesen, daß dort Boden und Klima für Rohr weniger geeignet ist. Der Vizekönig wählte deshalb Mittelägypten und das Fayum für seine Zuckerpläne, wo damals sein persönlicher Landbesitz 200000 ha betragen mochte. Im Jahre 1868 und 1869 wurden 18 Riesenfabriken bestellt, deren Leistungsfähigkeit auf je 200000 kg Zucker täglich — das Vierfache der größten bis jetzt ausgeführten Anlagen dieser Art — berechnet war.

Sechs dieser Fabriken sollten von englischen, zwölf von französischen Fabrikanten geliefert werden. Infolge des deutsch-französischen Kriegs kam jedoch schließlich doch der größere Teil der imposanten Maschinenbestellung nach England. Bezeichnend für den damaligen Stand unserer heimischen Industrie ist, daß, obgleich unsere Zuckerproduktion völlig auf der Höhe der Zeit stand, kein Mensch daran dachte, daß auch in Deutschland ägyptische Zuckerfabriken gebaut werden könnten.

Der Plan als Ganzes war in der Tat großartig. Bei Bibe, oberhalb Kairos beginnend, sollte etwa alle 10 km am Nilufer eine dieser Riesenanlagen errichtet werden, als Mittelpunkt eines Distrikts von 10 km im Gevierte, der das Zuckerrohr für dieselbe zu liefern bestimmt war. Jede Fabrik erforderte in vollem Betriebe täglich 2000 Tonnen Zuckerrohr oder, um dies anschaulicher zu machen, 400 Eisenbahnwagen voll Rohr. Der Schnitt und der tägliche Transport einer solchen Masse von einer Fläche von 100 Geviertkilometer nach einem einzigen Punkt war allein schon eine Aufgabe voll der ernstesten technischen und administrativen Schwierigkeiten. Mit welch erstaunlichem Leichtsinn am vizeköniglichen Hofe derartige Projekte behandelt wurden, zeigte sich bald in allen Richtungen, und die unablässig sich bekämpfenden Treibereien der Engländer und Franzosen erschwerten noch die Sachlage bei jedem Schritt. Durch die Ernennung des Zivilingenieurs John Fowler, des Erbauers der Londoner Untergrundeisenbahn, zum obersten technischen Leiter sämtlicher Unternehmungen des Vizekönigs kam einige Ordnung in das Chaos. Aber auch er konnte die Unmöglichkeiten der vorliegenden Aufgabe nicht möglich machen, die in hundert physikalische und soziale Eigentümlichkeiten des Landes gewaltsam eingriffen und bei denen schließlich auf den Fellah und seine seit Jahrtausenden geprüfte Tragfähigkeit zurückgegriffen werden mußte. Während beispielsweise die Mehrzahl der 18 Fabriken schon im Bau begriffen war, begann man die Frage ernstlich zu erörtern, wie denn eigentlich das

Land für solche Massen Rohr gepflügt werden könne. Ismael machte persönlich den Versuch, Fowlers Dampfpflugfabrik in Leeds zu bewegen, 100000 ha jährlich für ihn zu pflügen. 100 neue Dampfpflüge sollten sofort bestellt werden, obgleich und weil über 100 alte aus der Baumwollzeit zerbrochen und verrostet im Lande umherlagen. Der Abschluß des Vertrages zerschlug sich; man überließ die Pflugfrage der Zeit und den Fellachin, die gleichzeitig zu Tausenden über Hals und Kopf an der Herstellung des Ibrahimiya, des erwähnten großen Bewässerungskanals, arbeiteten. Stock und Kurbatsch taten jedoch auch hier wieder ihre altägyptischen Wunder.

Während schon unabsehbare Rohrfelder um die fast vollendeten Fabriken reiften, stand man noch ratlos vor der Frage, wie die erforderlichen Rohrmassen nach den Mühlen geschafft werden sollten, was innerhalb 24 Stunden nach dem Schnitt geschehen muß. Ein Netz fester Eisenbahnen für jede Fabrik, transportable Feldbahnen, Transport mit fliegenden Drahtseilen, Straßenlokomotiven: all das wurde nicht bloß vorgeschlagen, sondern in stattlicher Menge bestellt. Die Geschichte der Erfindung all dieser schönen Dinge, die verschmachtend in den Zuckerfeldern umherirrten, während die Kamele ihnen das Rohr wegschnappten, könnte eine Reihe von technischen Vorträgen mit tränenreicher Komik füllen. Durch das reife Zuckerrohr wurden Bahnlinien abgesteckt, welches es schließlich transportieren sollten, während Schienen, Schwellen, Lokomotiven und ganze Gebirge von leichten Eisenbahnfeldwagen in Alexandrien aufgetürmt lagen. Die umgebaute Fabrik von Minieh wurde als erste in der Mitte der Erntezeit von 1872 eröffnet. Viertausend Kamele — ein prachtvoller Anblick, wenn die Tiere nachts im Mondschein um die Fabrik lagerten — waren für den provisorischen Rohrtransport zusammengetrieben worden. Aber Kamele und Lokomotiven vereint waren nicht imstande, das gefräßige Fabrikungeheuer mit seinen vier Walzwerken auch nur auf Tage in vollem Gang zu erhalten. Dies wiederholte sich bei sämtlichen Zuckerhäusern, die der Reihe nach in Betrieb kamen. In Minieh stand wenigstens ein mit der Arbeit einigermaßen vertrautes Personal zur Verfügung. Andere Fabriken mußten mit Hunderten von schwarzbraunen Halbbeduinen beginnen, die man auf gut Glück in den Maschinenräumen verteilte. Ein solcher Anfang, den ich in Feschna, einer der schönsten Zuckerfabriken der Welt, mitmachte, bleibt mit ihren zur Verzweiflung treibenden und zugleich possierlichen Zwischenfällen eine bittersüße Erinnerung fürs Leben. Die Mühe, die wir hatten, die zum Maschinendienst beförderten Fellachin abzuhalten, in den Klärpfannen warme Bäder zu nehmen, anstatt Zucker zu machen! Und dabei spielte man fortwährend um das Sein oder Nichtsein von Millionen, die am Gelingen des großen Experimentes hingen.

Es mißlang. Es konnte nicht anders als mißlingen. Der großartige Plan war in seinen Einzelheiten ein planloser Wirrwarr. Er beruhte auf einer unhaltbaren Annahme. Der gewaltsame Sprung aus mehr als mittelalterlichen Zuständen mitten hinein in das Treiben unserer Zeit war dem Fellah unmöglich, und bis hinauf in die höchsten Kreise hatte der Vizekönig mit Fellachin und Söhnen von Fellachin zu tun: Niemals gelang es, auch nur annähernd die Feldflächen unter Kultur zu bringen, die jede der Fabriken täglich abzufressen bereit war. Fast war es ein Glück, daß mehrere derselben überhaupt nicht aufgestellt wurden, und ihre Maschinenteile, ihre Klär- und Vakuumpfannen, Millionen in Geldwert, im Sande des Fayums oder im Lehm der Nilufer versanken. Nie gelang es, den Transport des Rohrs den Bedürfnissen der Fabrik entsprechend zu regeln. Manches wurde wohl mit der Zeit besser; das Rohr jedoch mit jedem Jahre schlechter. Die Fellachin erlagen an der ihnen auferlegten Bodenbearbeitung, der rasch versandende Ibrahimiyakanal hörte auf, das unerläßliche Wasser zu liefern. Die großen Pumpwerke wurden wieder ausgegraben, die Hunderte von Zentrifugalpumpen wieder zusammengesucht und mit alten Dampfpflugmaschinen in Bewegung gesetzt. Mühselig schleppte sich das große Werk durch die folgenden Jahre. Der Zuckermarkt Europas ließ sich durch die ägyptischen Sendungen nicht erschüttern. Der Goldregen, wie ihn die Baumwollzeit gebracht hatte, blieb aus.

Der Khedive, wie er seit 1868 hieß, war in der Periode des Spielers angelangt, der seine letzten Einsätze wagt. Das Gefühl für die Bedeutung des Geldes schien ihm verloren gegangen zu sein. Man sprach jetzt am Hofe von Kairo von Millionen Pfunden wie früher von hundert Piastern. Die wildesten Projekte wurden ernsthaft erörtert, ernsthafte Vorbereitungen zu ihrer Ausführung gemacht. Ich selbst — ein ruhiger Mensch, wie ich es bin — verschuldete einen das ganze Land umfassenden Bewässerungsplan, den ich auf Wunsch des Vizekönigs in London ausarbeitete und der ihm in 24 prachtvoll aquarellierten Blättern vorgelegt wurde. Der Voranschlag betrug 40 Millionen Mark und erschreckte niemand durch seine Höhe. Im Brande von Alexandrien, während der Rebellion Arabis, fand er ein nicht unwürdiges Ende.

Daß übrigens auf diesem Gebiet nicht bloß phantasiert und gespielt wurde, beweisen Zahlen. Das bebaute und eingedämmte Land Ägyptens wuchs während Ismaels Regierung von 2 Millionen Hektar auf 2 700 000 ha, das Kanalnetz von 73 000 km auf 87 000 km. Ein Mehr von 700 000 ha Land und 14 000 km Kanäle aber ist eine Leistung, auf die auch ein alter Pharao hätte stolz sein können.

Nicht weniger erstaunliche Fortschritte machten die Verkehrsverhältnisse. Bei Said Paschas Tode (1863) waren die Eisenbahnlinien Alexandrien—Kairo, Kairo—Suez und die kleine Zweigbahn Benah—Sagasig, im ganzen 410 km, im Betrieb. Nach dem Regierungsantritt Ismaels wurden zunächst die Gleise von Alexandrien nach Kairo verdoppelt, 1866 die Wüstenbahn nach Suez aufgegeben und dafür die Linie Kairo—Ismaelia—Suez fertiggestellt. Dann begann der Bau der oberägyptischen Bahnen, zunächst bis Siut, und einer Zweigbahn ins Fayum. Im Delta wurde die Linie von Tanta nach Damiette ausgeführt und zahlreiche Zweigbahnen angelegt. Das Endergebnis war eine Vermehrung der Linien um 1610 km, welche große, fruchtbare Landstrecken in unmittelbare Verbindung mit dem Verkehrsleben Europas brachten.

Allerdings entsprach der Betrieb dieser Bahnen europäischen Begriffen nicht ganz. Wann die Züge abgingen, war annähernd bekannt, wann sie ankamen, wußte nur Allah. Die Betriebsdirektion war abwechslungsweise in englischen und französischen Händen, einmal wurde auch ein Versuch mit einer rein arabischen Leitung gemacht. Um letztere anzubahnen, erhielt der damalige englische Betriebsdirektor für jeden ausgebildeten arabischen Lokomotivführer und Stationschef, den er mit einem diesbezüglichen Zeugnis ausstattete, eine Belohnung von 1500 Mark. Nach kurzer Zeit wimmelte das Land von geprüften Stationschefs und Lokomotivführern, aber auch von Eisenbahnanekdoten von hinreißender Komik. Wohl nur im damaligen Ägypten war es möglich, daß ein ganzer Zug mit 400 Mekkapilgern — lebendigen Pilgern — verloren gehen und eine ganze Woche lang spurlos verschwinden konnte.

Die Sache verdient erzählt zu werden und ging so zu: In Tanta, einer Hauptstation des Deltas, wurde der betreffende Zug durch ein Telegramm aufgehalten, um das Vorbeifahren des Extrazuges des Vizekönigs abzuwarten. Die Pilger wurden auf eine Seitenlinie geschoben und warteten in Geduld. Sie wußten, daß Allah sie weiter befördern werde zu seiner Zeit. Der Befehl hierfür kam jedoch an diesem Tage nicht mehr, man hatte in Alexandrien den Zug vergessen. Am Bahnhof von Tanta liegt ein schöner Teich, in der Stadt ein großer Heiliger, Seyd el Badaui, begraben. Als am folgenden Morgen noch kein Befehl kam, stiegen die Pilger aus, besuchten den Heiligen, schlugen ihre Zelte am Teich auf und begannen sich für einen längeren Aufenthalt einzurichten. Der Stationschef war mit einer großen Hochzeit beschäftigt, die arabischen Zug- und Lokomotivführer hatten zahlreiche Freunde in der Stadt; kurz, kein Mißton störte dieses Bild einer frommen Idylle neben dem sausenden Getriebe der Ungläubigen; bis dem Direktor der Reparaturwerkstätten in Alexandrien das rätselhafte Fehlen einer alten Lokomotive auffiel und der Pilgerzug nach vielem Telegraphieren im Land umher wieder entdeckt wurde.

Von weltgeschichtlicher Bedeutung hätte die letzte Bahn werden können, die der Khedive in Angriff nehmen ließ: die Linie von Wadi Halfa nach Khartum. Sie sollte im Zusammenhang mit einer ebenfalls geplanten Seilschleppschiffahrtsanlage über den ersten Katarakt eine Dampfverbindung zwischen der Hauptstadt des Sudans und Kairo herstellen, und hätte ohne allen Zweifel den Sieg des Mahdis, den Tod Gordons und die hierauf nötige Wiedereroberung der oberen Nilländer vermeidlich gemacht. Die Bahn wurde im Jahre 1872 trassiert und 40 Meilen derselben hergestellt, dann infolge der wachsenden Geldnot aufgegeben und im Wüstensande begraben.

Für den Massenverkehr blieb der bis an die Landesgrenze ohne jedes Hindernis schiffbare Strom die Hauptheerstraße und wimmelte von vizeköniglichen Dampfern, teils mit orientalischer Pracht ausgestattet, teils in Schmutz und Staub gehüllt, lange Züge von Barken schleppend, die Berge von Maschinen nach Oberägypten trugen, Berge von Zucker und Baumwolle herunterbrachten und Tausende von Fellachin von einer Fronarbeit zur andern schleppten. Weniger bedeutend waren die Leistungen der Azizieh, der vizeköniglichen Seedampfergesellschaft, die hauptsächlich die Mekkapilger auf dem Roten Meer beförderte und entlang der syrischen und kleinasiatischen Küste einen wenig Vertrauen erweckenden Dienst eingerichtet hatte. Erfolgreich wurde 1866 ein vortreffliches Trockendock in Suez, 1867 ein schwimmendes Dock in Alexandrien erbaut. Großartige Anlagen verwandelten den schwer zugänglichen Hafen von Alexandrien in einen der ersten des Mittelmeers. Ein ähnlicher Hafen sollte in

Suez gebaut werden, wo man nach Eröffnung des Kanals hoffte, eine Seestadt für den orientalischen Handel entstehen zu sehen. Von 1870—1875 wurden dort 28 Millionen verbaut und dann die Arbeiten eingestellt, denn der orientalische Handel blieb aus. Der Suezkanal hatte eine freie Durchfahrt, nicht einen Haltepunkt für den Welthandel geschaffen, wofür Ägypten 340 Millionen bezahlen mußte. Man darf diese Dinge nicht ganz vergessen, wenn man den Stab über Ismaels Finanzwirtschaft bricht.

Zweifellos ist, daß die rücksichtslose Anspannung aller Kräfte, die im Boden des Landes und seiner Fellahbevölkerung schlummerten, und die hier nur angedeutete Entwicklung der Verkehrsmittel auf die Handelsverhältnisse des kleinen Landes — denn Ägypten mit seinen 5—$5^1/_2$ Millionen Einwohnern ist ein kleines Land — zu erstaunlichen Ergebnissen führte. Die Ausfuhr von 89 Millionen im Jahre 1861 stieg auf 288 Millionen im Jahre 1864 und sank nicht wesentlich auch nach dem Ende der Baumwollzeit; die Einfuhr, die unter Said Pascha 24 Millionen ausmachte, betrug unter Ismael 100—110 Millionen. Diese Zahlen beweisen zum mindesten, daß das Land äußerlich einen glänzenden Aufschwung genommen hatte. Die Kehrseite der Medaille sind die Kosten dieses Aufschwungs.

Der Grund, weshalb die wirtschaftlichen Bestrebungen Ismaels selten gewürdigt werden, wie sie es verdienen, liegt wohl in dem alles verschlingenden Interesse der politischen und finanziellen Verhältnisse seiner Regierung. Diese Vernachlässigung veranlaßte mich, sie hier besonders hervorzuheben. Es ist nun aber an der Zeit, wenn auch in gedrängter Kürze, auf die letzteren überzugehen.

Die Politik des Paschas beschäftigte sich mit drei Hauptaufgaben, die sich auch zeitlich trennen lassen: im ersten Drittel seiner Herrschaft mit der Änderung der Thronfolge, im zweiten mit der Loslösung Ägyptens von der Oberhoheit des Sultans, und im dritten sehen wir den Kampf des untergehenden Mannes, sich der Umklammerung seiner europäischen Gläubiger zu entwinden, hinter denen die Weltmächte, England voran, mit der Hand des unerbittlichen Schicksals nach dem viel begehrten Nillande griffen.

Nach den bestehenden Verträgen von 1840—1841 war Ismael Paschas unmittelbarer Nachfolger sein Halbbruder Mustapha Fazil Pascha. Auf diesen hätte der Onkel der beiden, Halim Pascha, der letzte lebende Sohn Mohammed Alis, folgen sollen. Alle drei waren im Alter nur um wenige Jahre verschieden. Schon in den ersten Jahren war es Ismaels fast unverhohlen hervortretender Wunsch, seinen Bruder und seinen Onkel wenn möglich in unblutiger Weise aus dem Wege zu räumen und die Erbfolge seinen eigenen Kindern zu sichern.

Zuerst gelang es, Mustapha unschädlich zu machen. Eine Verschwörung — fingiert oder wirklich — wurde in Kairo entdeckt, die den Zweck haben sollte, Mustapha als den älteren zu erklären — Haremsverhältnisse gestatten kleine Mißverständnisse auf diesem Gebiete — und für ihn den Thron zu beanspruchen. Dies ermöglichte es, ihn wenige Wochen nach der Thronbesteigung Ismaels aus Ägypten zu verbannen und seine Freunde nach dem Sudan zu verschicken, von wo sie nie wiederkehrten.

Nicht so leicht ging es mit Halim, dem Sohn Mohammed Alis und einer arabischen Mutter, der als Landeskind angesehen wurde, in Kairo einen großen und wohlverdienten Anhang hatte, und dessen Charakter ihm auch in europäischen Kreisen politische und persönliche Freunde von hohem Einfluß sicherte. Unermüdlich wurde jedoch am Hofe des Sultans Abdul Asiz gewühlt, um dessen Zustimmung zur Änderung des Erbfolgegesetzes zu erhalten. 1865 fiel der erste Schlag. Gegen ein Bakschisch von zwei Millionen gab der Sultan seine Einwilligung zum Zwangsverkauf des Grundbesitzes Halims an den Vizekönig. Der Ferman, der die Erbfolge im Sinne Ismaels änderte, d. h. zunächst Mustapha und Halim enterbte und die Nachfolge dem erstgeborenen Sohn Ismaels, dem von seinem Vater allerdings wenig geliebten

Tewfik zusprach, wurde 1866 nach weiterer reichlicherer Bearbeitung des Sultans und seiner Umgebung erworben. Das Jahr 1868 endlich besiegelte den Sturz Halims, dem Ismael die Vorbereitungen einer Rebellion der arabischen Elemente gegen die türkische Herrschaft vorwarf, eine Anklage, die durch gefälschte Briefe und Intrigen echt orientalischer Färbung, noch mehr aber durch die sich wiederholenden königlichen Gaben aus der Staats- und Privatkasse des Vizekönigs am Hofe des stets geldbedürftigen Sultans glaubhaft gemacht wurde.

Kaum war dieser Kampf im Innern der Familie glücklich zu Ende, so begann, von 1867 an, das mit den gleichen Waffen geführte Ringen des Khedives nach Unabhängigkeit von seinem Lehensherrn. Dies war selbstverständlich eine weit schwierigere Aufgabe als die erste, bei der er die persönliche Sympathie des Sultans für sich hatte, welchen in Stambul genau dieselben Familienwünsche und Sorgen quälten, wie den Vizekönig in Kairo. Hier galt es Punkt für Punkt die Bestimmungen des internationalen Vertrags von 1840 zu ändern, der die Nachkommen Mohammed Alis zu erblichen Walis der Provinz Ägypten gemacht hatte. Ein geflügeltes Wort der vizeköniglichen Höflinge wurde auf Jahre der leitende Gedanke der ägyptischen Politik: „Sein Volk gut und glücklich zu machen ist die erste Aufgabe eines Vizekönigs: C'est très simple, Monseigneur, pour un viceroi: il faut abolir les vices.“ — Es war ein wunderbares Spiel von Keckheit, List, Bestechung, Unterwerfung und erneutem, siegreichem Aufraffen, in dem sich die Schachzüge zwischen Konstantinopel und Kairo Schlag auf Schlag folgten. Zeitweise schien der Sieg des Vizekönigs fast gewonnen, dann wieder fast alles verloren. Das Üble des Spiels für Ägypten war nur das, daß jeder Zug der hohen Herren das Land Millionen kostete, das Angenehme für Konstantinopel, daß es der Sultan war, der die Millionen gelassen einsteckte.

1867 verlangte Ismael eine Reihe halb souveräner Rechte und eine entsprechende Rangerhöhung. Nach einem heftigen

Kampf (Preis zwanzig Millionen) erhielt er den Titel Khedive, mit dem er seine erste europäische Tour antrat, auf welcher er überall mit fast königlichen Ehren empfangen wurde. Auf der zweiten Rundreise 1869 lud er die Fürsten Europas zur Suez-kanaleröffnung ein, worüber der nächste wütende Streit mit der Pforte ausbrach. 1870 hatten Geld und Haremseinflüsse zu einer Versöhnung mit dem Sultan und einer scheinbaren Unterwerfung des Khedives geführt, der trotzdem in Alexandrien förmliche Kriegsvorbereitungen zu machen schien. Ein neuer Streit entbrannte um das Recht, ohne Kontrolle von Stambul Schulden machen zu dürfen. 1872 erhielt er den diesbezüglichen Ferman mit Umgehung der Pforte direkt vom Sultan, dem er ebenso direkt die runde Summe von abermals 20 Millionen in die Hand drückte. 1873 gab ihm schließlich ein Ferman der Pforte fast alle Rechte eines souveränen Herrschers von Ägypten. Die völlige Unabhängigkeit war jetzt eine greifbare Möglichkeit. Was der Großvater in seinen blutigen und siegreichen Schlachten nicht erreicht hatte, winkte dem Enkel und seinem Geld. Die Niländer sollten nach 2000 Jahren in alter Pracht und Herrkeit ihren Pharao wieder erstehen sehen.

Und auch der Kriegsruhm, um den sich der schlaue Khedive persönlich nichts kümmerte, durfte dem werdenden König nicht fehlen. Die Kämpfe seiner Truppen im Dienste der Türkei, 1864 um Mekka zur Unterdrückung eines Araberaufstandes, 1865 in Kreta zur Unterwerfung der aufständigen Christen, 1876 im russisch-türkischen Krieg, trugen hierzu allerdings ebensowenig bei als ein längerer, nicht unblutiger Krieg mit Abessinien von 1874—1876, der mit dem Rückzug der Ägypter endete. Dagegen hatte der englische Orient- und Afrikareisende Samuel Baker im Auftrage des Khedives die Eroberung des Sudans begonnen. 1865 wurde Massowa und Suakin besetzt, 1874 Darfur und Kordofan erobert, und seit dieser Zeit hatte General Gordon, ein Mann, der in seiner Charaktergröße und idealen Männlichkeit in merkwürdigem Gegensatz zu seinem zeitweiligen Herrn stand, angefangen, ein Nilreich aufzubauen, wie es seit der Zeit der Ramsenite nicht mehr erträumt worden war.

Nun aber begann auch der dritte, verhängnisvollste politische Kampf Ismael Paschas: das hoffnungslose Ringen gegen die Umklammerung der europäischen Westmächte. Es läßt sich dieser Kampf jedoch nicht verfolgen, ohne auf die scheinbar direkte Ursache desselben einzugehen, die finanzielle Lage Ägyptens, die wiederum die unmittelbare Folge der zur Krankheit gewordenen Verschwendungssucht des Mannes war, welcher die Geschicke des Landes in der Hand hielt.

Daß riesige Summen für hochbedeutsame Unternehmungen mit fürstlicher Kühnheit ausgeworfen wurden, haben wir gesehen. Das war die große und königliche Seite Ismaels. Selbst als die Finanznot bereits erdrückend war, wurden Unternehmen wie die Hafenbauten in Alexandrien und die Sudaneisenbahn ohne Zaudern ins Werk gesetzt. Auch drohte der schließliche Zusammenbruch nicht von dieser Seite. Der Vizekönig war ein weitsichtiger Kaufmann, ein scharfsinniger Unternehmer. Wenn auch manche seiner Werke mißlangen, andere bezahlten für die erlittenen Verluste, und viele zeigten erst in späteren Jahren, daß sie auf einer gesunden Grundlage ruhten. — Es war als ob den früher so einfach, fast geizig Lebenden, der noch als Regent Ägyptens seine Küchenrechnungen selbst prüfte, eine Art Schwindel erfaßt hätte: der Cäsarenwahnsinn in Geldform. Und selbst diese Erscheinung hatte noch ihren praktischen Hintergrund: Verschwendung war Ismaels Waffe; das Mittel zur Macht, zur Unabhängigkeit, und er verstand dieses Mittel mit orientalischer Verschlagenheit und Rücksichtslosigkeit zu handhaben. Nur im Kampf mit den europäischen Mächten vergaß der Türke, was Türken nie begriffen haben, daß Schuldenmachen nicht immer ein Zeichen der Kraft, Schuldenhaben nur selten eine Macht ist.

Die Sache begann mit dem Dank Ismaels für seine Ernennung zum Wali von Ägypten. Sein Besuch in Stambul kostete das Land 4 Millionen, der Gegenbesuch des Sultans einige Monate später in Kairo allein 3 Millionen Mark. — Der zweite Besuch in Konstantinopel, der zur Enterbung von Mustapha und Halim Pascha führte, kostete in Bakschischs und anderen kleinen Nebenausgaben 6 Millionen, sowie die Verdoppelung des jährlichen Tributs Ägyptens an die Pforte von 7520000 auf 13500000 M. — Sehr viel kostspieliger war der im nächsten Jahre abermals nötige Besuch der Majestät am Goldenen Horn. Er kostete 20 Millionen, womit der ersehnte Ferman der Änderung des Erbfolgegesetzes und die Ernennung zum Khedive bezahlt wurde. Die Festlichkeiten bei der Rückkehr des Hofes nach Kairo erforderten 5 Millionen. Dann kam noch im gleichen Sommer die Reise nach Europa, die in Paris und London den Eindruck hinterließ, daß der Reichtum Ägyptens unerschöpflich sein müsse. — Zwischen Boulak und Kairo entstand eine Stadt von Palästen und Villen. Der Palast von Abdin, der der Gesireh und andere Prachtbauten wuchsen aus dem Boden. Eine große Oper, ein Schauspielhaus, ein Hippodrom wurden gebaut. Mitten in den heftigsten Streit um souveräne Machtbefugnisse, der einen Strom von Geld für Bakschischs aller Art von Kairo nach Konstantinopel fließen ließ, fiel die zweite europäische Reise und die Einladung der Fürsten Europas zur Suezkanaleröffnung. Es ist noch nicht vergessen, in welch märchenhafter Weise dieses Fest gefeiert wurde, wie ein Kaiser und eine Kaiserin, Könige und Prinzen, Gelehrte und Künstler, Ingenieure und Bankiers, alles was Europa an glänzenden Männern und Frauen schicken konnte, eine orientalische Gastfreundschaft genoß, die keine Grenzen kannte und das Land monatelang im Aufruhr erhielt. Ich werde nicht von den eigentlichen Festlichkeiten auf dem Isthmus sprechen, wo der Wüstensand in Champagner getränkt wurde. Nebensächliches charakterisiert die Verhältnisse fast besser: Bei Verdi wurde eine ägyptische Oper bestellt. Der Meister schrieb Aïda und erhielt 100000 Lire für die Zusage, das Werk ein Jahr lang nur in Kairo spielen zu lassen, wozu die ersten Künstler Europas engagiert wurden. Der Ägyptologe Mariette hatte das Landesmuseum in Bulak zu plündern, um die Schauspielerinnen mit echt ägyptischem Schmuck aus der Pharaonenzeit auszustatten. — Die ganze Regierungsmaschine kam einen Monat lang fast zum Stillstand, weil alle höheren, des Französischen kundigen Beamten damit beschäftigt waren, Offenbachs Operettentexte zum Gebrauch der Haremsdamen ins Arabische zu übersetzen. Eine Flotte von üppig ausgestatteten Nildampfern führte Gelehrte und Künstler, Schriftsteller und Dichter nach Oberägypten, wo sie den Glanz und das Glück des Landes studieren, malen und beschreiben sollten. Das Elend der Fellachin, das schon damals wie ein Gespenst der Wüste über dem Niltal lag, haben die wenigsten auch nur geahnt. Das alles kostete dem Khedive 26 Millionen Mark. — Die Festlichkeiten hatten den Streit mit Stambul nur unterbrochen. Die übliche Versöhnung und der letzte große politische Sieg des Vizekönigs kostete nochmals 20 Millionen. Damit war der Höhepunkt des Glanzes erreicht, den Ismael erreichen sollte; nun begann, fast ohne Übergang, das verzweifelte Ringen des Ertrinkenden, sich über den Wassern zu erhalten, die zu tief für ihn geworden waren.

Abgesehen von seinen eigenen landwirtschaftlichen Unternehmungen, die trotz ihrer gigantischen Verhältnisse hier kaum in Betracht kommen, hatte der Vizekönig zwei Quellen, welche die Mittel für seine Macht und seine Verschwendung liefern mußten: die Steuerkraft seiner Fellachin und den Kredit seines Landes. Der Fellah in seinen Lumpen war und blieb die zuverlässigere dieser Quellen.

Die Grundsteuer (oder richtiger gesagt: das Pachtgeld) für das von ihm bebaute Stück Land war schon unter Said stetig gestiegen. Sie betrug Ende der 60er Jahre die für ägyptische Verhältnisse sehr hohe Summe von 55 M. für den

Hektar. Die Großgrundbesitzer bezahlten als entsprechende Grundsteuer 18 M., der Vizekönig und seine Familie zahlten nichts. Daneben hatte der Fellah jedoch eine ganze Menge von Abgaben zu entrichten, in deren Erfindung der langjährige Finanzminister Ismaels — der Mafetisch Sadyk Pascha — unermüdlich war. Zur Erhaltung der Bewässerungsanlagen, die fast ausschließlich den vizeköniglichen Besitzungen zugute kamen, bezahlte der Fellah 2,50 M. per Hektar; für jeden Dattelbaum, der auf seinem Lande stand, 1,35 M. — es waren deren 4½ Millionen —, für jede Lehmhütte, die er bewohnte, 75 Pf. Besonders hart war die Kopfsteuer, die für jeden männlichen Fellah über 10 Jahren 6,50 M. betrug! So gelang es, aus den Fellachin, die unter Mohammed Ali 50 Millionen, unter Said 100 Millionen jährlich bezahlt hatten, unter Ismael 163 Millionen zu erhalten. Daß es Mittel gab, diese Summe aus dem Lande zu pressen, schien, wenn man sich die Lehmhütten und die Bewohner eines Fellahdorfes ansah, rein unbegreiflich. Die Mittel waren aber auch danach. Das Instrument, das man am Nil den Kurbatsch, an der Themse und an der Spree die Nilpeitsche nennt, kam von einem Ende des Landes zum andern jahraus jahrein nicht zur Ruhe. Die Dorfschechs prügelten ihre Fellachin, die Mafetische (zu deutsch: die Bezirksamtleute) prügelten die Schechs, und die Bezirksamtleute waren nie sicher, daß der große Mafetisch in Kairo, Sadyk Pascha, sie nicht in gleicher Weise an ihre Pflicht erinnerte, die Steuern rechtzeitig einzuliefern. Die Fellachin wurden diese Art der Steuererhebung schließlich so gewöhnt, daß viele es als Ehrensache ansahen, nichts zu bezahlen, ehe sie geprügelt worden waren, und der Schech, dessen Fußsohlen schon bei 25 nachgaben, sich schämte, wenn er einem Schech begegnete, der erst bei 50 oder 100 die Gemeindekasse ausgeliefert hatte.

Der leitende Geist des Systems war der Mafetisch Sadyk Pascha, der Milchbruder des Khedives, selbst der Sohn einer

Fellachin, ein Mann von rücksichtsloser Härte, wenn es galt, Geld aus dem Lande zu pressen, von nicht zu verachtender Schlauheit in den Verhandlungen mit den europäischen Bankiers. Schon 1866 waren die Zustände auf dem Lande so, daß sie jeden andern als einen Fellah mit Entsetzen erfüllen mußten. Die Leute lebten von Klee, ließen sich prügeln und zahlten nicht mehr. Die Europäer begannen ängstlich zu werden. Aber der Fellah Sadyk kannte seine Brüder, Ismael Pascha die Schwächen seiner europäischen Freunde. Es wurde eine Art Verfassung zu Papier gebracht und eine förmliche Kammer einberufen, die abgeordneten Schechs von Nubar Pascha empfangen und in feierlicher Rede um ihre Mitwirkung bei der Regierung des Landes gebeten; ganz wie in Europa. Nur nachdem man ihnen die Bedeutung von links nach rechts in einer Kammer erklärt hatte, war keiner der Herren Abgeordneten zu bewegen, über das rechte Zentrum hinaus nach links zu sitzen. Das war denn doch zu gefährlich. Freudig stimmten sie für jede Steuererhöhung, solange sie unter den Augen des großen Mafetisch saßen. Schweren Herzens zogen sie nach ihren Dörfern, wo ihnen die Aufgabe entgegenstarrte, die bewilligten Summen zusammenzuprügeln.

1869 wurden sämtliche Steuern um 10 Prozent erhöht und für 1870 im voraus erhoben. Die Fellachin krümmten sich unter den Stöcken ihrer Schechs, während in Suez und Kairo die Festlichkeiten kein Ende nahmen und die blinden Gelehrten und Künstler Europas in hundert Zeitungen besangen, was Zivilisation und Fortschritt für das glückliche Land am Nil getan hatten. — 1870 wurde die Grundsteuer um 8 Mark per Hektar erhöht. Der Versuch, eine Zwangsanleihe von 250 M. per Hektar zu erheben, mißlang. — 1871 erfand Sadyk Pascha die Mukabala: Es sollte die Grundsteuer für 6 Jahre voraus bezahlt werden, wofür dem Fellah, der sie bezahlte, für alle Zukunft die Hälfte derselben erlassen und ihm das Eigentumsrecht an sein Land zugesichert wurde. Von den

540 Millionen, die hierbei hätten eingehen sollen, wurden wenigstens 160 eingetrieben. Der Rest sollte nun in 12 jährlichen Raten von je 30 Millionen gezahlt werden. In dieser Weise wurde der Kampf durch die siebziger Jahre fortgesetzt. Was irgend besteuert werden konnte, wurde besteuert. Nichts Erpressenswertes entging dem Scharfblick Sadyk Paschas. Die Dörfer in Oberägypten begannen sich zu entvölkern; das Land blieb unbebaut, Hütten wurden eingerissen, um der Steuer zu entgehen. Als 1876 die Steuer auf Dattelbäume um 50 Pf. per Baum erhöht wurde, zogen ganze Dörfer aus, um ihre Dattelbäume umzuhauen, und mußten mit Gewehrsalven davon abgehalten werden. 1879 sollen 10000 Fellachin oberhalb Siuts verhungert sein, die die Steuer für die Bewässerung ihrer Felder nicht mehr erschwingen konnten und ihr Vieh totgeschlagen hatten, um die Viehsteuer zu ersparen. Das war der Zustand des Landes geworden, dessen unerschöpfliche Fruchtbarkeit, dessen Glanz und Reichtum Europa hypnotisiert hatten.

Aber all dies war nicht das Schlimmste. Der Boden Ägyptens ist nicht auszusaugen, sein Haupterzeugnis, der Fellah, nicht umzubringen. Die wirkliche Gefahr für Land und Fürsten kam von anderer Seite. Ein Jahr vor seinem Tode hatte Said, der Vorgänger Ismaels, das erste Anlehen in Europa gemacht, eine Schuldverschreibung von 66 Millionen, für die er 50 Millionen erhielt. Sein Vermächtnis an Ismael war eine konsolidierte und schwebende Schuld von zusammen 100 Millionen und der Suezkanalvertrag, der schließlich das Land mit 340 Millionen belastete. Mit dem Regierungsantritt Ismaels wird die Geschichte der Schulden Ägyptens ein Geldroman, den der Kopf keines europäischen Poeten unglaublicher hätte gestalten können. Ich muß mich auf die Angabe der nackten Tatsachen beschränken, wobei hier bemerkt sei, daß die betreffenden Summen annähernd in Mark angegeben sind. Hinter diesen Zahlen steigt düster und drohend das Menetekel der Weltpolitik

Europas auf, die den unglücklichen, wenn auch nicht unschuldigen Khedive schließlich zermalmte.

1864, ein Jahr nach dem feierlichen Versprechen, die Finanzen des Landes in musterhafte Ordnung zu bringen, sich eine bescheidene Zivilliste auszusetzen und sie nie zu überschreiten, mitten in der Zeit eines ungeahnten Aufschwungs der Erträgnisse des ganzen Landes, nahm Ismael seine erste Anleihe auf — 114 Millionen zu 7 Proz., die nach Abzug von Diskont und Kommissionen in Wirklichkeit 97 Millionen Bargeld zu 8¼ Proz. ergaben. Der Hauptvorwand war die vorläufige Befriedigung der Suezkanalgesellschaft, welcher der Schiedsgerichtsspruch Napoleons eine Entschädigungssumme von 67 Millionen zugesprochen hatte. Wie dieses und die künftigen Anlehen tatsächlich Verwendung fanden, läßt sich kaum annähernd nachweisen, da von einer Rechnungslegung des Staatshaushalts oder der vizeköniglichen Kasse nie ernsthaft die Rede war. Es genügt festzustellen, daß im folgenden Jahre die Summe verbraucht war.

1865 wurde durch die Anglo-ägyptische Bank das erste sogenannte Dairaanlehen aufgenommen: 68 Mill. zu 9 Proz., das in barem Geld 50 Mill. zu 12 Proz. ergab. Seine angebliche Bestimmung war die Entwicklung der vizeköniglichen Besitzungen.

Fast gleichzeitig, 1866, wurde durch Frühling und Göschen ein neues Staatsanlehen auf den Markt gebracht — 60 Mill. nominell, die tatsächlich 52 Mill. brachten, welche jedoch nur bis zum folgenden Jahre vorhielten, in welchem die Ottomanische Bank nominell 40 Mill., tatsächlich 34 Mill. herbeischaffte. Der angebliche Zweck dieses Anlehens war, die Güter des verbannten Mustapha um 20 Mill. anzukaufen und deren Betrieb zu organisieren.

Die schwebende Schuld betrug um jene Zeit 600 Mill., soweit sich dies feststellen ließ, und machte dem großen Fellah-Finanzminister Sadyk Pascha weniger Sorge als die Aufgabe, die sich stets leerenden Kassen seines Herrn leidlich gefüllt zu erhalten. Staatsschatzwechsel auf drei Monate wurden damals schon mit einem Diskont von 16—22 Proz. ausgegeben. Es wurde dringend notwendig, einen Teil der schwebenden Schuld zu konsolidieren. Dies sollte 1868 durch ein großes Anlehen geschehen, welches das Bankhaus Oppenheim und Neffen übernahm. Der nominelle Betrag war 238 Mill. zu 7 Proz.; tatsächlich erhielt Ismael 142 Mill. zu $13^1/_2$ Proz. Die schwebende Schuld blieb fast unberührt; doch konnte der Suezkanal mit Glanz eröffnet und der heftige Streit mit dem Sultan wieder beigelegt werden, ehe abermals Ebbe in den Kassen entdeckt wurde. An Stelle Oppenheims trat jetzt die nicht weniger gefällige Firma Bischoffsheim und Goldschmidt mit dem Anlehen von 1870, nominell 142 Mill. zu 7 Proz., in Wirklichkeit 100 Mill. zu 13 Proz. Der Vorwand war der Ausbau der großen Zuckerfabriken. In der immer dringender werdenden Geldnot, die die Pracht der Festlichkeiten, die Größe der Unternehmungen des Vizekönigs nicht im geringsten zu beeinflussen schien, lieh wieder Oppenheim 1872 vorübergehend 80 Mill. zu 14 Proz., dem damaligen Durchschnittszinsfuß der schwebenden Schuld. Sadyk Pascha schien am Ende seiner Finanzkünste nahezu angelangt zu sein, als 1873 das zweite große Oppenheimsche Anlehen zustande kam. Der Vizekönig mußte versprechen, sechs Jahre lang keine Schulden mehr zu machen. Die Konsolidierung der riesenhaft anschwellenden Schuld sollte die Situation retten. Das Anlehen betrug nominell 640 Mill. zu 8 Proz., brachte aber, da die von europäischen Bankhäusern aufgekauften Wechsel zu Einzahlungen benutzt wurden, nur 220 Mill. Bargeld, und die Reduktion der schwebenden Schuld von 600 Mill. auf etwa die Hälfte.

Dieser Zeitpunkt bezeichnet den Anfang des Eingreifens der europäischen Mächte und des rettungslosen Untergangs der ägyptischen Selbständigkeit. Im folgenden Jahre erschien auf Ersuchen Ismaels die erste englische Kommission, um die Sachlage zu untersuchen, verließ aber nach einigen Monaten Kairo wieder, ohne etwas ausgerichtet zu haben. Der Versuch im gleichen Jahr, eine Landesanleihe von 1000 Mill. gegen eine Jahresrente von 9 Proz. aufzunehmen, ergab nur 68 Mill. Sadyk Pascha begann wieder Wechsel auszugeben zu dem zwei- und dreifachen Betrag des dafür erhaltenen Geldes. Die ägyptischen Papiere standen auf 54 Proz. ihres Nennwertes. Da kam im November 1875 noch einmal ein kleiner Lichtblick: England erbot sich, die 172000 ägyptischen Suezkanalaktien um 80 Mill. zu kaufen. Das Angebot wurde telegraphisch angenommen, und kaum je hat wohl ein Staatsminister einen glänzenderen finanziellen und politischen Coup ausgeführt, als Disraeli am 26. November 1875. Selbst Ägypten jubelte auf einen Augenblick. Seine Papiere stiegen von 54 auf 72, um dann allerdings in wenigen Monaten auf 51 zurückzusinken.

Nun folgten sich die englischen Kommissionen im Interesse der europäischen Gläubiger. Cowe und Stokes schlugen zur Umwandlung sämtlicher Schulden eine Anleihe von 1520 Mill. zu 7 Proz. vor; Rivers Wilson, hinter dem die englische Regierung Lord Derbys stand, hielt 2060 Mill. für erforderlich. Am 8. April 1876 wird die Bezahlung der Kupons auf drei Monate suspendiert, so daß in Alexandrien eine Börsenpanik der schlimmsten Art ausbricht. Der Crédit Foncier kauft viele Millionen der schwebenden Wechsel auf und versucht erfolglos, mit einem Anlehen von 1820 Mill. die Gesamtschuld zu konsolidieren.

Von jetzt an tritt die weltgeschichtliche Bedeutung dieser häßlichen Geschichte vom goldenen Kalb am Nil ins volle Licht. Während der Vizekönig auf einem seiner Prachtdampfer die zur Jahresgewohnheit gewordene Fahrt nach Konstantinopel antritt und scheinbar sorglos alles seinem Finanzminister überläßt, landen im Oktober 1878 die Vertreter der europäischen Gläubiger in Alexandrien und versuchen, von England und Frankreich energisch unterstützt, die Finanzen des Landes in die Hand zu nehmen. Sadyk Pascha intrigiert mit allen Mitteln orientalischer Schlauheit gegen jeden Schritt der Europäer, diese packen das unglückliche Land mit der ganzen Rücksichtslosigkeit verzweifelnder Wucherer, hinter denen die Macht Europas steht. Der lange schlummernde mohammedanische Fanatismus regt sich endlich. Aus Oberägypten kommen bedrohliche Nachrichten. Dort sagt man sich in den Basars, der König habe das Land an Juden und Christen verkauft. Daß Sadyk die Gärung schürte, ist glaublich genug. Ob dies der zurückgekehrte Vizekönig mißverstand oder in seinem mächtigen Finanzminister einen wirklichen Rebellen sah, ist schwer zu sagen: niemand weiß, was in den Tagen vom 7. bis 9. November in Kairo eigentlich geschah. Das letzte, was man von dem allgewaltigen Mafetisch sah, war, wie er scheinbar wohlgemut in einem offenen Wagen neben Ismael Pascha sitzend — beide rauchend und lachend — von dem Abdinpalast nach dem Palast der Gesireh fuhr, am Palasttor von Ismael für gefangen erklärt und dann rasch über den Vorhof nach dem Innern des Gebäudes geschleppt wurde. Niemand hat ihn wieder gesehen. Es hieß, Ismael habe ihn nach einem heftigen Wortwechsel mit eigenen Händen erwürgt; ein anderes Gerücht wollte wissen, daß er auf einen Nildampfer gebracht und ein paar Stunden oberhalb Kairos ertränkt worden sei. Die glaubhafteste Version scheint zu sein, daß er auf Befehl und in Gegenwart des Kriegsministers Hassan Pascha von einem Sergeanten erdrosselt wurde. Der Mann lebte mit abgebissenem Daumen — ein Memento jener bösen Stunde — Jahre nachher bei Theben von einer Pension. Offiziell wurde erklärt, daß der Mafetisch Sadyk Pascha überführt worden sei, eine Rebellion gegen den Vizekönig anzubahnen, daß er von einem Kriegsgericht zum Tode verurteilt, vom Vizekönig zu lebenslänglicher Verbannung nach Dongola begnadigt worden und dort gestorben sei. Sicher ist, daß Ismael in der Not des Augenblicks den schlausten, gewalttätigsten, aber auch gefährlichsten seiner Diener aus dem Wege geräumt hatte. Das Vermögen, das der große Fellah besaß, etliche 50 Mill., wurde selbstverständlich konfisziert und half dem Khedive, die Not einiger Wochen zu tragen.

Aber das Ende kam nun mit Riesenschritten. Frankreich und namentlich England, in völligem Widerspruch mit seinem üblichen Verhalten unter ähnlichen Umständen, nahmen sich der ägyptischen Gläubiger mit rücksichtsloser Energie an. Acht Tage nach Sadyks Tod hatte der Vizekönig den Plan Göschens, die sogenannte Doppelkontrolle der Finanzen des Landes durch einen englischen und französischen Bevollmächtigten, angenommen. Was an Unternehmungen eingestellt werden konnte, wurde eingestellt, einige neue Steuern erfunden, die sogar Sadyk zu erfinden vergessen hatte, und nun im Namen der Doppelkontrolle geprügelt und gepreßt, so daß im Jahre 1877 die Kupons wieder regelmäßig bezahlt werden konnten. Damit schien aber auch der letzte Blutstropfen aus den Fellachin gequetscht zu sein. 1878 wurde eine neue Kommission eingesetzt, um Mittel zu finden, die sogenannten Rechte der Gläubiger zu schützen. Das Ergebnis war zunächst eine neue Anleihe von 160 Millionen, das peremptorische Verlangen, daß der vizekönigliche Privatbesitz der Kommission übergeben werden müsse, und die Einsetzung des halbeuropäischen Ministeriums Nubar Pascha, Wilson und Blignières.

Die Zustände wurden nun fast tragikomisch. Hinter dem Rücken seiner Minister ließ Ismael Pascha auf eigene Faust Steuern eintreiben. In Giseh jagten sich die Kawassen des Ministeriums und die Askaris des Vizekönigs gegenseitig die Beutel ab, die von Oberägypten kamen, und freuten sich, wenn die einen erwischten, was die andern gesammelt hatten. Den Fellachin ging es jedoch über den Spaß. Mit jeder Woche wurde die Erregung im Lande gefährlicher. Für den Vizekönig hatten sie sich bis zuletzt prügeln lassen, für die europäische Kontrolle wollten sie dies nicht dulden. Auch in höheren, namentlich in militärischen Kreisen wuchs die rebellische Stimmung. Es war kein Wunder. Die europäischen Beamten wurden glänzend und regelmäßig bezahlt, die ägyptischen warteten seit Monaten und länger auf ihre ärmlichen Gehälter. 2500 Offiziere wurden plötzlich entlassen, ohne daß ihnen die rückständige Gage bezahlt werden konnte. Dies führte zu einer Revolte im Februar 1879, bei der die beiden Minister Nubar und Wilson nur durch das persönliche Dazwischentreten Ismael Paschas aus der Mitte von Hunderten wütender halbverhungerter Offiziere gerettet wurden.

Am folgenden Morgen entließ der Khedive Nubar, worauf England und Frankreich telegraphisch erklärten, die Leitung der Regierung direkt in die Hand nehmen zu müssen. Hierauf antwortete Ismael Pascha mit der Entlassung von Wilson und Blignières und stellte den früheren Minister Cherif Pascha an die Spitze der Regierung. Natürlich protestierte hiergegen England in Kairo und Konstantinopel, und von dort kam die bedrohliche Nachricht, daß der Sultan vorschlage, Halim Pascha zum Vizekönig von Ägypten zu machen. Sofort wurde ein bewährter Bote, Talant Pascha, mit den erforderlichen Mitteln nach Stambul abgesandt, um diesen Sturm zu beschwören. In Kairo legte Ismael den Konsuln einen Schuldentilgungsplan vor, der das Unmöglichste versprach. Deutschland voran protestierten sämtliche Regierungen gegen dieses Projekt, und England und Frankreich schlugen dem Vizekönig gemeinsam vor, er möge der unmöglichen Situation ein Ende machen und zugunsten seines Sohnes Tewfik abdanken. Der Sultan hatte Talant Pascha gnädig empfangen, hatte die ägyptischen Bakschischs angenommen und eine Woche später, am 26. Juli, die Absetzung des Khedives unterzeichnet. Die Grabespyramide Ismaels war fertig. Unter 2000 Mill. Schulden, die er in 16 Jahren aufgehäuft hatte, sollte der letzte Pharao Ägyptens begraben werden.

Jene letzten Junitage von 1879 waren nicht ohne tragische Augenblicke. Der Vorschlag der Konsuln, abzudanken, war Ismael nicht unerwartet gekommen. Er berief sich auf die Entscheidung des Sultans, begann aber in stürmischer Eile die

Vorbereitungen zum Aufbruch. Sämtliche Damen des Harems wurden im Schloß von Abdin zusammengeholt und mußten ihre Juwelen abgeben. Koptische Goldschmiede waren unter Verschluß Tag und Nacht beschäftigt, die Steine auszubrechen und zu verpacken. Unter den Damen selbst wurde eine Auslese vorgenommen und einer kleinen Anzahl — 24 sagt man — die Weisung erteilt, sich reisefertig zu machen. Zweiundzwanzig prachtvolle Tafelservice, goldene, mit Edelsteinen besetzte Geschirre, Bronzen, Teppiche und Gemälde im Gesamtwerte von 16 Mill. wurden in Sturmeseile verpackt, auch 4—6 Mill. Bargeld, das sich zurzeit in den Kassen des Finanzministeriums befand, sollen hierbei mit verpackt worden sein. Am 26. Juni kam das entscheidende Telegramm des Sultans, adressiert an „Ismael Pascha, Ex-Khedive von Ägypten“. Der Siegelbewahrer, Khairi Pascha, der erste Zeremonienmeister, Zecchi Pascha, sämtliche Herren des Hofs, die sich in den Vorzimmern des Abdinpalastes befanden, weigerten sich, dasselbe dem Vizekönig zu übergeben. Der Premier Cherif Pascha trat endlich zufällig ein und übernahm nach einigem Zaudern den schweren Gang.

Mit orientalischer Ruhe las Ismael den Ferman seiner Absetzung und die Ernennung seines verhaßten Sohnes zum Khediven von Ägypten. Schicke nach Seiner Hoheit Tewfik Pascha! war alles, was er darauf sagte. Cherif fuhr selbst nach dem kleinen Palais, das der Prinz bewohnte. Er traf ihn, ebenfalls ein Telegramm des Sultans lesend, das seine Ernennung enthielt. Beide fuhren sofort nach Abdin, Ismael saß allein, still rauchend, auf seinem Diwan, seit ihn Cherif verlassen hatte. Als Tewfik eintrat, erhob er sich, ging auf ihn zu, drückte die Hand seines Sohnes an seine Lippen und sagte: Ich begrüße dich, mein Fürst! Dann küßte er ihn auf beide Wangen, drehte sich um und verschwand durch die Tür, die in die Haremsgemächer führte. Tewfik war Herr von Ägypten.

Das heißt: nicht der gute, hilflose Tewfik, sondern die Mächte Europas, und unter den Mächten Europas die in solchen Lagen mächtigste: England.

Der Sturm, der nach dieser feierlichen Szene über Kairo brauste, war gewaltig. Während die Kanonen der Zitadelle donnerten, um den neuen Khedive zu begrüßen, donnerten Kisten und Kasten, Palastbeamte und Haremsdamen, Eunuchen und Kawassen die Treppen des Abdinpalastes hinunter nach dem Bahnhof. Am folgenden Morgen verließ ein Riesengüterzug die Hauptstadt. Nachmittags folgte der Ex-Khedive mit seinem Gefolge und seinem Harem in einem zweiten Extrazug. In Alexandrien wartete bereits der Prachtdampfer Mahrussa unter Dampf auf den Hofstaat; noch vor Sonnenuntergang war alles an Bord. Unter dem Donner sämtlicher Geschütze des Forts dampfte die Mahrussa aus dem Hafen Alexandriens auf ihrem Wege nach Neapel der untergehenden Sonne entgegen. Noch eine Stunde und der Glanz des letzten Pharaos war abermals im Meer — diesmal im Mittelländischen Meer versunken.

Des letzten der Pharaonen —: denn daß Ismael der letzte orientalische Herrscher war, der mit einem glänzenden Schein von Selbständigkeit das herrliche Nilland beherrschte, ist wohl niemand zweifelhaft gewesen, der damals die Mahrussa am Horizont verschwinden sah. Mit dem Suezkanal war die Möglichkeit der Unabhängigkeit Ägyptens von europäischer Kontrolle zur Unmöglichkeit, die Beherrschung des Landes durch England für Großbritannien und Indien eine der ersten Lebensfragen geworden. Wie England an diese Aufgabe herantrat, was es unter unglaublichen politischen Schwierigkeiten während der letzten Jahrzehnte in und für Ägypten getan hat, ist ein Kapitel der Geschichte, kaum weniger interessant und für das Volk am Nil nicht weniger bedeutsam, als die phantastische Zeit, die ich Ihnen vorzuführen versuchte. Noch stehen wir mitten in dieser Periode. Finanziell ist das Unglaubliche geschehen: der Kredit des Landes, der rettungslos verloren schien, ist gerettet. Selbst das Unglaublichere ist Tatsache geworden: die Nilpeitsche als Steuereinnehmer ist am unteren Nil verschwunden. Was in politischer Beziehung die nächste Zukunft bringen muß, scheint nicht zweifelhaft. Doch beschränken wir uns heute auf das Stück der Vergangenheit, das ich Ihnen vorführen durfte. Was uns diese Vergangenheit lehrt, ist auch für die Zukunft von zwingender Bedeutung: Europa muß und wird, wenn auch nicht ohne Kämpfe jeder Art, in denen sich Recht und Unrecht kaum mehr unterscheiden lassen, und in denen das politische und historische Recht oft genug gleichbedeutend sein müßte mit dem Unglück von Millionen, das politische Unrecht gleichbedeutend ist mit ihrer Rettung — Europa muß seine feste Hand auf jene Länder legen, die nicht mehr fähig sind, aus eigener Kraft das Leben unserer Zeit zu leben, und die festeste Hand wird, wie überall in der Welt, auch an den Ufern des Nils den Wirren ein Ende machen.

VII. Zur Philosophie des Erfindens.

Vortrag, gehalten im Verein für Handelsgeographie zu Stuttgart am 9. Dezember 1903.

Handel und Geographie, auch der Handelsgeographische Verein, sein Zweck und sein Wirken, scheinen mit dem Vorwurf des heutigen Vortrags nur in loser Verbindung zu stehen. Wenn wir uns aber in diesem Saale umsehen, wenn wir gar einen Blick auf die Hauptschöpfung des Vereins werfen, das hochinteressante Museum, das er im Laufe einer kurzen Zeit zusammenzustellen wußte, wird sofort klar, daß nichts, aber auch nichts von all dem vorhanden wäre ohne Erfindungen. Dies läßt sich nun allerdings von dem ganzen Leben der Gegenwart, ja von der Kulturwelt jeder Zeit und jedes Volks der Erde sagen. Um so mehr, glaube ich, sind wir auch an dieser Stelle berechtigt, einmal der Quelle nachzugehen, die diesen gewaltigen Strom des Schaffens, mit seiner unberechenbaren, die ganze Menschheit bewegenden Kraft in die Welt schickt, auf dem wir alle, kaum dessen bewußt, fröhlich dahinschwimmen.

Wenn ich andeutete, daß alles und jedes Kulturleben auf Erfindungen beruht, so bin ich lange nicht weit genug gegangen. Ich möchte fast sagen: der Mensch selbst ist ein Produkt des Erfindens. Sein Wesen, seine Existenz in jenem Urzustande, durch den er sich Tausende von Jahren lang durchzukämpfen hatte, wäre völlig unmöglich gewesen ohne Erfindungen. Das erste, was wir von ihm wissen, ob er nun aus dem Tierzustande hervorging oder aus dem Paradiese kam, ist, daß er einige wichtige Erfindungen machte, ohne die er, nackt und fast wehrlos, wie ihn die Natur geschaffen hatte, nicht ein Jahr in dieser rauhen, feindlichen Welt hätte überleben können. Er bedurfte Hilfsmittel, Werkzeuge, Waffen. Es ist wahr: auch Tiere gebrauchen Waffen; der Affe schlägt gewandt genug mit einem Stock und wirft mit Steinen. Aber nie hat ein Affe eine Schneide an einem Kiesel geschliffen, nie einen Stiel in einen Steinhammer gesteckt, niemals — und schon hier muß ich eine der größten Erfindungen aller Zeiten erwähnen — nie hat ein Tier Feuer angezündet. Wenn wir, metertief begraben unter scheinbar jungfräulichem Gestein, einen durchbohrten Knochen, ein Häufchen Kohle, einen beilförmig geformten Quarz oder Nephrit finden, so wissen wir, hier hat vor tausend und abertausend Jahren einer eine Erfindung gemacht, hier ist ein Mensch gewesen.

Zwei Dinge von höchster Bedeutung trennen ihn noch heute, genau wie in jenen Urzeiten, vom Tier: auf geistigem Gebiet die Sprache, auf materiellem das Werkzeug. Beide waren unentbehrlich für seinen Uranfang als Lebewesen und noch weit mehr für jene fortschrittliche Entwicklung, die wir eben auch nur beim Menschen im Gegensatz zum Tier beobachten können. Die Sprache auf dem Gebiet des Wissens, das Werkzeug auf dem des Könnens. — Die Sprache hat es fertig gebracht, eben weil sie sprechen kann, daß sich ihr Geistesbruder, das Werkzeug, jahrhundertelang etwas von oben herunter behandeln lassen mußte. Das stumme Werkzeug hat dies lange geduldig getragen und muß sich auch heute noch oft genug mit der zweiten Stelle begnügen. Aber seine weltbewegende Kraft hat ihm in unsern Tagen einen Platz an der Sonne erobert, mit dem es, wenn es noch eine Zeitlang so weiter geht, zufrieden sein kann.

Um uns diese seine Bedeutung klar zu machen, lohnt es sich, einen Blick auf jene Urzeit des Menschen zu werfen, die uns seit wenigen Jahrzehnten aus der scheinbar undurchdringlichen Nacht der Vergangenheit immer deutlicher entgegentritt. Da war der Mensch — wie er geschaffen wurde, wie er entstanden ist, weiß heute noch kein sterbliches Wesen — inmitten einer Welt voller Feinde und tödlicher Gefahren, ein schwaches Geschöpf ohne natürliche Waffe den mit Zähnen und Klauen, Pelzen und Panzerhäuten versehenen Bestien gegenüber, die zehnmal seine Stärke, seine Schnelligkeit und Gewandtheit besaßen, nackt, den Unbilden jeder Witterung, jedes Klimas ausgesetzt, nach Nahrung suchend in einer Wildnis, die nichts reichlicher hervorbrachte als Disteln und Dornen, dazu mit dem Keim all jener Bedürfnisse in Leib und Seele, die ihm das Leben lebenswert machen. Das erbarmungswürdige Geschöpf mußte zugrunde gehen, würde jedes verständige Wesen gesagt haben, das Gelegenheit gehabt hätte, ihn zu jener Zeit im Kampf um sein Dasein zu beobachten, und die Tiere um ihn her, die ihn für einen ihresgleichen halten mußten, dachten nicht anders und machten sich unbedenklich an die Arbeit. Da aber regte sich etwas in dem kleinen Mann, das man bis jetzt auf Erden nicht gesehen hatte. Er schärfte den Stein, mit dem sein Vater dem Bären vergebens den Schädel einzuschlagen versucht hatte, er versah seine Keule mit schneidenden Kieseln, seinen Stock mit einer Knochenspitze, er machte sich eine zweite Haut aus dem Felle des erschlagenen Feindes — jedesmal eine neue Erfindung! Und dann machte jemand den erstaunlichsten Fortschritt der damaligen Neuzeit: er erfand das Feueranzünden. Das Menschengeschlecht war gerettet und von jetzt an fing seine Umwelt an, sich vor ihm zu beugen.

Dieses Bild, dessen wesentliche Richtigkeit wir heute noch unter dem versinterten Geröll des Diluviums, in den sogenannten Küchenabfällen an allen Seeküsten und in den versunkenen Resten der ältesten Pfahlbauten nachprüfen können, legt uns die Frage nahe, warum erfanden Tiere nichts, denen der Mensch nach Ansicht vieler so außerordentlich nahe stand; wie kommt es, daß er allein Erfindungen macht, und wie geht er dabei zu Werk?

Zunächst haben wir uns darüber klar zu werden, was unter Erfinden zu verstehen ist. — Wer erfolgreich Mittel und Wege zeigt, ein bisher unerreichtes Ziel auf dem Gebiet materiellen Wirkens zu erreichen, oder auch wer neue Wege und Mittel zeigt, ein bereits bekanntes Ziel zu erreichen, hat eine Erfindung gemacht. Dies geschieht fast ausschließlich durch die Herstellung eines Werkzeugs, wobei wir unter Werkzeug, im weitesten Sinn des Worts, ein Gerät, eine Maschine, ja auch ein bloßes Verfahren verstehen müssen. Wer ein solches Werkzeug ersonnen hat und herstellt, das seines Wissens noch nie hergestellt worden ist, ist ein Erfinder.

Es gibt Erfindungen — erster Ordnung möchte ich sie nennen —, bei welchen neue Mittel zu einem neuen Zweck zur Verwendung kommen. Eine solche hatte Mongolfier gemacht, als er seinen ersten Ballon steigen ließ; eine solche war die Umwandlung von Wärme in technisch verwertbare Kraft durch die Dampfmaschine, die Herstellung und Verwendung des Spektrums. Aber auch zahllose kleinere Einzelheiten, denen wir im täglichen Leben oder in Verbindung mit großen technischen Werken begegnen, wie beispielsweise der Wattsche Regulator, müssen als Erfindungen erster Ordnung anerkannt werden.

Häufiger sind namentlich in unseren Tagen Erfindungen, bei denen ein neues, nie zuvor erreichtes Ziel durch bekannte Mittel erreicht wird. Beispiele dieser Art aus unseren Tagen sind der Bau der Unterseebote, die Lenkbarkeit des Luftschiffs, viele Erfindungen der Chemie, die uns durch die bunte Mannigfaltigkeit ihrer Erzeugnisse in Erstaunen setzt.

Bei einer dritten Klasse von Erfindungen werden bekannte Ergebnisse mit Hilfe neuer Mittel erreicht. Eine große Erfindung dieser Art war die Buchdruckerei, die die Herstellung der längst bekannten Bücher durch den Satz und Druck einzelner Buchstaben erzielt. Ein neues Wasserrad, ein neues Gerbereiverfahren und tausenderlei andere Erfindungen, die uns fast täglich entgegentreten, gehören hierher.

Bei der weitaus größten Zahl von sogenannten Erfindungen

endlich handelt es sich um solche, bei welchen ein bekanntes Mittel oder Werkzeug zu einem bekannten Zweck *zum erstenmal* Verwendung findet. Hier nähern wir uns dem gefährlichen Gebiet, auf dem eine gewisse Verwirrung der Begriffe fast unvermeidlich ist und wo die Grenze zwischen wirklichem Erfinden und bloßem Konstruieren und Kombinieren fortwährend hin- und hergeschoben wird. Trotzdem sind einige der wichtigsten Erfindungen in diese Gruppe einzureihen: beispielsweise das Eisenbahnwesen in seinen Grundzügen. Als Stephenson die erste Lokomotive erfolgreich auf Schienen stellte, war sowohl die eiserne Schiene als auch die Dampfmaschine eine bekannte Sache. Beides zu kombinieren war trotzdem die folgenreichste Erfindung des 19. Jahrhunderts. — —

Nach einer anderen Seite hin haben wir unser Gebiet abzugrenzen. Entdeckungen im Felde der Wissenschaften, der Physik, der Chemie sind selbstverständlich keine Erfindungen. Sie lehren das Bestehende erkennen, schaffen aber an sich nichts Neues. Sie mehren unser Wissen, nicht aber unmittelbar unser Können, unsere Leistungskraft, unseren Reichtum und was sich aus demselben ergibt. Häufig und in einigen der bedeutsamsten Fälle sind dagegen Entdeckungen die Grundlage einer ganzen Reihe von Erfindungen, wie wir dies gegenwärtig z. B. auf dem Gebiet der Elektrizität beobachten können. In alten Zeiten waren Entdecker und Erfinder meist in einer Person vereinigt. Archimedes entdeckte einige der wichtigsten physikalischen Gesetze, beschäftigte sich aber auch in glänzender Weise mit deren Anwendung zu praktischen Zwecken. Heutzutage ist auch hier meist eine scharfe Arbeitsteilung eingetreten. Helmholtz und Hertz entdecken, Bessemer und Siemens erfinden. Wenn jedoch ein Erfinder die Schilderung liest, die Helmholtz von der Art und Weise seiner Geistesarbeit gibt — dem halb unbewußten Spiel der Phantasie, dem sprungweisen Erfassen einer Wahrheit, einer Tatsache, die den Augenblick zuvor seinem Sinne völlig fern lag, so wird er mit Erstaunen gewahr, daß in beiden Fällen dieselbe bewegende Kraft, ja dieselbe Arbeitsweise des Geistes zum Ziel geführt hat.

Ein weiterer Punkt bedarf der Klarstellung. Phantasiegebilde sind keine Erfindungen. Wenn ein Märchendichter oder ein Poet nach Art von Jules Verne seinen Helden mittels eines neuen Sprengpulvers in den Mond schießt, so hat er damit noch kein neues Pulver erfunden, auch wenn er dessen Zusammensetzung und Herstellungsweise mit allen erdenklichen Mätzchen der Realistik beschreibt. Zu einer Erfindung gehört schlechterdings die erfolgreiche Verwirklichung des Gedankens. Aber es ist erstaunlich, wie vielen vermeintlichen Erfindern man begegnet, die nichts weiter sind als mittelmäßige Poeten, ohne es zu wissen.

Was ist nun die bewegende Kraft, was sind die Triebfedern, denen wir den fast unübersehbaren Reichtum menschlicher Erfindungen verdanken?

Vor etlichen 20 Jahren hat ein denkender Kopf eine Philosophie der Technik geschrieben und nachzuweisen versucht, daß das Erfinden in dem Bestreben des Menschen wurzelt, seine von der Natur gegebenen, d. h. angeborenen Werkzeuge — seine Faust, seine Arme, sein Gebiß in die Außenwelt zu „projizieren“, wie er es nennt, und dadurch ihre Wirkung zu erhöhen. Der Stein, mit dem der Wilde schlägt, ist nach dieser Theorie eine verhärtete Faust, die Keule ein verlängerter Arm, die gezahnte Säge ein wunderbar wirksames Gebiß, kurz es wird nichts erfunden, das nicht in der Natur sein Vorbild hat; ein Vorbild, welches sodann der menschliche Geist in verlängerter, vergrößerter, verbesserter Form nachzuahmen strebt. Aus der Tierhaut entstand das gegerbte Leder und später Linnen und Baumwollzeuge, aus dem Nest des Vogels der Pfahlbau, aus der Bärenhöhle das Steingebäude. Es ist dies eine Art des Spekulierens, die namentlich in unserem Vaterlande gedeiht. Der gelehrte Herr hat einen Gedanken, der in den nächstliegenden Fällen zuzutreffen scheint. Flugs ist er bereit, eine ganze Welt von Erscheinungen auf demselben aufzubauen. Man sammelt das Passende und schiebt das Nichtzutreffende sorgfältig auf die Seite. In solcher Weise ist ein Buch von überzeugender Beweiskraft rasch gefüllt, und der Leser vermag sich der beständigen Suggestion des einen Gedankens kaum mehr zu entziehen. Daß die wichtigsten Erfindungen der Urzeit: das Weben, Pfeil und Bogen, namentlich auch das Feueranzünden sich schlechterdings nicht in diese Theorie einfügen lassen, liegt ebensosehr auf der Hand, als daß der Urmensch so wenig als das Kind von heute einen Stock mit dem Bewußtsein in die Hand nimmt, damit eine Verlängerung seines Armes erfunden oder, wie unser Philosoph sich ausdrückt, die Wirkung des Armes in die Außenwelt projiziert zu haben. Aber ein Gelehrter dieses Schlages ist imstande zu beweisen, daß die Erfindung des Feueranzündens aus dem Streben hervorging, den Verbrennungsprozeß in den menschlichen Lungen in die Außenwelt zu projizieren.

Ein bekanntes Sprichwort sagt: Not macht erfinderisch. Es ist dies zum mindesten etwas wahrer als die Projektionstheorie, aber auch dieser Faktor kann nur in wenigen Fällen als die bewegende Kraft im Erfinden angesehen werden. Wäre das Sprichwort richtig, so sollten diejenigen Völker die erfindungsreichsten gewesen sein, denen die Not des Lebens am nächsten stand. Lappen, Eskimos müßten die meisten Erfindungen gemacht haben. Wir wissen, daß das Gegenteil der Fall ist. Und wenn wir uns in späteren Zeiten umsehen, so finden wir, daß die größten Erfindungen keineswegs aus dem Gefühl der Not hervorgegangen sind, daß sie im Gegenteil die größte Mühe hatten, gegen den oft fanatischen Widerstand der nächstbeteiligten Kreise aufzukommen. Dem Erfinder der Buchdruckerkunst drohte von seiten der alten Bücherabschreiber der Tod, mit dem Hexen und Zauberer bestraft wurden, Papins erstes Dampfschiff wurde auf der Weser von Schiffern in Stücke gerissen, Arkwright, der Erfinder des mechanischen Webstuhls, mußte sich vor den wütenden Webern von Lancashire flüchten, um sein Leben zu retten, und heute noch, in einer Zeit der glänzendsten Erfindungen, begegnet fast jeder neuen Erscheinung ähnlicher Art heimlicher Widerwille, wenn nicht offener Widerstand. Erinnern wir uns, was die Mehrzahl der Herren Gasfabrikdirektoren noch vor zehn Jahren vom elektrischen Licht dachten; beobachten wir die geheime Besorgnis, mit der die großen unterseeischen Telegraphengesellschaften die Fortschritte der Funkentelegraphie verfolgen. Es grenzt dies an den Schrecken, der ein ganzes Volk wackerer Steuerzahler ergreift, wenn wieder ein neues Schießgewehr erfunden wird. Nicht die Not bringt all diese Erfindungen hervor, sondern die Erfindungen haben die größte Not, den Widerstand zu überwinden, mit dem ihnen eine wohlgeordnete, im großen und ganzen selbstzufriedene Welt von allen Seiten entgegentritt.

Ist es nicht die Not, so ist es wenigstens das Bedürfnis, das Erfindungen hervorruft, hört man weiter behaupten. Auch dies ist nur halb wahr und in den meisten Fällen, namentlich bei großen, weltbewegenden Erfindungen völlig unrichtig. Der Grund dieser Vermutung liegt darin, daß wir mit erstaunlicher Leichtigkeit vergessen, wie es in der Welt aussah, ehe die betreffende Erfindung wirklich ins Leben getreten war. Ein Beispiel für viele! — Wir können uns heute ein Dasein ohne Eisenbahnen kaum mehr vorstellen. Jeder Versuch, sich ein solches auszumalen, führt uns sofort in die größten Unwahrscheinlichkeiten und Unmöglichkeiten, so sehr sind Eisenbahnen heute ein Bedürfnis des modernen Lebens in allen denkbaren Beziehungen geworden. Kein Mensch fühlte dieses Bedürfnis, als Stephenson vor noch nicht 80 Jahren seine erste Lokomotive bei Darlington versuchte, noch als in Deutschland im Jahre 1835 die erste kleine Bahn von Fürth nach Nürnberg eröffnet wurde und der geniale Friedrich List im Kampf für Ideen zugrunde ging, ohne die wir heute nicht mehr leben könnten. So wenig war das Gefühl des Bedürfnisses die treibende Kraft bei der Erfindung und Einführung einer der größten Kulturfaktoren der Gegenwart.

Vielfach wird der Zufall als großer Erfinder gepriesen. Es ist dies vielleicht die irrigste Vermutung von allen und führt zu den wunderlichsten Trugbildern, wo es gilt, den Ursachen nachzuspüren, die eine bedeutende Erfindung hervorriefen, deren Geschichte wir nicht genau kennen. Mit dem Zufall ist man ja stets bereit, wenn man zu träg oder zu beschränkt ist, den Dingen auf den Grund zu gehen. Als klassisches Beispiel einer Erfindung, die der Zufall gemacht hat, wird häufig das Schießpulver erwähnt. Aber war es Zufall, daß Berthold Schwarz, der klösterliche Alchimist, Kohle, Schwefel und Salpeter in einem Topf zusammenrieb? Keineswegs! Es war der Trieb der Forschung in dem grübelnden Mönch, der ihn veranlaßte, diese drei Stoffe, wie vermutlich hundert andere zuvor, zu kombinieren. War es Zufall, daß die Mischung explodierte? Nein, es war eine absolute Naturnotwendigkeit, die durch die Tätigkeit des Mannes eingeleitet wurde. War es endlich Zufall, daß die explosive Kraft dieser Mischung nun weitere Verwendung fand, so daß sie eines der wesentlichen Elemente jener gewaltigen Umgestaltung geworden ist, die die Menschheit aus dem Mittelalter in die Neuzeit übergeführt hat? Nein, es war bewußte menschliche Tätigkeit, die sich dieser allerdings unerwartet auftretenden Erscheinung bemächtigte und sie weiterbildete, bis wir mit unseren Zündnadelgewehren und Schnellfeuergeschützen Völker zu vernichten und Reiche zu gründen gelernt haben. Das alles war kein Zufall, sondern bald das bewußte, bald das unbewußte Arbeiten des menschlichen Geistes.

Oder nehmen wir, nach alten chinesischen Quellen, ein einfacheres, wenn auch geschichtlich weniger verbürgtes Beispiel einer Erfindung erster Ordnung: der des Kochens und Bratens. Bekanntlich war seit Urzeiten das Schwein ein beliebtes Haustier unserer neuesten bezopften Mitbürger. Nach einem furchtbaren Dorfbrand, erzählt die Sage, bei dem eine Anzahl Menschen und Tiere zugrunde gingen, verschwand ein Dorfbewohner in den benachbarten Wäldern und kam zum Erstaunen der anderen munter und wohlaussehend zurück, nachdem man ihn eine Woche lang für verloren gehalten hatte. Kurze Zeit darauf ging ein Nachbardorf in ähnlicher Weise in Feuer auf. Derselbe Mann verschwand abermals und kehrte zu den Seinen zurück, vergnügter und wohlaussehender als je. Diese Brände wiederholten sich in der Umgegend und der geheimnisvolle Mann wurde rund und fett, zum Neid von jedermann. Nun lauerte man ihm aber auf, und da stellte sich heraus, daß man es mit einem Brandstifter zu tun hatte, der in dem Tumult der Feuersbrunst unbemerkt ein halbverkohltes Schwein aus der Brandstätte in den Wald schleppte und dort eine Zeitlang herrlich und in Freuden lebte, bis er wieder genötigt war, ein weiteres Dorf anzuzünden, um sich den Genuß eines Bratens zu verschaffen. Hierauf wurde das Dorfanzünden eine Zeitlang ein beliebtes Mittel, Schweinebraten zu gewinnen, bis später ein einfacheres und weniger kostspieliges Verfahren an seine Stelle trat. Selbst in dieser komischen alten Geschichte, in der des Menschen Scharfsinn keine hervorragende Rolle spielt, hat nicht der Zufall die Erfindung gemacht. Der menschliche Geist mußte sich des Vorkommnisses bemächtigen, um es zu einer der wichtigsten Erfindungen des Kulturlebens zu gestalten. An Millionen der klügsten Tiere, an hunderten von weniger schlauen Menschen geht dieselbe Erscheinung spurlos vorüber, bis ein erfindungsreicher Kopf sie erfaßt und zur Erfindung macht.

Die chinesischen Mythen sind insofern von Bedeutung, als sie von dem erfindungsreichsten Volk des Altertums stammen, durch dessen Sagen ein merkwürdiger Zug trockener Realistik geht. Sie kommen deshalb der Wirklichkeit zweifellos näher als die der Ägypter, der Griechen und Römer, welche die halbe Götterwelt in Bewegung setzen, um die Erfindung einer Pflugschar oder eines Bohrers zu erklären. Nehmen wir ein zweites chinesisches Geschichtchen:

Ein gelehrter Mandarin ging am Meeresufer spazieren und dachte darüber nach, wie er seine Gedanken festlegen könnte, so daß sie später auch anderen zugute kämen. Da bemerkte er, wie die Strandvögel, die vor ihm herliefen, Spuren ihrer Zehen im Sande zurückließen. Wenn jede dieser wunderlich gestalteten Spuren eine Bedeutung hätte, sagte er sich, so würde ich deren Sinn morgen wieder erkennen! Und damit wurde er der Erfinder der chinesischen Schrift. War der Zufall, der den Gelehrten hinter den Strandvögeln her spazieren gehen ließ, die Ursache der Erfindung? Tausend Chinesen hatten dasselbe Phänomen gesehen und nichts dabei erfunden. Der Erfinder war der Gedankenblitz, der die Spuren der Strandvögel mit den Ideen des Gelehrten in Verbindung brachte; alles übrige war nebensächliches, beständig sich wiederholendes Beiwerk.

Man hat endlich den eigentümlichen Spieltrieb des Menschen für eine Reihe von Erfindungen verantwortlich zu machen gesucht. Auch darin liegt ein Körnchen Wahrheit wie in allem Vorangehenden, vorausgesetzt, daß wir unter Spieltrieb jenes halbbewußte Suchen nach halbgeahnten Wirkungen verstehen, und nicht, was das Richtigere sein dürfte, den halbphysischen Drang, sich in möglichst behaglicher Weise die Zeit zu vertreiben. Tiere wie Menschen besitzen diesen Spieltrieb, nie aber führt er in ihrem Falle zu einer Erfindung. Auch frage man jeden beliebigen Erfinder, wie weit ihn sein Spieltrieb auf dem rauhen Wege geführt habe, der keiner bedeutenderen Erfindung jemals erspart geblieben ist!

Nein! — Ursache aller Erfindungen ist nicht der Spieltrieb, nicht der Zufall, nicht Bedürfnis, nicht Not, nicht ein bewußter oder unbewußter Nachahmungstrieb des in der Natur Erschauten: es ist der schöpferische Drang im Geist des Menschen, die Lust am Zeugen, die Freude am Erschaffen. Es ist dieselbe

Kraft, die den Künstler und Dichter ohne Not, ohne Bedürfnis, aber unwiderstehlich zu seinem Schaffen zwingt, der Prometheusfunke, der im Menschen lebt, das Göttliche in uns, das das Tier zum Menschen macht und dem Menschen seine Gottähnlichkeit gegeben hat.

Es sollte mich nicht wundern, wenn der eine oder andere meiner hochverehrten Zuhörer zu lächeln beginnt: Größenwahn! Größenwahn unserer materiellen Zeit! Allzusehr ist man in weiten Kreisen geneigt, die Art des Schaffens dieser Zeit von oben herab anzusehen und das, was sie schafft, weil es uns in materiellem Gewande entgegentritt, für etwas Untergeordnetes, etwas zweiter Klasse anzusehen, so daß es vielen schwer wird, den Geist in der Materie zu erkennen. Mir scheint es zweifellos, daß eine Vorrichtung, welche Kraft in Licht umsetzt oder Wärme in Elektrizität, ein sinnreicher Jacquardstuhl oder eine schöne Lokomotive ebensosehr ein Erzeugnis des Geistes ist wie irgend etwas, das dieser selbe Geist in Wort und Schrift festzulegen vermochte. Warum sollten derartige „Werke" nicht aus derselben Quelle stammen, die wir auf andern Gebieten geistigen Schaffens als die Lebenspenderin erkennen? Wo sollten wir nach einem andern Ursprung suchen?

Sicher ist indessen, daß mühevolles Denken allein Erfindungen nicht hervorbringt. Wie sie im Geiste entstehen, wird uns für immer ein Rätsel bleiben, gerade so, wie sich das dichterische Schaffen in jene Tiefen nicht verfolgen läßt, in denen sich sein Ursprung verliert. Oft ist es ein Gedankenblitz, der außer allem Zusammenhang mit der Umgebung und selbst der augenblicklichen Geistesarbeit steht und plötzlich wie ein freudiges Aufflammen die ganze Seele erfaßt. Manchmal entzündet sich dieser Funke an der scheinbar zufälligen Beobachtung äußerer Erscheinungen, die der fortwährend sich bewegende Geist in oft groteske Verbindungen bringt, aus welchen ihm plötzlich eine neue tatsächliche Möglichkeit entgegentritt, manchmal ist es auch nur das Spiel der Gedanken selbst, das derartige Kombinationen herbeiführt. Aber während dieselben in jedem Gehirn fortwährend erscheinen und vergehen, sind es nur ausnahmsweise veranlagte Menschen, die imstande sind, das vorüberfliegende Schattenbild festzuhalten und seine Bedeutung zu erkennen. Manchmal auch tritt endlich ein Mann an ein Problem heran mit der bewußten Absicht, dies oder jenes erfinden zu wollen. Es gibt in der Welt der wissenschaftlichen und praktischen Technik zahllose Hilfsmittel, die in der verschiedensten Weise kombiniert werden können, um ein bestimmtes Ziel zu erreichen. In dieser mit dem unübersehbaren Reichtum vorangegangenen Schaffens gefüllten Schatzkammer sucht der Erfinder nach den ihm passend erscheinenden Werkzeugen, mag aber erfolglos monatelang suchen. Er ist in der Lage des arbeitsamen Poeten, auf dessen Stundenplan wir die Bestimmung finden: Mittwoch und Samstag von 11 bis 12 Uhr: Dichten. Verse wird dieser Herr wohl zustande bringen, Gedichte nie; sinnreiche Konstruktionen werden jenem vielleicht gelingen, Erfindungen wird er auf diese Weise nicht machen. Erfinder dieser Art sind die Handwerker des Geistes, achtbare und persönlich meist erfolgreichere Leute als die andern. Nur diese andern aber sind seine Künstler, seine Poeten, seine wahren Erfinder. Nicht daß sich nicht beide, der Arbeiter und der Erfinder, in einer Person vereinigen könnten. Aber tage- und wochenlang wird der Arbeiter, den Kopf zwischen den Händen, vor dem ungelösten Problem sitzen, bis plötzlich — und wenn es sich um eine wahre Erfindung handelt, zumeist aus einer Richtung, von der er nicht geträumt hat, der Gedankenblitz durch das wirre Gewebe seines Sinnes schlägt und die Lösung vor seinem Geiste steht, im wesentlichen fertig und vollkommen. Das ist wirkliches Erfinden — sein erster Akt.

Damit aber ist eine Erfindung noch lange nicht gemacht, und namentlich jugendliche Erfinder gehen einer bittern Lebenserfahrung entgegen, wenn sie, einen allgemein verbreiteten Irrtum teilend, diesen Gedankenblitz für etwas halten, das nun auch dem gottbegnadeten Vater des Gedankens den wohlverdienten Lohn bringen müsse. — Solche Gedanken schwirren zu Tausenden und Abertausenden durch das Leben, seit die Menschheit existiert. Sie blitzen auf und erlöschen, wenn nichts Weiteres dazu kommt. Denn sie beziehen sich auf unsere körperliche Welt, und wenn sie nicht imstande sind, zu einem körperlichen Dasein zu gelangen, so sind sie ein wertloses Nichts, vergänglicher als die Bläschen in einem Glase Sekt. Bis hierher war es der Genuß, nun erst beginnt die eigentliche Arbeit des Erfindens: die Ausführung, die Materialisierung des Gedankens, der zweite Akt dessen, was ebensooft eine erschütternde Tragödie wie ein glänzendes, weltbewegendes Schauspiel geworden ist.

Gewöhnlich beginnt jetzt der Erfinder, ein Modell seiner Idee herzustellen und gewinnt hierbei die erste Erfahrung von den Schwierigkeiten, denen er entgegen geht. Selbst ein Modell kostet Arbeit, Zeit und Geld; doch ist all dies nicht weggeworfen. „Leicht beieinander wohnen die Gedanken, doch hart im Raume stoßen sich die Sachen." Nicht selten bringt ein Modell diese schönen Schillerschen Worte in erschreckender Weise zur Geltung und zerstört manche Hoffnung schon im Keim. Denn auch eine rege plastische Phantasie, die unerläßliche Eigenschaft des Erfinders, sieht nicht immer alle Punkte, die bei der Ausführung zutage treten. Mühevolle Tage, schlaflose Nächte, in denen schließlich die Gedankenarbeit zwangsläufig wird und die Ungeduld sich zum Fieber steigert, führen zu Abänderungen und Verbesserungen, die das Modell zu einem Greuel machen, aber doch dem Gedanken eine brauchbare Gestalt zu geben scheinen.

Hier schon und noch viel mehr im weiteren Verlauf der Sache hat der wohlhabende Erfinder einen gewaltigen Vorteil vor dem armen; und die meisten Erfinder sind merkwürdigerweise, oder, richtiger gesagt, naturgemäß arme Leute. Beide aber stehen nunmehr vor der gleichen Aufgabe. Sie müssen die Erfindung in wirklicher Größe ausführen oder jemand finden, der die Ausführung übernimmt, ehe sich eine ungläubige Welt von ihrem Wert überzeugen lassen will. Hunderte scheitern an diesem Punkte. Reiche Männer, die bereit sind, für die zweifelhaften Geisteskinder anderer die Geburtskosten zu bezahlen, sind selten, und meist hat sich auch der Erfinder so sehr in seinen hoffnungsvollen Optimismus verbissen, daß es vom Standpunkt Nichtbeteiligter schwer ist, mit ihm zu verkehren. Es ist eine Erfahrungssache, daß eine derartige Idee, die an sich einen klaren Kopf und ein ungetrübtes Urteilsvermögen voraussetzt, nach kurzer Zeit eine Befangenheit erzeugt, die nicht mehr imstande ist, einfache Tatsachen des praktischen Lebens richtig zu erfassen, Schwierigkeiten zu sehen und anzuerkennen, die dem Nichtbeteiligten in die Augen springen. Es ist vielleicht gut so; denn ohne eine gewisse Blindheit wäre es den meisten Erfindern unmöglich gewesen, auf ihrem dornenvollen Wege weiterzugehen.

Doch nehmen wir an, daß die Mittel zur Ausführung vorhanden oder beschafft sind. Sie sind fast immer ungenügend, denn noch kein Erfinder hat richtig zu schätzen gewußt, was der nächste Schritt seines Vorgehens kostet. Nun kommen die Schwierigkeiten und Überraschungen im Großen. Wenn es sich um etwas wirklich Neues handelt, so läßt uns hier die Wissenschaft fast immer im Stich, denn sie hat, seit die Welt steht, die Eigenheit, hinterher zu kommen und nur dem fertigen Werk mit altkluger Miene nachzuweisen, daß es so und nicht anders sein könne, und sodann für künftige Geschlechter alles hübsch in Formeln festzulegen. Glücklich darf sich schon der Erfinder schätzen, wenn die orthodoxe Wissenschaft des Augenblicks ihm zunächst nicht nachweist, daß seine Pläne gegen den gesunden Menschenverstand und die Gesetze der Natur verstoßen, wie es einigen der größten Erfindungen, z. B. der Lokomotive, gegenüber geschah.

Ihre eigenen ernsten Schwierigkeiten bringt nun auch die Praxis. Was im Kleinen in Ordnung zu sein schien, verlangt im Großen gar oft eine ganz andere Behandlung. Auch ist die ursprüngliche Tätigkeit des Erfindens eine so durchaus anders geartete als die nunmehr erforderliche, daß das Suchen nach dem Richtigen durch Mißgriffe aller Art erschwert wird. Der mit hoffnungsfreudiger Bestimmtheit erwartete Erfolg verzögert sich; um die ursprüngliche Erfindung gruppieren sich neue Probleme. Der Glaube, die Freude an der Sache gerät ins Schwanken, die verfügbaren Mittel sind ihrem Ende nahe, die moralischen und selbst die physischen Kräfte des Erfinders sind erschöpft. Es ist ein Martyrium von oft ergreifender Härte, von dem uns die Geschichte großer Erfindungen in diesem Stadium zu erzählen weiß. Während wir in ihren Anfängen die Genialität der Geistesarbeit zu bewundern gezwungen sind, kann über diese Stufe hinaus nur eine ungewöhnliche Charakterstärke zum Ziele führen, das der Welt einen neuen großen Fortschritt sichert.

Aber selbst dann, wenn die Idee, in wirklicher Größe ausgeführt, allen gehegten Erwartungen entspricht, ist die Arbeit des Erfinders noch nicht abgeschlossen. Nun gilt es, die Welt zu zwingen, die Erfindung zu gebrauchen. Es ist dies für fast alle Erfinder der unangenehmste Teil ihres Werkes, denn sie sind meist in einem gewissen Sinn ideal angelegte, oft unpraktische Leute, förmliche Träumer. Und nun soll der Mann herabsteigen aus seiner Gedankenwelt und mit allen Mitteln des gemeinen Lebens, mit Demonstrieren und Bitten, mit listigem Drängen und lauter Reklame die unwillige Menge davon überzeugen, daß ihr Vorteil darin liegt, die mühevoll gewonnenen Früchte vielleicht einer Lebensarbeit zu genießen. Denn die Welt ist und bleibt unwillig. Hundert Interessen werden gestört in ihrer behaglichen Ruhe, tausend sogenannte berechtigte Existenzen geraten in Gefahr. Es ist nicht unnatürlich, daß sie sich ihrer Haut wehren und zunächst alles versuchen, dem unberufenen Wohltäter der Menschheit die Tür vor der Nase zuzuschlagen. Auch auf dieser letzten Stufe ist schon manche bedeutende Erfindung wenn nicht zugrunde gegangen, so doch auf Jahre und Jahrzehnte hinaus zurückgedrängt worden. Solche Kämpfe verherrlicht manches Denkmal, das man großen Erfindern errichtet, welche, am Hungertuch nagend, ihr Leben in einer Dachstube beschlossen haben.

Diese drei Wegstrecken: die Konzeption des Gedankens, seine Verkörperung und schließlich seine Verbreitung und Anwendung muß in mehr oder weniger mühevoller Weise jede Erfindung zurücklegen, ehe wir sie als eine solche anerkennen sollten. In weitaus den meisten Fällen, namentlich in älteren Zeiten, brachte es ihr Schöpfer nicht weiter, als zum Märtyrer seiner Idee. Heute gelingt es dem einen oder andern, einen Teil des Nutzens, den er der Allgemeinheit gebracht hat, für sich einzuheimsen. In einigen Fällen ist dies in reichlichem Maße geschehen. Im allgemeinen aber muß sich der Erfinder damit begnügen, der Säemann auf einem Felde zu sein, auf dem andere ernten, glücklich, wenn ihm die Nachwelt wenigstens ein ehrenvolles Andenken bewahrt.

Nachdem wir nunmehr das Entstehen der Erfindungen verfolgt, ihren geistigen Ursprung festgestellt und die Art und Weise angedeutet haben, wie sie in die Wirklichkeit treten, ist zu verstehen, daß sie zunächst von einer eigentümlichen Veranlagung abhängen, die bei einzelnen Menschen wie bei verschiedenen Völkern in verschiedenem Grade vorhanden sein mag. Auch ist nunmehr erklärlich, daß eine Erfindung gleichzeitig oder auch zu verschiedenen Zeiten und wieder und wieder erfunden werden kann, wenn sie im Laufe der Geschichte in Vergessenheit geraten sein sollte. Es ist deshalb ein nahezu unmögliches Unterfangen, eine chronologische Ordnung in die Geschichte der Erfindungen zu bringen, ohne zugleich eine Art Geographie derselben aufzustellen. Jedes Kulturvolk ging in dieser Beziehung zunächst seine eigenen Wege. In den ältesten Zeiten entwickelten sich in China und Indien, in den Euphratländern und Ägypten und später in Griechenland und Rom, wie im nördlicheren Europa je nach Klima und Bodenbeschaffenheit, vor allem aber aus dem Volkscharakter heraus, eigenartige technische Gedanken und Fertigkeiten, welche auf primitiven Erfindungen beruhten und ihrerseits zu neuen Erfindungen Veranlassung gaben. Dies war zum Beispiel in Erstaunen erregender Weise in China der Fall, zu einer Zeit, in der die sogenannte klassische Welt noch in tiefem Schlummer lag. Oder wir finden in ein und demselben Lande Zeiten, in denen mit der wachsenden Kultur Erfindungen in reicher Menge erscheinen, die sodann vergessen werden, um später aufs neue aufzutauchen. Im allgemeinen aber verlaufen doch diese Erscheinungen mit einer gewissen Gleichartigkeit, wenn auch nicht gleichzeitig, in verschiedenen Teilen der Welt; bis in der Gegenwart eine Flutwelle hereinbrach, von der auch die entlegensten und rückständigsten Bewohner der Erde erfaßt und gehoben werden.

Überall sind die Anfänge primärer Erfindungen, wie die des Feueranzündens, der ersten Werkzeuge und Waffen, der grundlegenden Verrichtungen des Ackerbaus und der Viehzucht, in tiefstes Dunkel gehüllt. Die Reste, die wir in Höhlen, in Mooren, in Seegründen von diesen Dingen finden, machen den Eindruck, als ob sie langsam aus den rohesten, einfachsten und ungeschicktesten in kompliziertere und vollkommenere Formen hineingewachsen wären. Trotzdem waren schon die ältesten Völker, von denen wir geschichtliche Nachrichten besitzen, sich bewußt, daß auch diese einfachsten Dinge erfunden werden mußten, und erfanden sich die Erfinder dazu. Daß sie die Bedeutung des Erfindens, mehr als es später geschah, zu schätzen wußten, beweisen die sagenhaften Berichte von alten Erfindern. Es sind in China meist die Heroen der Gelehrsamkeit, Kaiser und Kaiserinnen, in Indien, Ägypten, Griechenland und Rom Götter und Göttinnen und Söhne von Göttern. In unserer geistreichen Zeit, in der man lächelnd diese Fabeln auf die Seite schiebt und nach Möglichkeit den Geist aus der Welt auszuscheiden sich bemüht, sucht man durch allerlei wundersame Erklärungen die Tatsachen begreiflich zu machen, die uns in diesen Resten entgegentreten.

Nehmen wir als Beispiel nur eine der ältesten und wichtigsten Erfindungen: die dunkle Geschichte des Feueranzündens. Welch wunderliche Erklärungsversuche macht hier der Scharfsinn unserer Gelehrten. Das Feuer der Vulkane, der Blitz, ein zufällig entstandener Waldbrand sollen die Ursache gewesen sein, daß der Mensch die Kunst des Feueranzündens ersonnen hat. Ein gelehrter Herr geht sogar so weit, anzunehmen, daß der belehrende Waldbrand dadurch entstanden sein dürfte, daß zwei Baumzweige vom Winde bewegt sich bis zur Entzündung aneinander gerieben haben mögen und dadurch den Menschen auf den Gedanken gebracht haben müssen, durch Reibung Feuer zu gewinnen. Wer je eine Zigarre im Wind angezündet hat, weiß, wie wahrscheinlich diese Erklärung ist. Und dann — als ob nicht all diese Naturerscheinungen: das vulkanische Feuer, der Blitz, ein Waldbrand — den Urmenschen, genau wie heute noch das wilde Tier, nicht mit Schrecken erfüllt hätten und er sich sodann mit allem Eifer daran gemacht haben könnte, diese Schreckenserscheinungen selbst hervorzubringen. So kann die Erfindung nicht zustande gekommen sein!

Aber ich glaube, der Vorgang läßt sich trotzdem verstehen. Suchen wir uns zunächst die Elemente zusammen, die dem Urmenschen zur Verfügung standen, ehe er die wohltätige Wirkung des Feuers kannte! Wie schon die praktischen Chinesen lehrten, muß der ältesten Steinzeit eine Holzzeit vorangegangen sein. Die Vergänglichkeit des Materials erklärt hinlänglich, daß wir keine Spuren derselben finden, wenn es nicht die Kohlenstückchen sind, die gelegentlich neben und unter den ältesten Steinwerkzeugen ausgegraben werden. Eine andere merkwürdige Erfindung geht in die allerälteste Zeit zurück:

Pfeil und Bogen, wie schon die steinernen Pfeilspitzen beweisen, lange bevor wir Reste des vergänglicheren Bogens entdecken können. Auch diese Erfindung erforderte, als sinnreiche Kombination von Speer und Schleuder, schon eine beträchtliche Gedankenarbeit. Sicher ist, daß die gespannte Sehne zu den ersten musikalischen Instrumenten der Welt gehört, und wahrscheinlich, daß diese Spielerei der Anwendung des Bogens zum Schnellen und Schleudern voranging. Auch das Löcherbohren gehört zu den ersten Erfindungen der Menschheit, denn in den ältesten Knochenwerkzeugen finden wir gebohrte Löcher. Wie gebohrt wurde, zeigt sich an uralten, halbdurchbohrten Steinbeilen. Es geschah, indem ein Knochen oder ein härteres Stück Holz gegen den zu durchbohrenden Gegenstand gedrückt und so lange gedreht wurde, bis ein Loch entstand, was am leichtesten durch das Umwickeln des Bohrers mit der Sehne eines Bogens geschieht, den man hin und her zieht. Damit sind die Elemente gegeben, die mit fast zwingender Notwendigkeit nicht nur zur Erfindung des Feuermachens, sondern zum Gebrauch des Feuers selbst führen mußten.

Nur eines, aber allerdings das Wichtigste, fehlt uns noch. Es ist meines Erachtens eine üble und irreführende Gewohnheit, aus den Vorgängen, die wir bei verkümmerten, um Jahrtausende zurückgebliebenen Völkerschaften heute noch beobachten, auf die primitiven Zustände hochintelligenter Rassen zu schließen, die mit der Zeit die Träger unserer heutigen Kultur geworden sind. Das ist gerade so klug, als wenn ein Lehrer aus dem Geistesleben des stumpfsinnigsten Dummkopfs seiner Klasse auf dasjenige seines Primus schließen wollte. Unter den höher gearteten primitiven Menschen ihrer Zeit müssen wir uns Leute von reger, durch den Kampf ums Dasein geschärfter Intelligenz vorstellen, die auf Grund einer Reihe bereits gesammelter Erfahrungen und mit Hilfe schon erworbener und oft geübter Fertigkeiten ihre hervorragende Stellung erreicht hatten und behaupteten.

Denken wir uns einen frischen, geistesregen Jungen jener Zeit und Gattung, der an einem kühlen Herbstmorgen — eine der großen Eiszeiten ist vielleicht im Anzug — sich damit beschäftigt, mittels eines Knochens, den er mit der Sehne seines Bogens dreht, ein Loch in ein Stück Holz zu bohren. Er friert. Mit einemmal bemerkt er, was er bisher nie beachtet hatte, — denn es war warm genug auf der Welt, — daß sich der abgeschabte Holzstaub warm anfühlt. Er freut sich, denn die Wärme hat etwas ungewöhnlich Angenehmes, wie Sonnenschein. Dies setzt ihn in Verwunderung. Er merkt, daß der Staub wärmer wird, wenn er rascher bohrt. Steigendes Erstaunen, wachsende Neugier. Das Loch fängt an zu rauchen. Ich möchte den Jungen sehen, der jetzt nicht wie wütend weiter bohrt. Und endlich bricht gar ein Flämmchen aus, aber nicht in der entsetzlichen Form eines nicht zu bewältigenden Naturereignisses, sondern wohltuend, wärmend. Die Freunde und Vettern werden herbeigerufen. Alle staunen, wärmen sich, fangen an auf eigene Rechnung zu bohren. Das Feueranzünden ist erfunden.

Es ist nicht notwendig, daß wir in dieser Schilderung den Bohrer beibehalten, auf den uns das bekannte Feuerbohren der Wilden hingewiesen hat. Das bloße Schleifen und Polieren einer Holzkeule kann ebensogut auf das Prinzip geführt haben, durch Reibung Wärme, durch Wärme Feuer zu erzeugen. Aber eins ist sicher: Es ist nicht der Zufall, der die Erfindung gemacht hat, sondern zunächst die Anwendung eines älteren bekannten Verfahrens, des Schleifens oder Bohrens von Holz, sodann die notwendige physikalische Folge dieses Verfahrens, und endlich, oder vielmehr in allererster Linie die Neugier, die Intelligenz, das Vorwärtsstreben im Geiste des Jungen, den wir als den Erfinder des Feueranzündens beobachtet haben. Das ist der Prometheusfunke, der dieses und alle andern Feuer unseres materiellen und unseres geistigen Lebens angezündet hat.

Und eine andere Erscheinung zeigt uns dieses Beispiel in schlagender Weise, die bei zahllosen wichtigen Erfindungen wiederkehrt. Jahrtausende später erst kam, was wir Wissenschaft nennen, und auf was wir nicht mit Unrecht so außerordentlich stolz sind, und erklärte, was eigentlich der Junge gemacht hat: daß er Kraft in Wärme umsetzte, und daß er durch diese Wärme einen wichtigen chemischen Prozeß: die Oxydation der Kohle eingeleitet hat. Hätte der menschliche Erfindungsgeist auf die Wissenschaft warten müssen, so säßen wir heute noch bei unsern feinsten Diners um kalte, ungekochte Bärenkeulen. — Das soll keine Herabsetzung der Wissenschaft bedeuten. Es soll uns nur ins Gedächtnis rufen, daß in der Welt und auch im Leben der Menschheit noch andere Kräfte tätig sind und die wichtigste Rolle spielen als unser vielgerühmtes Wissen.

Es wäre ganz hoffnungslos, im Rahmen eines Vortrags auch nur in der oberflächlichsten Weise auf eine Geschichte der Erfindungen einzugehen, die uns auf allen Seiten umgeben und unser heutiges Dasein möglich machen. Ich beschränke mich darauf, aufs Geratewohl einige Beispiele herauszugreifen, um einesteils zu zeigen, in welch verschiedenartiger Weise sie zustande kommen, und was trotzdem allen gemeinsam ist.

Fast 300 Jahre vor Christi Geburt lebte zu Syrakus der Edison der alten Welt, Archimedes, einer jener seltenen Erfinder, die mit einer überströmenden Genialität den praktischen Sinn verbinden, ihren Werken Geltung zu verschaffen. Zwar passierte es auch ihm, als er beim Baden bemerkte, daß sein lahmer Fuß im Wasser leichter zu schleppen war, als in der Luft, und ihm infolge hiervon die Entdeckung des spezifischen Gewichts der Dinge durch den Kopf schoß, daß er in der Freude seines Herzens sich so weit vergaß, unangekleidet nach Hause zu laufen, um so schnell als möglich die neue Wahrheit in wissenschaftlicher Form festzulegen. Hier haben wir den weltvergessenen Gelehrten, wie er im Buche steht! Seine wissenschaftlichen Forschungen über die von ihm entdeckten Gesetze des Hebels hinderten ihn jedoch nicht, dieselben beim Bau von Palästen, beim Stapellauf von Riesenschiffen, bei der Verteidigung seiner Vaterstadt in der mannigfachsten Weise in Anwendung zu bringen. Seine hydraulischen Studien führten zur Erfindung der Wasserschnecke, die in Bergwerken und in der Landwirtschaft jahrhundertelang zum Heben des Wassers Verwendung fand und es noch heute tut, ja, es finden sich bei ihm die ersten Spuren eines Schießpulvers und der Benutzung des Wasserdampfs zur Erzeugung von Bewegung, wenn auch in den beiden letzterwähnten Fällen von einer förmlichen Erfindung nicht entfernt die Rede sein kann. Hier sehen wir einen Geist an der Arbeit, der mit vollem Bewußtsein auf allen Gebieten der Körperwelt nach neuen Mitteln sucht, den widerstrebenden Stoff in den Dienst der Menschheit zu zwingen, und diese Mittel in der scharfsinnigsten Weise zu zergliedern und ihren Zusammenhang in allgemeinen Gesetzen festzustellen weiß. Aber auch bei ihm ist der Gedankenblitz der Schöpfer, und das Nachdenken, das Ausführen und Anwenden der Erhalter und Weiterbildner des so Geschaffenen.

Langsam und in mühevoller Weise arbeitete sich die Menschheit wieder empor aus der Vernichtung der klassischen Kulturwelt, die so viel mehr, als uns gewöhnlich zum Bewußtsein kommt, auf dem praktischen Boden des Lebens stand. Die allgemeine Not tritt uns in diesen Jahrhunderten in mannigfacher und grasser Weise entgegen. Von durchgreifenden Erfindungen, ihr zu steuern, hören und sehen wir wenig, denn die Not machte auch in jenen Zeiten nicht erfinderisch. Erst gegen das Ende des Mittelalters bemerken wir ein lebhafteres Wiedererwachen von geistigen Kräften und Fähigkeiten, die sich auf dem Gebiet des Erfindens geltend machten. Ein Freiburger Mönch, der in seiner Klosterküche nach alchimistischen

Präparaten sucht, mußte der Welt das Mittel in die Hand geben, das nach kurzer Zeit einer ganzen Geschichtsperiode ein Ende machte. Ein Mann des Friedens erfindet die auf Jahrhunderte fürchterlichste Kriegswaffe der Menschheit. So wenig bindet sich das Weben und Wollen des Geistes, der durch die Welt geht, an äußerliche Schranken, an zünftiges Wissen und Können, an die Schulweisheit des Augenblicks. Zufall! lautet natürlich die bequeme Erklärung aller unbequemen Tatsachen.

Wir wollen nicht wiederholen, was auch in diesem Fall vom Zufall zu denken ist. Zu einer andern Beobachtung gibt uns das berührte weltgeschichtliche Ereignis Veranlassung: wie Erfindungen von höchster Bedeutung kaum je einem bestimmten Zeitpunkt, einer bestimmten Person zugeschrieben werden können. Ein anderer Mönch, Roger Bacon, hatte schon hundert Jahre zuvor eine Art Pulver erfunden. Das griechische Feuer, ein Gemenge wie Pulver, aus Kohle, Schwefel und Salpeter, war im Mittelalter wohl bekannt. Die Chinesen besaßen Pulver lange vor dieser Zeit. Ähnliches zeigt die Geschichte aller größeren Erfindungen. Ihr Auftreten läßt sich an vier, fünf und mehr Stellen oft gleichzeitig, oft auch um Jahrhunderte getrennt beobachten. Zur eigentlich lebensfähigen Erfindung wird der Gedanke erst, wenn er die zwei andern Stufen durchlaufen hat, auf die wir hingewiesen haben: die erfolgreiche Verkörperung und seine Einführung in die reale Welt.

Größer, weltbezwingender noch als die Erfindung des Schießpulvers war die der Buchdruckerkunst; größer auch als der einfache Mönch zu Freiburg waren ihre Erfinder. Auch dieser Gedanke hatte seine Vorläufer. Bücher wurden mit Hilfe von geschnitzten Holzplatten hergestellt, die gefärbt auf Papier oder Pergament gedrückt wurden, ein Verfahren, das seinerseits eine unschwer zu erfindende Erweiterung der uralten Sitte war, den Namenszug an einem Siegelring einem zu unterzeichnenden Schriftstück aufzudrücken. Die Platte in einzelne Buchstaben zu zerschneiden und diese dann nach Belieben zusammenzusetzen und wieder und wieder zu benutzen, war der leitende Gedanke Gutenbergs. Nun aber galt es, eine ganze Reihe von Nebenerfindungen zu machen, die durch kostspielige und langwierige Versuche vervollkommnet werden mußten, ehe ein brauchbares Ergebnis erzielt werden konnte. Die bleiernen Lettern und alles was mit der Schriftgießerei zusammenhängt, die Druckerschwärze, die Handpresse waren zu diesem Zweck erforderlich. Jahre harter Arbeit, das Heranziehen der verschiedensten Erfahrungen von Handwerkern und Künstlern, vor allem die oft so schwierige Beschaffung von Geldmitteln — das alles war nur möglich, wenn der geniale erste Gedanke des Erfinders gestützt und getragen war von einer Charakterstärke, die durch ein langes mühevolles Leben manchmal bis zum Brechen geprüft wurde. Die Geschichte dieser Erfindung zeigt mit besonderer Deutlichkeit, daß mit dem zündenden Gedankenblitz, so unerläßlich er ist, nichts ausgerichtet ist, wenn sich mit dem Genie nicht ein Charakter paart, der die Kraft hat, äußeres Glück, Gesundheit, ja das Leben selbst zu opfern, um das vorgestreckte Ziel zu erreichen. Wir sehen hier die ethische Seite des Erfindens im schönsten, zuzeiten aber auch — wie, als Gutenbergs Geldmann Fust mit dem ganzen materiellen und geistigen Besitz des Erfinders diesen im Stich zu lassen drohte — wir sehen sie im peinlichsten Lichte, bei dem tausend andere den Glauben an die Sache und an Recht und Gerechtigkeit verloren hätten.

Von nun an ging die Menschheit unserer Kulturwelt mit immer rascherem Schritte auf dem Wege weiter, der sich heute für uns in buchstäblich unabsehbarer Ferne verliert. Zwei Jahrhunderte später begegnen wir dem eigentlichen Erfinder der Dampfkraft, einem Franzosen, der in Deutschland und England die Werkstätte seines Geistes aufgeschlagen hatte. Bei ihm sehen wir wieder, wie zu den Zeiten des Archimedes,

Forschen und Erfinden in engster Verbindung. Papin war ein Gelehrter mit stark ausgeprägtem Sinn für praktische Betätigung. Er begann die Reihe seiner Erfindungen mit dem Papinschen Topf, der ersten und einfachsten Form des künftigen Dampfkessels, und beobachtete und verwertete zuerst die Wirkungen der Kondensation des Dampfes. Hieran knüpfte sich die erste Form einer Vorrichtung zur Kraftgewinnung aus Wärme, der glänzendste und fruchtbarste Gedanke seit Jahrhunderten, der Kern einer heute kaum mehr zu übersehenden Reihe von mehr oder weniger originellen Erfindungen. Denn bei der Entwicklung der Dampfmaschine sehen wir auch fast zum erstenmal eines jener komplizierten Erzeugnisse des Erfindergeistes, die nicht von einem Mann, nicht von einer Generation fertig gestellt werden, sondern die nach zahllosen Wandlungen, mit immer neuen sinnreichen Verbesserungen versehen, sich asymptotisch einem gewissen Ideal nähern, in dem erst die Erfindung als abgeschlossen erscheint. Man ist heute noch nicht ganz klar darüber, ob der erfindungsreiche Papin in der Tat schon eine Art Dampfschiff gebaut hat, mit dem auf der Fulda Versuche angestellt wurden. Jedenfalls blieben ihm in Deutschland die Mittel versagt, den Gedanken weiter zu verfolgen, so daß er beabsichtigte, sein Schiff nach England zu senden. Aber schon auf der Weser wurde es von den entrüsteten Schiffern zertrümmert — eines der hundert Beispiele des Martyriums wahrer Erfinder. Papin selbst starb im Elend in England und hinterließ einen letzten wahrhaft erschütternden Brief, in dem er seine Lage und sein Schicksal beklagt.

Eine wirklich brauchbare Form erreichte die Erfindung bekanntlich unter den Händen des englischen Mechanikers James Watt, der neben der Genialität des geborenen Erfinders jene Zähigkeit des Charakters besaß, ohne die ein durchschlagender Erfolg in solchen Dingen nicht zu erzielen ist. Neben der radikal neuen Art der Verwendung des Dampfes durch seinen direkten Druck in doppeltwirkendem Zylinder mit getrenntem Kondensator, ersann Watt eine solche Menge von sinnreichen Einzelheiten, wie die Anwendung der Kurbel und des Schwungrads, die Drosselklappe, den Regulator, die Stopfbüchse, daß uns seine Laufbahn einen Begriff davon gibt, was dazu gehört, heutzutage eine große Erfindung ihrer Vollendung entgegenzuführen. Doch es ist hier nicht unsere Aufgabe, eine derartige Entstehungsgeschichte zu verfolgen, in der alle Kräfte des Geistes und der Natur sich zu kreuzen und ineinander zu spielen scheinen und bald tiefes, ruheloses Sinnen, bald langwierige, mühselige Versuche, bald ein sogenannter glücklicher Zufall, immer und überall aber der mit der Materie ringende, der sie beherrschende Menschengeist die schöpferische Rolle spielt.

Wir wissen heute, welch unberechenbare Umwälzungen die Verwertung der Dampfkraft, oder richtiger gesagt: die Verwendung der aufgespeicherten Wärmemengen in der Natur auf allen Gebieten des Kulturlebens hervorgebracht hat. Vor allem zeigte sich dies in der Beschleunigung und Ausdehnung des Verkehrs, die heute noch daran arbeitet, das Leben der gesamten Menschheit umzugestalten. Die Geschichte der Eisenbahnen zeigt uns den Gang des modernen Erfindens in besonders drastischem Lichte. Gar viel mußte vorangehen, um dem großen Gedanken die Wege zu bahnen. Holz- und Eisenbahnen mit Pferdebetrieb waren in den Bergwerken von Yorkshire und auch in Deutschland im Gebrauch. Die erste Eisenbahn wurde im Norden Englands gelegt, um während einer Geschäftsstockung unverkäufliche Gußbarren, sogenannte Masseln, aus dem Weg zu räumen. Dann mußte durch zwei Jahrhunderte Papin, Savery, Newcome, Watt und andere die Dampfmaschine so weit herausarbeiten, daß man sie auf einen Wagen stellen konnte. Hierauf mußte ein kleiner Junge bei New-Castle geboren werden und als blutarmer Bergwerkslehrling ein scheinbar aussichtsloses Leben beginnen. Und dann kam der unvergeßliche Wettstreit der fünf Preislokomotiven auf der Trambahn zwischen Manchester und Liverpool, die für Pferdebetrieb erbaut worden war, brachte die für jene Tage erstaunlichen Leistungen des jungen George Stephenson zur Geltung und leitete nun eine Reihe genialer Erfindungen ein, die dem unbeholfenen, kohlenfressenden, feuerspeienden Ungetüm von 1829 die elegante Form, die Sicherheit, die Kraft und Geschwindigkeit der Lokomotive von heute gaben. Aber all das spielte sich nicht ab, ohne die heftigsten Kämpfe gegen Unverstand und Kurzsichtigkeit, ohne Proben von heldenhaftem Mut und noch heldenhafterer Geduld der Pioniere unserer Zeit. Kurz, auch hier war es nicht die Notwendigkeit, nicht das Bedürfnis, nicht der Zufall, sondern die Kraft von Geist und Charakter, welche die große Erfindung ans Ziel führte.

Eine ähnliche, nicht weniger wechselvolle Geschichte erzählt uns die Dampfschiffahrt. Sie bildet zugleich eines der lehrreichen Beispiele derjenigen Erfindungen, die im wesentlichen aus dem zähen, mühevollen Ausarbeiten von Einzelheiten hervorgingen und so Schritt für Schritt sich einem Ideal nähern, das dem ursprünglichen Erfinder vorschwebte, das er selbst aber häufig genug nicht zu erreichen vermochte. In Deutschland, in dem fruchtbaren Gehirn Papins entstand der erste Gedanke, unmittelbar nach seiner Erfindung der ersten, kaum brauchbaren Dampfmaschine, aber auch deutsche Schiffer waren es, die das erste Boot in Trümmer schlugen und dem unglücklichen Wohltäter einer späteren Zeit das Herz brachen. Er war nicht das einzige Opfer seines Gedankens. Ein volles Jahrhundert hindurch wurden in Deutschland, Frankreich, England und Amerika zahllose Versuche fortgesetzt, ihn zu verwirklich... und nahezu jede heute noch auftretende Möglichkeit, die Natur abgelauscht werden konnte oder der menschlichen Phant... entsprang, wurde schon damals angewandt. Der Entenfuß, die Fischflosse, das Rad, die Schraube und selbst die sogenannten

Reaktionsboote, in welchem das von Pumpen nach hinten ausgestoßene Wasser das Schiff vorwärts treibt. Der amerikanische Erfinder Fitsch, der vor Fulton der Lösung des Problems am nächsten kam, fand den freiwilligen Tod des verzweifelten Genies im Delaware, in dem Strom, in dem er seine ersten Versuche angestellt hatte. Es war ein jahrhundertlanges Wandern des ursprünglichen Gedankens von einem Land, von einem Weltteil zum andern, bis Fulton, ein Maler von Beruf, sein erstes erfolgreiches Dampfschiff, ausgestattet mit einer englischen Maschine von Watt, auf dem amerikanischen Hudson in Bewegung setzte. Hierbei war zweifellos das lebhafte Gefühl des Bedürfnisses der kommenden Zeit die treibende Kraft, mehr als der freudige Gedankenblitz eines Papin, der zu all dem den Anstoß gegeben hatte. Allein im Laufe der zahllosen, immer wieder erneuten Versuche waren es doch wieder eine Reihe von Erfindungen in kleinerem Maßstabe; die direkte schöpferische Arbeit des menschlichen Geistes, ohne die die große Idee niemals zur wirklichen Erfindung geworden wäre.

Es hat an dieser Stelle keinen Wert, noch weitere Beispiele aus den tausenden herauszugreifen, die uns das verflossene Jahrhundert bietet, und mit denen uns das gegenwärtige zu überschütten fortfährt. Hochinteressant ist es, die feinen Unterschiede zu beobachten, die das Erfinden in verschiedenen Zeiten und bei verschiedenen Völkern aufweist, so sehr sich auch der Geist sträubt, sein Schaffen an Zeit und Ort zu binden. Während im Altertum die Beobachtung der Natur und das Streben, ihr sinnlich wahrnehmbares Wirken dem Menschen dienstbar zu machen, in den einfacheren, aber deshalb nicht weniger wichtigen Erfindungen jener Zeit zum Ausdruck kommt, sehen wir in der Geistesströmung, die mit der Erfindung der Dampfmaschine einsetzte, eine freiere Bewegung, ein kühneres Spiel der Phantasie zur Geltung kommen, das sich nur zügeln läßt durch die unablässigen Bemühungen, ihre Gebilde der Wirklichkeit anzupassen. In neuester Zeit läßt sich eine weitere Veränderung durchfühlen. Das Erfinden ist wissenschaftlicher geworden. Die Menschheit tritt mit einer Reihe klarer Begriffe an die Aufgaben heran, die die Zeit ihr stellt, und baut zielbewußter an dem wundervollen Werk weiter, dessen Höhepunkt heute niemand zu ahnen vermag. Denn es erschließen sich mit jedem Schritt vorwärts neue unbekannte Gebiete, in denen trotz aller Überraschungen doch wieder der menschliche Geist in seinem Schaffensdrange die einzige leitende Kraft ist, die uns den Weg zu zeigen und zu bahnen vermag.

Ebenso tritt uns diese Kraft bei verschiedenen Völkern in verschiedener Weise entgegen. Im Altertum bemerkt man schon, daß die einen erfindungsarm, die anderen erfindungsreich waren, die einen vornehmlich nachahmend, die anderen bahnbrechend, und daß dementsprechend ihre auf Erfindungen aufgebaute Kultur weite Zeitunterschiede und eigentümliche Charakterzüge aufweist. — Trotz alles Verkehrs, trotz alles Abschleifens und Mischens ist dies heute noch nicht anders. Im deutschen Geist findet das träumerische Phantasieleben einen fruchtbaren Boden. Bei uns gedieh von jeher mehr als anderswo ich möchte sagen die Poesie des Erfindens. Es gelingt deshalb fast immer, die ersten Keime einer großen Erfindung bei irgend einem deutschen Denker oder Träumer zu entdecken, und in alter Zeit hatten diese Leute noch mehr Mut, als später, an die Verwirklichung ihrer Phantasien zu gehen. Dann kam allerdings ein Jahrhundert, in dem sich das deutsche Geistesleben in Sinnen und Träumen vergrub und dabei die Wirklichkeit fast vergaß. Dies ist heute glücklicherweise anders geworden.

Anders war es von jeher bei den Franzosen, deren lebhafter und klarer, im wechselseitigen Austausch der Gedanken auflebender Geist stets der Wirklichkeit zugekehrt blieb. Wir sehen sie häufig die neuesten Ideen mit wunderbarer Schnelligkeit und Geschicklichkeit ergreifen, aber es fehlt ihnen ebenso häufig an der Ruhe, der Ausdauer, um die Früchte ihrer quecksilbernen Tätigkeit einzuheimsen. Sie sind heute wieder an einem anderen Problem, ehe das von gestern Zeit hatte auszureifen.

Was die Engländer des letzten und vorletzten Jahrhunderts in diesen Dingen an die erste Stelle gerückt hat, ist eben diese Ausdauer und Zähigkeit in der Verfolgung eines einmal erfaßten Gedankens. Engländer sind an sich nicht genialer als andere, eher das Gegenteil. Erste Ideen sind nicht ihre Sache. Aber die erste Idee durch alle Stadien ihrer Entwicklung durchzufechten, das ist die Form ihrer Genialität. Die Zähigkeit des Phlegmas — darin lag die schaffende Kraft eines Watt, eines Arkwright, eines Stephenson. Durch diese Eigenschaft haben die Engländer gerade mit Erfindungen, die eine langsame, mühevolle Entwicklung erfordern, die Welt des vorigen Jahrhunderts erobert. Was uns Deutschen fehlt, wenn wir große Vergleiche anstellen wollen, die im Einzelfalle natürlich stets unzutreffend sind, ist dieses Phlegma der Kraft. Es ist falsch, von der deutschen Geduld und Ausdauer allzuviel Aufhebens zu machen. Es wäre gut, wenn wir versuchten, weniger ungeduldig, weniger nervös zu werden.

Das ist nun allerdings auch der amerikanische Erfinder. Aber er hat vor andern jene absolute Freiheit des Geistes voraus, die ihn befähigt, auch die kühnsten, unwahrscheinlichsten Phantasiegebilde mit einer Hoffnungsfreudigkeit zu verfolgen, welche durch nichts zu Boden geschlagen wird. Was ihn bewahrt, völlig in Phantastereien aufzugehen, ist seine Berührung mit der Wirklichkeit, die lebhafter und enger ist als bei irgend einem anderen Volke. Aus dieser realen Unmittelbarkeit fließen ihm fortwährend Ideen zu, die er wieder in Wirklichkeit umzusetzen sucht, ohne Vermittlung irgendwelches unnötigen Ballastes, den der Deutsche gewissenhaft mit sich umherschleppt. Daß der Amerikaner bei dieser Art sich zu bewegen hundertmal zum Fall kommt, ist richtig. Aber er steht immer wieder auf und kommt, selbst fallend, um ein paar Schritte vorwärts.

Wohin die Menschheit als Ganzes auf diesem Wege gelangt ist, sehen wir, wenn wir um uns blicken, obgleich heutzutage die Fortbewegung derart ist, daß wir im nächsten Augenblick, wie aus den Fenstern eines Blitzzuges, ein anderes Bild vor uns haben. Unser persönliches und häusliches Leben, verglichen auch nur mit dem unserer Großeltern, ist unglaublich leichter, vielseitiger, reicher geworden. In einen Tag drängt sich uns zusammen, was vor hundert Jahren Wochen und Monate gekostet hätte. Genüsse, die kein Reichtum erkaufen konnte, umgeben uns, wenn wir nur die Hand ausstrecken. In unserem Wissen und Können pulsiert ein Leben, das früher einfach nicht denkbar war. Der Wissenschaft, den Künsten stehen Mittel zu Gebot, die ihre Gebiete nach allen Seiten ins Riesenhafte ausdehnen, so daß die Fassungskraft des menschlichen Geistes längst nicht mehr ausreicht, mit dieser Vorwärtsbewegung Schritt zu halten, und der einzelne sich darauf beschränken muß, wenigstens in einer selbstgewählten Richtung an der fortschrittlichen Bewegung teilzunehmen. Wir gewinnen und beherrschen Kräfte, von denen man früher keine Ahnung gehabt hatte, wir haben Mittel gefunden, die weit über die Wahrnehmungsfähigkeit unserer fünf Sinne hinaus beobachten, messen und wiegen, andere, die über Millionen Meilen hinweg die Stoffe erkennen lassen, aus denen ferne Himmelskörper bestehen und die Tausende von Jahren zurück und voraus die Bewegungen des Weltalls berechnen. — Das Leben der Nationen hat eine völlig andere Form angenommen. Die größten Reiche sind heute nicht schwieriger zu verwalten und in geordnete Bahnen zu leiten als die kleinen Stadtgebiete des Mittelalters; auf unserem Frühstückstisch finden wir, was sich tags zuvor am anderen Ende der Welt zugetragen hat. Zeit und Raum sind nicht vernichtet, aber ihre Beziehungen zueinander und zur Menschheit sind völlig andere geworden, so daß unser Leben den zehnfachen Inhalt von dem zu fassen vermag, der ihm in früheren Zeiten beschieden war. Und das alles, das auch nur einigermaßen vollständig aufzuzählen uns Stunden und Tage kosten würde, verdanken wir der Fähigkeit des menschlichen Geistes, zu erfinden.

Zum Schluß einen Blick in die Zukunft.

Wo soll das enden, wird in der Überstürzung derartiger Betrachtungen zuweilen gefragt, wenn wieder eine Erfindung auftaucht, wie so häufig neuerdings, die die Märchen unserer Vorfahren zur Wirklichkeit macht: wenn wir mit Hilfe des Silens Sonnenstrahlen sprechen hören, oder beim Licht der Röntgenstrahlen in verschlossenen Kästchen Münzen zählen; wenn wir an der Börse von Neuyork Nachrichten aus Europa um drei Stunden früher erhalten, als sie in London aufgegeben wurden und dergleichen. Es ist leicht und müßig, sich nach Art Bellamys eine Zukunft auszumalen, die jeder Berechnung spottet. Du Boys Reymond hat vor zwei Jahrzehnten mit Recht das berühmt gewordene „Ignorabimus“ ausgesprochen und hat mit Recht die Grenze da gezogen, wo das materielle Leben in das des Geistes übergeht. Wir müssen uns hüten, dem Erfinder, dessen Gebiet die Welt der Materie ist, ein ähnliches „Non possumus“ zuzurufen. Denn von nichts, aber auch von nichts innerhalb ihrer großen und einfachsten Gesetze können wir behaupten, daß es für immer der Herrschaft des menschlichen Geistes entrückt bleiben werde. Sein Wissen und Können hat in der endlichen Welt keine bestimmbaren Grenzen; aber immer wird er auch in dieser Welt der Materie einer Unendlichkeit gegenüberstehen und bis ans Ende der Tage mit all seinem Wissen und Können nicht aufhören, in weite, dämmernde Fernen zu blicken.

Und auch in jenen fernen Zeiten, die wir nur anzudeuten wagen, wird derselbe Menschengeist, der in der Urzeit das Feuerbohren erfand, an größeren Problemen sein Können erproben, und aus dem Grund seiner Seele werden wieder und wieder Geistesblitze aufflammen, die ein weiteres Stück seines Weges durch Raum und Zeit erleuchten. Denn der Erfinder wird in diesem irdischen Dasein nie zur Ruhe kommen, solange der Mensch bleibt, was er ist: ein Ebenbild des Schöpfers, ein Wesen, in das Gott einen Funken seiner eigenen, schaffenden Kraft gelegt hat.

Druck von Breitkopf & Härtel in Leipzig.

GPSR Compliance

The European Union's (EU) General Product Safety Regulation (GPSR) is a set of rules that requires consumer products to be safe and our obligations to ensure this.

If you have any concerns about our products, you can contact us on ProductSafety@springernature.com

In case Publisher is established outside the EU, the EU authorized representative is:

Springer Nature Customer Service Center GmbH
Europaplatz 3
69115 Heidelberg, Germany

Batch number: 10682439

Printed by Printforce, the Netherlands